CAD/CAM/CAE 工程应用丛书

Abaqus 有限元分析从入门到精通

（2022 版）

李树栋　编著

机械工业出版社

本书共8章，第1章为概述，介绍 Abaqus 软件发展、组成及帮助文档等内容；第2章为 Abaqus 基础知识，介绍窗口功能、工作环境设置、基本仿真流程、关键术语及文件格式，并给出了一个简单实例；第3章和第4章分别为结构线性静力学分析和结构非线性静力学分析，在介绍基本概念、功能应用、设置原则等知识的基础上，给出了框架受力分析、螺栓受力分析等多个典型实例；第5章和第6章分别为显式动力学分析和热学分析，在介绍基本概念、基本功能、一般流程等内容的基础上，给出了冲压件、铣削件、焊接件等常见工艺制件的分析实例；第7章和第8章分别为复合材料仿真分析和与 fe-safe 联合的疲劳仿真分析。

本书选取了 Abaqus 在企业中的典型应用，体现了 Abaqus 的主要应用领域与优势，步骤详细，实例丰富，深入浅出。每个实例都有配套的讲解视频，扫码即可观看，方便读者学习的同时，力图给予更多的经验总结。

本书适合初、中级结构设计/分析工程师，以及机械设计、力学等相关专业的本科生和研究生学习和参考，也可作为教学用书。

图书在版编目（CIP）数据

Abaqus 有限元分析从入门到精通：2022 版/李树栋编著．—北京：机械工业出版社，2022.6（2025.1重印）
（CAD/CAM/CAE 工程应用丛书）
ISBN 978-7-111-70892-6

Ⅰ．①A… Ⅱ．①李… Ⅲ．①有限元分析–应用软件
Ⅳ．①O241.82-39

中国版本图书馆 CIP 数据核字（2022）第 092743 号

机械工业出版社（北京市百万庄大街 22 号　邮政编码 100037）
策划编辑：赵小花　责任编辑：赵小花
责任校对：徐红语　责任印制：单爱军
北京虎彩文化传播有限公司印刷
2025 年 1 月第 1 版第 5 次印刷
184mm×260mm·16.25 印张·444 千字
标准书号：ISBN 978-7-111-70892-6
定价：89.00 元

电话服务　　　　　　网络服务
客服电话：010-88361066　机 工 官 网：www.cmpbook.com
　　　　　010-88379833　机 工 官 博：weibo.com/cmp1952
　　　　　010-68326294　金 书 网：www.golden-book.com
封底无防伪标均为盗版　机工教育服务网：www.cmpedu.com

前　言

Abaqus 是达索公司旗下的一款有限元分析软件，该软件致力于解决复杂和深入的工程问题。其强大的非线性分析功能在设计和研究的高端用户群中得到了广泛认可，被普遍认为是功能最强的有限元软件之一，可以分析复杂的固体力学、结构力学系统，特别是能够解决非常庞大、复杂的问题和模拟高度非线性问题。它有两个主求解器模块——Abaqus/Standard 和 Abaqus/Explicit。Abaqus 的求解器是智能化的求解器，可以解决其他软件不收敛的非线性问题；而对于其他软件也能收敛的非线性问题，Abaqus 的计算收敛速度较快，并且更加容易操作和使用。Abaqus 在求解非线性问题时具有非常明显的优势，其非线性涵盖材料非线性、几何非线性和状态非线性等多个方面。Abaqus 不但可以做单一零件的力学和多物理场分析，同时还可以做系统级的分析和研究。Abaqus 系统级分析的特点相对于其他的分析软件来说是独一无二的。由于 Abaqus 优秀的分析能力和模拟复杂系统的可靠性，其在各国的工业生产和研究中被广泛采用。

Abaqus 作为通用的模拟工具，除了能够解决大量结构（应力/位移）问题外，还可以模拟其他工程领域的许多问题，如热传导、质量扩散、热电耦合分析、振动与声学分析、岩土力学分析（流体渗透/应力耦合分析）及压电介质分析。Abaqus 为用户提供了丰富的功能，且使用起来非常简单，大量的复杂问题可以通过选项块的不同组合很容易地模拟出来。在大部分模拟中，甚至高度非线性问题中，用户只需提供一些工程数据，如结构的几何形状、材料性质、边界条件及载荷工况。在一个非线性分析中，Abaqus 能自动选择相应载荷增量和收敛限度。它不仅能够选择合适的参数，而且能连续调节参数，以保证在分析过程中有效获取精确解。因此，用户通过准确定义参数就能很好地控制数值计算结果。

鉴于 Abaqus 的强大功能，笔者力图编写一本着重介绍 Abaqus 实际工程应用的书籍，不求事无巨细地将 Abaqus 知识点全面讲解清楚，而是针对工程需要，利用 Abaqus 整体知识脉络作为线索，以实例作为"抓手"，帮助读者掌握利用 Abaqus 进行工程分析的基本技能和技巧。

本书共 8 章，第 1 章为概述，介绍 Abaqus 软件发展、组成及帮助文档等内容；第 2 章为 Abaqus 基础知识，介绍窗口功能、工作环境设置、基本仿真流程、关键术语及文件格式，并给出了一个简单实例；第 3 章和第 4 章分别为结构线性静力学分析和结构非线性静力学分析，在介绍基本概念、功能应用、设置原则等知识的基础上，给出了框架受力分析、螺栓受力分析等多个典型实例；第 5 章和第 6 章分别为显式动力学分析和热学分析，在介绍基本概念、基本功能、一般流程等内容的基础上，给出了冲压件、铣削件、焊接件等常见工艺制件的分析实例；第 7 章和第 8 章分别为复合材料仿真分析和与 fe-safe 联合的疲劳仿真分析。

本书选取了 Abaqus 在企业中的典型应用，体现了 Abaqus 的主要应用领域与优势，步骤详细，实例丰富，深入浅出，结合笔者丰富的仿真经验、工艺实践经验和在培训过程中总结的读者需求，让读者在基础积累和分析实践中熟悉 Abaqus 的使用方法与技巧。

针对实例，本书专门配套了同步教学视频，读者可以扫码观看，像看电影一样轻松、愉悦地学习和领会本书内容，然后对照本书文字加以实践和练习，从而大大提高学习效率。实例的源文件和素材可通过"IT 有得聊"公众号进行下载（详见封底）。读者可以在安装 Abaqus 2022 软件后打开并使用。实例讲解过程中还涉及一些常用知识点，本书为此专门提供了"知识点导引"，方便读者快速查找和学习，读者也可以按需添加导引项。

在本书的写作过程中，编辑给予了很大的帮助和支持，提出了很多中肯的建议，在此表示感谢。本书难免会有疏漏之处，欢迎各位读者批评指正。

编　者

知识点导引

目　　录

## 第 1 章

概　　述

1.1　Abaqus 软件发展

Abaqus 是一套功能强大的基于有限元方法的工程模拟软件，它可以解决从相对简单的线性分析到极富挑战性的非线性模拟等各种问题。Abaqus 的历史可以追溯到 1971 年，美国布朗大学的 Pedro Marcal 教授为了完成美国海军的一个项目，开发了一套有限元程序，并成立了 Marc Analysis 公司，David Hibbitt 作为公司的次要共同所有人，也是第一位全职员工。随着公司的成长，Paul Sorensen 加入了一段时间，后来为了攻读断裂力学博士学位而离职，毕业后他在底特律的通用汽车研究实验室工作。Marc 公司按"每小时付费"的方式在控制数据公司（美国 CDC 公司）的大型计算机上运行程序，瑞典斯德哥尔摩数据中心的 CDC 分析师 Bengt Karlsson 在使用 Marc 程序之后，发现它很不错，然后他就加入了 Marc Analysis 公司。当 Pedro 辞去布朗大学的教职，搬到加利福尼亚州从开展新业务时，David 和 Bengt 选择和开发小组一起留在罗得岛州，他俩后来发现 Marc 程序实际使用起来很难满足大多数工程师的需求，因为这些工程师的主要目的是设计，并非研究代码，所以没有时间重建或调试代码，换言之，当时的程序通用性太差，需要极强的专业能力才能使用。

David 和 Bengt 随后开始进行新的软件开发工作，他们构思了 Abaqus 软件，第一个 LOGO 是一个完整的中国算盘，上面有一个信息，它的珠子设定为公司正式成立的日期：1978 年 2 月 1 日。他们本打算直接将软件命名为算盘 ABACUS，但此商标已被注册使用，于是聪明地将字母"C"改成了"Q"，如图 1-1 所示。

图 1-1　Abaqus 商标

1978 年圣诞节，David Hibbitt、Bengt Karlsson 和 Paul Sorensen 分别取姓氏首字母成立了 HKS 公司。汉福德核发展基地实验室和埃克森美孚生产研究公司等企业成为他们早期的客户，主要解决快速增殖反应堆燃料棒的接触问题和海上管道安装和海上立管分析。

1991 年，Abaqus 推出了 Abaqus/Explicit，1999 年推出了图示化交互界面 Abaqus/CAE。2002 年，HKS 公司正式改名为 Abaqus。2005 年，Abaqus 被法国达索公司收购，成为 SIMILIA 旗下的重要组成部分之一。图 1-2 展示了 Abaqus 的主要发展脉络图。

目前，Abaqus 具备相当丰富的单元库和材料模型库，作为一种通用的模拟工具，受到了科研人员和工程师们的广泛认可，有限元数值计算也给工业界带来了革命般的变化。本书所有实例基于 Abaqus 2020 编制完成，并在 Abaqus 2022 上进行了验证。

图 1-2　Abaqus 主要发展历史

1.2　Abaqus 软件组成

　　Abaqus 软件的分析部分主要由 Abaqus/Standard 和 Abaqus/Explicit 两个模块组成，分别代表着有限元计算的隐式和显式两种方式。Abaqus/Standard 是一个通用分析模块，能够求解广泛的应用问题，Abaqus/Explicit 是一个具有专门用途的分析模块，常用来模拟短暂、动态或者高度非线性的问题。

　　Abaqus 软件另外一个重要的组成部分是 Abaqus/CAE，它是 Abaqus 软件的一个集成交互式图形环境，用于进行有限元模型建立、网格划分、前处理等工作。它所使用的是基于现代 CAD 的建模方式，包含蒙皮技术、复杂曲面技术等先进的 CAD 技术。同时它还具有强大的网格剖分功能，能进行质量很好的映射网格剖分。在 Abaqus/CAE 中有一个子模块 Abaqus/Viewer，用来进行可视化的后处理。

　　在 Abaqus/Standard 中，还附加了一些特殊用途的分析模块，诸如 Abaqus/Aqua（用于模拟近海结构）、Abaqus/Design（用于设计敏感度的计算）等。同时，Abaqus 软件也提供了众多分析接口让用户使用。Abaqus 软件组成如图 1-3 所示。

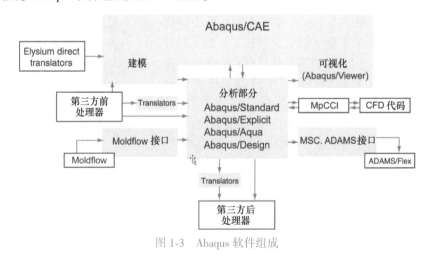

图 1-3　Abaqus 软件组成

1.3　Abaqus 帮助文档

　　从 Abaqus 2017 开始，Abaqus 并入 SIMULIA Suite 2017，Abaqus 帮助文档和 Fe-safe、Tosca、

Isight 合并在一起，帮助文档的结构进行了调整，使用方式上也有了新的变化。

1.3.1　使用 EXALEAD CloudView 进行搜索

从 Abaqus 2018 开始，达索公司推出了 EXALEAD CloudView 工具用于离线端的帮助文档搜索，提升了搜索效率，如图 1-4 所示。

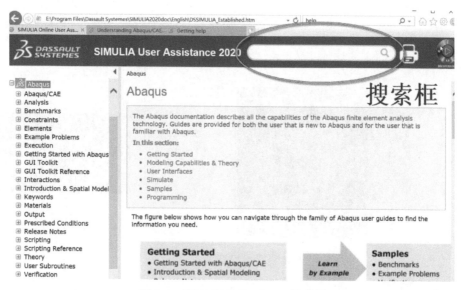

图 1-4　EXALEAD CloudView 搜索框

主要使用方法如下。

1）在浏览器右上角的搜索框中输入搜索项。默认行为是以任何顺序搜索包含关键词的所有单词或形式（"模糊"搜索）的搜索结果，精选窗格显示在右侧，以帮助细化搜索结果。

2）在搜索时可以加双引号，以搜索确切的短语。如果输入 "file parameters"，搜索只返回包含这个词组的页面。

3）可以使用标题或者 Abaqus 数据将搜索限制在一定范围内，具体使用方法见表 1-1。

表 1-1　Abaqus 指定范围搜索

语　境	语　法	示　例
标题	title：term	title：optimization
Abaqus 关键字	abqkeyword：term	abqkeyword："contact clearance"
Abaqus 参数	abqparameter：term	abqparameter：unsymm
Abaqus 参数值	abqparamvalue：term	abqparamvalue：yes
Abaqus 用户子程序	abqusersub：term	abqusersub：umat

◆ 小贴士 ◆

EXALEAD CloudView 为 SIMULIA Suite 的一个单独模块，需要在安装的时候选择，并且需要单独的许可证。如果没有许可证，则无法使用其搜索功能。

1.3.2　使用在线帮助文档进行搜索

虽然 EXALEAD CloudView 较为实用，但是对于大多数用户来说，使用在线帮助文档更为方便。调用在线帮助文档的主要途径如下。

1）用户可以通过在线门户网站"Http：//help.3ds.com"进行帮助文档的搜索，需按提示完成注册并登录。具体使用方法和 1.3.1 节相同。

2）当用户在线时，可以通过 Abaqus 软件中的"Help"帮助查询功能，或者单击 invoke context sensitive Help 按钮，使用弹出的相关在线帮助文档。

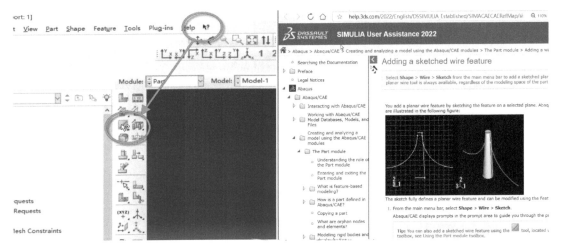

图 1-5　invoke context sensitive Help 使用方法

1.3.3　Abaqus 帮助文档的内容

Abaqus 具有一套内容完整和充实的文档。在并入 SIMULIA Suite 后，Abaqus 帮助文档在格式上做了较大的更新，各个手册以首字母的顺序进行树形排列，更加清晰。本节仅对部分内容进行说明。

1）《Abaqus 基准校对手册》（Benchmark）。

该手册包括用来评估 Abaqus 特性的基准问题和标准分析（如 NAFEMS 基准问题），其结果与精确解及其他已经发表的结果进行了比较。这些内容对于学习各种单元和材料模型的性质会有很大的帮助。

2）《Abaqus 实例手册》（Example Problems）。

该手册包含许多详细的实例，用来演示那些典型的线性、非线性计算分析方法和结果。每一个实例的说明中都包括对单元类型和网格密度的讨论。

3）《Abaqus 入门指南》（Getting Started with ABAQUS）。

该手册是针对初学者的入门指南，指导用户如何使用 Abaqus/CAE 生成模型，使用 Abaqus/CAE、Abaqus/Explicit 或者 Abaqus/CFD 进行分析，然后在可视化模块中观察结果。

4）《Abaqus 关键词参考手册》（Keywords）。

该手册包括对 Abaqus 中全部关键词的完整描述，如对其参数和数据行的说明。

5）《Abaqus 脚本用户/脚本参考指南》（Scripting/Scripting Reference）。

该手册包括对 Abaqus 所支持的 Python 和 C++脚本接口的介绍和应用范例。

6）《Abaqus 理论手册》（Theory）。

该手册对 Abaqus 相关理论进行了详尽而严谨的探讨，面向具有一定工程背景的用户，并不需要作为日常参考。

7）《Abaqus 子程序手册》（User Subroutines）。

该手册包括 Abaqus 所支持的子程序的介绍及标准格式，部分子程序提供实例。

8）《Abaqus 验证手册》（Verification）。

该手册包括对 Abaqus 每一个特定功能（如分析过程、多点约束、输出选项等）的基本测试。

1.3.4　一些帮助文档相关的 DOS 命令

Abaqus 还支持利用 DOS 语言实现帮助文档中的数据查找与文件提取，主要方式为通过开始
→Dassault Systemes SIMULIA Established Products 2022→Abaqus Command 打开 DOS 窗口进行命令
输入。主要命令如下。

（1）abaqus findkeyword

使用此命令可以在帮助文档中找到包含所需关键词的 INP 文件。查询时可以定义多个关键
词，每个关键词后面还可以跟一个查询参数。

例如，查询一个海洋模块的实例，其关键词为 * aqua，主要步骤如下。

① 在 DOS 窗口下输入 abaqus findkeyword，按<Enter>键。

② 待出现 * 号后，输入 aqua，按<Enter>键。

③ 待出现 * 号后，按<Enter>键（如需输入多个关键词，重复多次步骤②，最后执行步骤
③）。

这样，所有包含 aqua 的 INP 文件都会显示出来，如图 1-6 所示。

```
F:\ABATEMP>abaqus findkeyword
*aqua
*
Searching in Abaqus Benchmark Problems
Matches for line: AQUA : 1
Common matches  : 1
slenderpipedrag


Searching in Abaqus/Standard Training Seminar and Primer Problems
Matches for line: AQUA : 7
Common matches  : 7
w-jack_awave3    w-jack_b23      w-jack_legtest  w-jack_modes
w-jack_nlswave   w-jack_swave    w-jack_swave3


Searching in Abaqus/Explicit Training Seminar and Primer Problems
Matches for line: AQUA : 0
No common matches.


Searching in Abaqus Example Problems
Matches for line: AQUA : 4
Common matches  : 4
exa_riserdynamics_stokes_disp_uwave   riserdynamics_airy_disp
riserdynamics_airy_disp_uwave         riserdynamics_stokes_disp
```

图 1-6　Abaqus findkeyword 命令操作

（2）abaqus fetch job＝job_name

使用此命令可以提取帮助文档中所提供的 INP 文件、用户子程序和 JNL 文件等。提取的文件
保存在 Abaqus 默认工作目录下，可以根据需要进行查看、编辑和运行。

例如，提取图 1-6 所示的 riserdynamics_airy_disp 文件，主要步骤如下。

① 重新打开一个 Abaqus Command 的 DOS 窗口。

② 输入 abaqus fetch job＝riserdynamics_airy_disp，按下<Enter>键。

③ 提示文件已经提取完成。

此刻已经将文件名为 riserdynamics_airy_disp 的所有格式的文件都提取到了默认的工作目录下。如果只想要 INP 文件，可以在步骤②中输入 abaqus fetch job＝riserdynamics_airy_disp. inp，如图 1-7 所示。

打开工作目录，将会看到提取的文件，如图 1-8 所示。

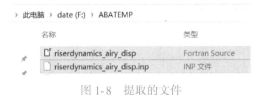

```
F:\ABAtemp>abaqus fetch job=riserdynamics_airy_disp
Abaqus FETCH job riserdynamics_airy_disp
  fetching: riserdynamics_airy_disp.for
  fetching: riserdynamics_airy_disp.inp
```

图 1-7　abaqus fetch job 命令操作　　　　　　　图 1-8　提取的文件

1.4　Abaqus 的汉化

目前常用的 Abaqus 版本含汉化功能，默认不启用。启用的方法如下。

1）在 C：\SIMULIA\EstProducts\2022\win_b64\ SMA\Configuration 路径中找到 locale. txt 文件，用记事本或写字板打开。

2）找到 Chinese（Simplified）_People's Republic of China. 936＝zh_CN，在其下一行输入 Chinese（Simplified）_China. 936＝zh_CN。找到 zh_CN＝0，将 0 改为 1，保存后退出，如图 1-9 所示。

```
📄 locale.txt - 记事本
文件(F)  编辑(E)  格式(O)  查看(V)  帮助(H)
en_US.UTF8 = en_US
en_US.utf8 = en_US
en_US.iso88591 = en_US
English_United States.1252 = en_US
en_US.ISO8859-1 = en_US

zh_CN.UTF-8 = en_US
zh_CN.utf-8 = en_US
zh_CN.UTF8 = en_US
zh_CN.utf8 = en_US
zh_CN = en_US
zh_CN.gb18030 = en_US
zh_CN.gbk = en_US
Chinese_People's Republic of China.936 = zh_CN
Chinese (Simplified)_People's Republic of China.936 = zh_CN
Chinese (Simplified)_China.936 = zh_CN

###############################################################
# This section describes whether the local language and encoding
# should be used by default (1 = yes; 0 = no).  This flag is useful
# because for some regions it may still be preferred that Abaqus/CAE
# uses English by default and that the local language is used only
# upon request.
```

图 1-9　汉化功能启用

其他版本可以参照此方法进行试操作。

第2章

Abaqus基础知识

知识要点：

- Abaqus/CAE 图形界面与基本设置。
- Abaqus 基本仿真流程。
- 悬臂梁受力分析实例。
- Abaqus 各模块基本操作。
- 自由度、坐标系等关键术语理解。
- Abaqus 单位制。
- Abaqus 文件格式。

本章导读：

从本章开始，将围绕 Abaqus 的功能和应用进行展开。本章第一节对 Abaqus/CAE 图形界面与常用的工作目录、字体、操作方式、颜色等设置进行了讲解和说明，帮助读者初步理解 Abaqus；第二、三节是本章重点，讲解了 Abaqus 的分析流程，并通过悬臂梁分析实例展示了分析的一般过程和各模块的功能特点，希望 Abaqus 初学者对 Abaqus 形成初步的认识。第四节对 Abaqus 中常用的自由度、坐标系、单位制、单元等关键术语进行了讲解，使读者能够更好地理解软件；最后一节简单介绍了 Abaqus 涉及的一些文件格式，这部分内容在后续的章节中会有所涉及。

2.1 窗口功能与工作环境设置

双击桌面 Abaqus/CAE 图标后，会自动打开 Abaqus/CAE 图形交互界面，如图 2-1 所示。

2.1.1 窗口功能

在 Abaqus 2022 中，只有两个模块：Standard/Explicit 和 Electromagnetic（电磁）。本书讲解的内容都集中在 Standard/Explicit 模块，不涉及电磁模块。

选择图 2-1 中的 With Standard/Explicit Model，进入操作界面，如图 2-2 所示。其中功能如下。

- 标题栏：标题栏显示当前的 Abaqus/CAE 版本、模型数据库的路径和名称（文件完成保存后显示，新建时不显示）。
- 菜单栏：菜单栏的内容与环境栏的 Module 有关，不同的 Module 所对应的菜单不同。菜单栏的下拉菜单可以完成本模块下的所有可用功能，部分功能与工具栏重复。
- 工具栏：工具栏列出了菜单栏里一些常用的功能，几乎可以在所有 Module 环境下使用。

图 2-1　Abaqus/CAE 图形交互界面

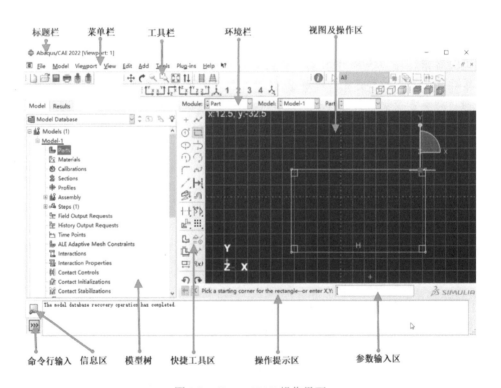

图 2-2　Abaqus/CAE 操作界面

- 环境栏：环境栏通常包含两个或三个列表，用于将所有软件功能切换至当前工作内容下。
主要包含 Module（模块）、Model（模型）、Sketch（草图）/Part（部件）/无。

- 视图及操作区：用于模型结果的显示及对模型的操作。
- 命令行输入：支持 Python 命令输入，可实现高级功能。
- 信息区：显示状态信息和警告信息。
- 模型树：通过对 Model 选项卡和 Results 选项卡的切换，实现模型数据和结果数据的树形展示，也可以实现菜单栏中的多数功能。
- 快捷工具区：列出与各功能模块对应的工具，包含大多数菜单栏中的功能，方便用户使用。
- 操作提示区：当选择工具对模型进行操作时，提示区会显示相应的提示，用户一定要关注提示内容完成相应操作。
- 参数输入区：与操作提示区配合使用，输入模型需要的参数。

2.1.2 默认工作目录设置

工作目录主要用于存放仿真计算中的各种过程和结果文件。合理地设置工作目录，不仅是个好习惯，而且能对复杂分析的分类管理提供极大的帮助。

工作目录的设置方式分为两种：一种是永久更改，另一种是临时更改。

（1）永久更改工作目录

右击 Abaqus 桌面图标，选择"属性"，输入目标文件夹路径并进行保存，如图 2-3 所示。

（2）临时更改工作目录

在 Abaqus/CAE 界面，在菜单栏选择 File→Set Work Directory 命令，弹出 Set Work Directory 对话框，设置工作目录，如图 2-4 所示。设置的目录仅针对当前 CAE 分析，重新打开软件后需要重新设置。

图 2-3 永久修改工作目录

图 2-4 临时修改工作目录

小贴士

在使用 Abaqus 2020 进行工作目录修改时，部分计算机在提交 Job 时会出现 Job 一直处于 Submitted 状态，而监视器无任何内容。仔细观察信息区，会发现有 The job input file"Job-1. inp" has been Submitted for analysis 的字样，如图 2-5 所示。这是 Abaqus 2020 软件兼容问题，解决方法就是恢复默认路径，在默认路径中进行求解，任务求解后及时备份相关文件。

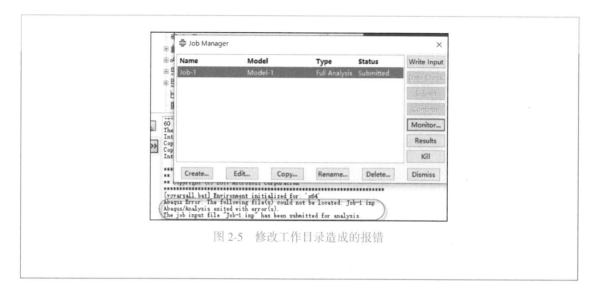

图 2-5　修改工作日录造成的报错

2.1.3　字体大小设置

在 Abaqus 的后处理，尤其是在较老的版本中，会出现字体偏小的情况。解决方法为通过菜单 Viewport 修改字体，具体步骤如图 2-6 所示。

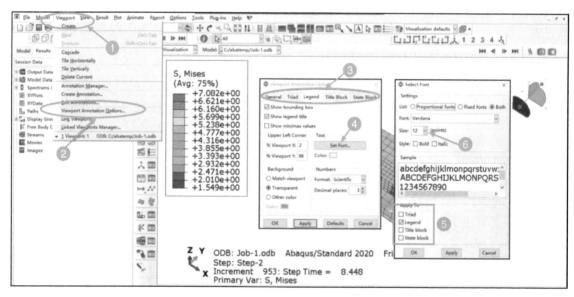

图 2-6　字体修改图例

① 打开 Viewport 菜单。

② 单击 Viewport Annotation Options 命令。

③ 在弹出的对话框中切换到 Legend 选项卡。

④ 单击 Set Font 按钮设置字体格式。

⑤ 如需同时修改其他内容的字体，可以勾选 Apply To 选项组中的复选框。

⑥ 选择合适的字号，单击 Apply 按钮。

> **小贴士**
>
> 如果想将字体的大小设置为永久保存，则单击菜单栏中的 File→Save Display Objects 命令，在弹出的对话框中单击 OK 按钮即可，如图 2-7 所示。当删掉 abaqus_2022.gpr 文件后，将恢复软件默认设置。

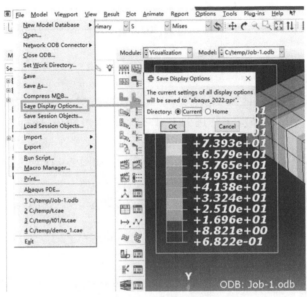

图 2-7　永久保存字体大小设置

2.1.4　背景颜色设置

默认背景颜色为灰色的渐变色，当由于截图等原因需要修改背景颜色（如纯白色）时，操作方法如图 2-8 所示。

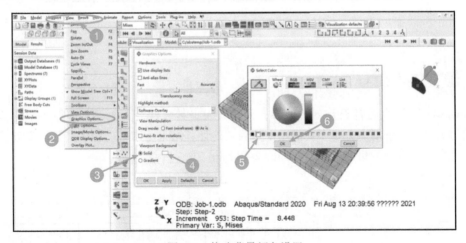

图 2-8　修改背景颜色设置

① 打开 View 菜单。

② 单击 Graphics Options 命令。

③ 在弹出的对话框中，Viewport Background 复选框选择 Solid（单一颜色）。

④ 单击颜色选择图标。

⑤ 选择白色。

⑥ 单击 Apply 按钮。

小贴士

如果想将颜色的设置永久保存，则单击菜单栏中的 File→Save Display Objects 命令，在弹出的对话框中单击 OK 按钮即可。当删掉 abaqus_2022.gpr 文件后，将恢复软件默认设置。

2.1.5　软件操作设置

在软件操作上，Abaqus 有自己的使用特点，最突出的是对〈Ctrl〉键和〈Alt〉键的使用，所以需要用户去适应。如果已经适应了常用的 CAD 软件，也可使用 Abaqus 提供的快捷修改方法。在菜单栏的 Tools 下，单击 Options，在弹出的对话框中可以设置 View Manipulation（视图控制）中的操作方式，默认包括 CATIA V5、Solidworks 等选项，如图 2-9 所示。

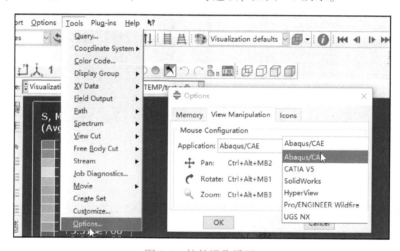

图 2-9　软件操作设置

2.2　基本仿真流程

Abaqus 是一款强大的有限元分析软件，其定义为工具软件，因此需要遵循一定的流程来使用。不要过分夸大它的能力，也不要简单地认为它的计算结果不准确。笔者建议，在建立分析任务之前，先对问题进行分析，主要流程如图 2-10 所示。

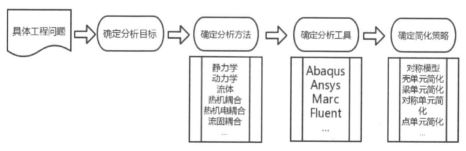

图 2-10　一般问题分析流程

具体的工程问题往往复杂多变，涉及多尺度、多场的问题。有限元分析的主要逻辑如下。

首先需要确定分析目标，然后选择合适的分析方法。这是一次降维的过程，尽量将多尺度、多场问题降低到单尺度、单场问题，或者两个相邻的尺度和两场问题。

接着根据确定的分析方法，选择合适的分析工具，不同的问题往往需要使用不同的工具。例如，在处理大部分复杂流体时，Fluent、XFlow 这些软件工具要比 Abaqus 好用得多；在处理大多数工程问题时，Abaqus 由于强大的非线性能力几乎都适用。这里需要读者特别注意。

其次需要确定模型的简化策略。模型一定要结合分析目标的特点尽可能地简化。对于对称性的模型，采用 1/2 模型、1/4 模型或 1/8 模型等是很好的思路；对于梁类问题，采用梁单元可以大大减少单元数量；同理，采用壳单元、轴对称单元、点单元，同时借助耦合、连接器等功能，可以大大简化问题的求解难度。这些技巧将在后面结合具体实例进行讨论，此处不做展开。

完成上述工作后，就完成了对问题的初步分析。对于接下来的有限元分析，本书基于 Abaqus 进行展开。

Abaqus 经过二十几年的发展，仿真流程导向已经日趋完善。在使用 Abaqus 解决问题时，仿真工程师需要站在工程的角度去思考应该如何建立合理的力学模型。主要思路为：先建立部件模型，然后给部件赋予相应的材料属性，再将所有部件组合成一个装配体，接下来确定分析类型，不同的分析需要不同的相互作用、不同的载荷。

需要注意的是，当定义完这些内容时，还没有涉及任何有限元离散的概念，整个仿真建模任务已经完成了一大半，这就是 Abaqus 这类工程软件较为先进的问题处理流程。它们将复杂的数学问题以非常易懂的流程化去表达，减少了设计人员与仿真工程师的技术壁垒。提交分析任务前的最后一步是网格划分，才真正开始进行有限元离散，如图 2-11 所示。

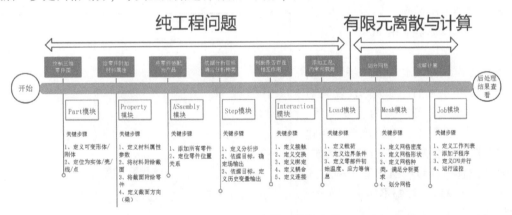

图 2-11　Abaqus 有限元分析流程

Abaqus 有限元分析流程使用户可以更快地由设计工程师转变为 CAE 工程师。每一个步骤都有对应的分析模块，清晰明了。当然，对于不同的问题，具体的流程也稍有不同。下面使用一个常见的悬臂梁分析实例来展示一个简单的分析流程。

2.3　实例：悬臂梁受力分析

2.3.1　问题描述

一悬臂梁截面为 25mm×20mm 的长方形，长 100mm。一端固定在墙上，上表面均布 0.5MPa

的压力如图 2-12 所示。其中，梁的弹性模量 $E = 210\text{GPa}$，泊松比为 0.3，求梁的应力分布和端部的位移。

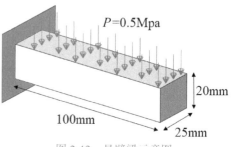

$P=0.5\text{Mpa}$

20mm

100mm

25mm

图 2-12 悬臂梁示意图

2.3.2 计算过程

从分析目标看，是求解应力 σ 和位移 S 的问题。由力学知识可以知道：$\sigma = \dfrac{F}{A}$，$S = \dfrac{F}{K}$。

其中，F 为外力，A 为截面积，K 为刚度。所以上述问题就是个简单的力学问题，且是单场问题，所使用的方程也是简单力学方程，选择分析方法时选择静力学分析即可。可以用于静力学分析的软件非常多，Abaqus 就是其中一款非常好的工具。

在模型中有两个物体，一个是梁，一个是墙。由于分析目标不是墙，且题目中未提墙的任何参数，可以认为墙是刚体。这时可以将墙简化成一个约束，即认为悬臂梁与墙接触的端面自由度为 0。同时由于分析目标是得到梁的内部应力分布，采用实体建模是比较合适的。

上述问题分析看起来比较简单，但是希望读者认真体会，在仿真分析之前做到胸有成竹。通过上面的分析，已经可以确认分析软件、模型等主要内容，具体的计算过程如下。

1. 创建部件（Part）

Abaqus 模型由一个或多个部件构成。用户可以在 Part 功能模块中创建和修改各个部件，然后在 Assembly 模块中将它们组装起来。Abaqus 中的部件分为两种，分别是原生部件（Native Part）和网格部件（Orphan Mesh Part）。其中，在 Part 模块中创建的是原生部件，可以编辑。网格部件在 Part 模块中无法编辑，只能使用。对网格部件的编辑需要在 Mesh 模块中完成。

在 Part 模块中可以创建多种部件，从维度上可以分为 1D、2D、3D 及轴对称模型；在类型上可以分为可变形体、解析刚体、离散刚体、欧拉体等；在建模方式上提供了非常丰富的工具，例如，可以通过拉伸、旋转、挖槽等多种方式组合建模，本章限于篇幅不能一一列举，后续将结合不同的实例进行讲解。

图 2-12 中，悬臂梁截面尺寸为 25mm×20mm，长 100mm。本例采用拉伸方式创建实体模型，如图 2-13 所示。

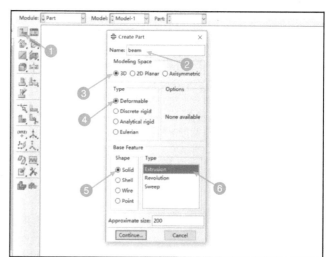

图 2-13 创建实体模型

① 单击快捷工具区中的 Create Part 图标。

② 将 Part 命名为 beam。

③ 选择 3D 类型。

④ 在 Type 栏选择 Deformable（可变形体）。

⑤ Shape 选择 Solid（实体）。

⑥ Type 选择 Extrusion（拉伸）。

其余采用默认设置，单击 Continue 按钮进入草图编辑界面。Abaqus 提供了多种定义草图的工具，用户可以采用传统的依次定义点、线、面的方式来定义模型。但是 Abaqus 还提供了更加灵活的方式，使得在定义草图的方式上和主流 CAD 软件（如 CATIA 等）较为一致，大大降低了软件的学习成本。梁的截面尺寸为 25mm×20mm，绘制过程如图 2-14 所示。

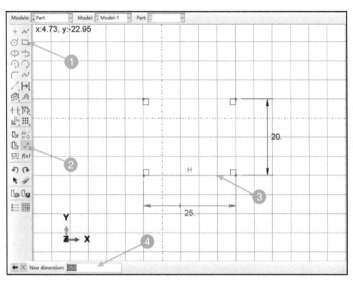

图 2-14 绘制草图

① 在快捷工具区中单击 Create Lines：Rectangle（4 Lines）图标，在草图中绘制一个任意尺寸的矩形。

② 单击 Add Dimension 图标，为矩形添加尺寸约束。

③ 选择要约束的边。

④ 在参数输入区输入长度。该草图中共有 25mm、20mm 的两个边需要约束。

完成草图编辑后，单击操作提示区的 Done 按钮，在弹出的对话框中输入拉伸尺寸 100，然后单击 OK 按钮，如图 2-15 所示。拉伸模型如图 2-16 所示。

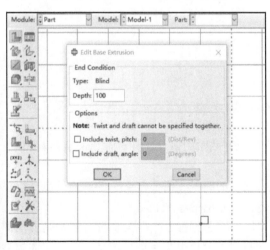

图 2-15 输入拉伸尺寸

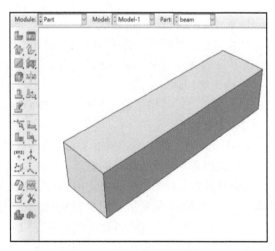

图 2-16 拉伸模型

2. 定义属性（Property）

Property 模块用于完成模型基础属性的定义，主要分为材料属性、几何属性两大类。其中，几何属性通常针对梁单元、壳单元、复合单元、皮肤单元等，较为复杂，后续将结合具体实例展开。材料属性是 Abaqus 的一大特色，丰富的材料本构模型使得 Abaqus 可以解决各种复杂的工程问题。定义材料属性的过程主要分为三步，分别如下。

（1）定义材料本构

Abaqus 提供了多种材料本构模型，如线弹性本构、正交各向异性本构、超弹性本构等。本例显然是静力学问题，采用常见的线弹性本构模型即可。涉及的主要参数是弹性模量和泊松比。定义方法如图 2-17 所示。

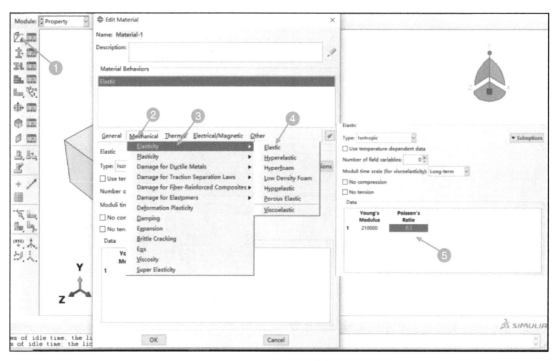

图 2-17　定义材料本构

① 单击 Create Material 图标。

② 在弹出的对话框中打开 Mechanical（机械性能）菜单。

③ 在子菜单中选择 Elasticity（弹性）。

④ 再选择 Elastic（弹性）。

⑤ 在弹出的对话框中输入杨氏模量 210000（单位 MPa）和泊松比 0.3，其余保持默认设置。

（2）定义截面

在 Abaqus 中，截面是必须指定的。为了帮助读者理解截面的概念，针对常见的金属材料动/静力学分析，笔者整理了相应的概念，如图 2-18 所示。

根据材料力学相关理论，当使用一条线来代替一根梁的时候，需要定义它的断面信息，以描述其力学行为，断面信息可以理解为截面。如工字钢梁、方钢梁等。Abaqus 为了实现流程化的统一，要求所有的模型都要通过定义截面的方式将材料属性赋予到部件上。大多数金属都是各向同性材料，这个截面并无实际意义（在欧拉模型、复合材料等分析中需要进行定义，此时实体模型的截面定义需要额外注意。）

针对本例，悬臂梁为典型的各向同性材料，其截面定义过程如图 2-19 所示。

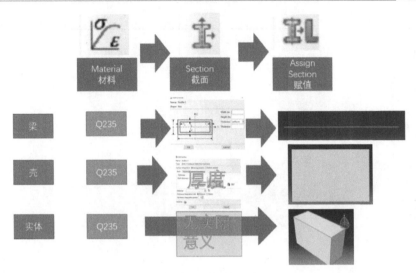

图 2-18　截面的理解

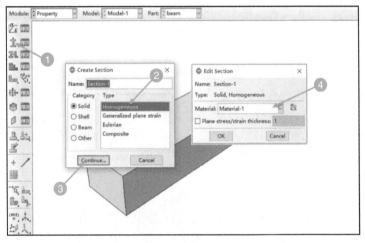

图 2-19　截面的定义

① 单击 Create Section 图标。

② 在弹出的对话框中选择 Solid 和 Homogeneous（各向同性实体）。

③ 单击 Continue 按钮进行材料本构分配。

④ 在弹出的对话框中选择已经定义好的材料，单击 Apply 按钮。

小贴士

　　如果涉及多种材料，建议在材料命名和截面命名时进行区分，如材料定义为 Q235，截面定义为 S_Q235，便于后续调用。

（3）截面赋值

将定义好的截面赋值到部件中，部件才会具备力学特性。这时候需要注意的是，一个部件可以有多个截面属性，但是一个单元只能有一个截面属性。

本例只涉及一种材料属性，因此将模型整体赋予一个截面属性，具体步骤如图 2-20 所示。

① 单击 Assign Section 图标。

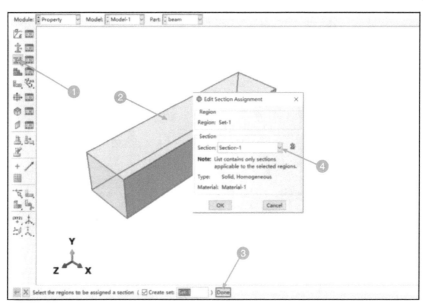

图 2-20　截面的赋值

② 选择悬臂梁的实体模型。

③ 单击 Done 按钮完成区域选择。

④ 在弹出的对话框中选择已经定义好的截面属性，单击 OK 按钮确认。

此时部件的颜色会由白色变为浅绿色，则证明赋值成功。如果变为其他颜色，则说明赋值过程有错误，此时要单击 Assign Section 图标（①）右侧的 Section Assignment Manager 打开截面分配管理器，检查赋值情况，进行更正。

3. 定义装配（Assembly）

装配这个概念一般在 CAD 软件中存在，Abaqus 是少有的具有这一概念的有限元分析软件，其功能和逻辑与常用 CAD 软件基本一致。在 Assembly 模块中，Abaqus 提供了部件添加、部件约束、阵列模型等多种功能，为完成模型搭建提供了较为方便和快捷的方式。

本例只有一个部件，所以只需要进入 Assembly 模块，添加部件 beam，如图 2-21 所示。

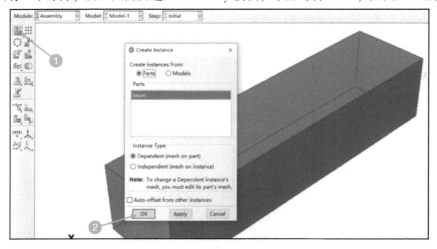

图 2-21　定义装配

① 单击 Instance Part 图标。

② 保持默认设置，单击 OK 按钮。

小贴士

在 Assembly 模块，有两组概念、很容易混淆。首先是 Parts 和 Models 的概念：前者只能引用本 Model 的 Part，后者可以引用该 CAE 界面下任意一个 Model，更适合与 Hypermesh 等联合使用时对模型的装配；其次是非独立和独立实例的概念：前者适合反复引用同一个部件的场景，后者适合虽然引用，但是由于分析特点导致需要划分不同网格的场景。

---

4. 创建分析步（Step）

Step 是 Abaqus 分析流程中最为重要的一环。打开任意一个 INP 文件，查看 Step 的字段，可以发现关于模型的诸多字段都是放在 Step 模块中的，如图 2-22 所示。Step 模块中的选择会影响其他模块的菜单，Abaqus 会自动调整相应的功能与该分析步相匹配。

图 2-22　INP 文件中的分析步内容

本例是静力学分析，因此选用通用分析步。按照图 2-23 所示完成分析步的设置。

① 单击 Create Step 图标。

② 在弹出的对话框中选择 Static General（通用分析步）。

③ 单击 Continue 按钮。

④ 接受默认选项，单击 OK 按钮。

5. 施加/边界条件（Load）

Load 模块是模型完成约束和载荷设置、建立力学平衡条件的关键步骤，很多收敛问题都是边界条件的设置问题。在设置边界条件时，建议每位读者在脑海中再现一个 6 自由度的平衡方程，在每个自由度上都能够建立牛顿方程，这样才能保证边界条件的正确性。在该模块下，除了常见的边界条件，Abaqus 还提供了各种场变量的定义，后面将有章节进行介绍，本节不讨论。

图 2-23　分析步设置

边界条件的错误设置常会造成"零主元"或"数值奇异"错误。如果在警告文件中发现了这类错误，应首先在边界条件上找原因。在边界条件定义过程中，通常先设置约束，再设置载荷。

（1）约束的定义

依据题目，选择梁的一个端面，约束其所有自由度，具体步骤如图 2-24 所示。

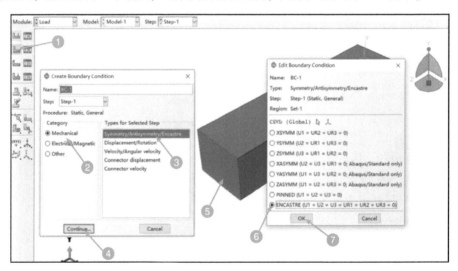

图 2-24　约束定义

① 单击 Create Boundary Condition 图标。

② 在弹出的对话框中，Step 选择 Step-1 或 Initial，Category（类型）选择 Mechanical（机械）。

③ Types for Selected Step 选择 Symmetry/Antisymmetry/Encastre（该选项为 Abaqus 提供的处理

对称约束和全约束等的简化方法）。

④ 单击 Continue 按钮。

⑤ 选择梁的端面，单击 Done 按钮。

⑥ 在弹出的对话框中选择最后一项 ENCASTRE（全约束）。

⑦ 单击 OK 按钮完成固定约束的定义。

（2）载荷的定义

根据图 2-12，载荷为上表面施加 0.5MPa 压强。在 mm-t 单位制中，压强的单位是 MPa（m 对应 Pa），因此直接将压强值定义到模型中，具体步骤如图 2-25 所示。

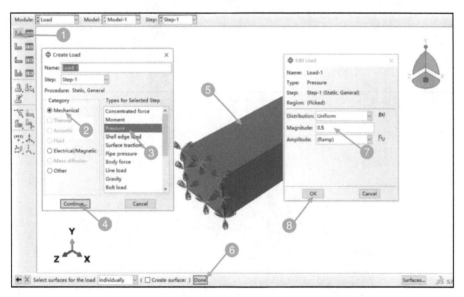

图 2-25　载荷定义

① 单击 Create Load 图标。

② 在弹出的对话框中，Step 选择 Step-1，Category（类型）选择 Mechanical（机械）。

③ Types for Selected Stop 选择 Pressure（压强）。

④ 单击 Continue 按钮。

⑤ 选择梁的上表面。

⑥ 单击 Done 按钮。

⑦ 在弹出的对话框中接受默认选项，输入压强值 0.5。

⑧ 单击 OK 按钮完成载荷的定义。

6. 网格划分（Mesh）

Mesh 模块是有限元分析中的重要环节，对大多数分析来说，网格划分的好坏直接决定了分析结果准确与否。网格划分的思维逻辑大致如图 2-26 所示。

其中，分割区域的环节非常重要。通过分割区域可以实现不同分析重点的不同边界条件、网格大小的定义，更重要的是，它可以使得一些不容易划分成六面体单元的实体最终能够划分成六面体单元，这需要读者认真体会。

在本例中，由于结构简单、模型规则，很容易划分成六面体单元，因此不需要做几何处理，直接定义种子密度即可，具体步骤如图 2-27 所示。

① 在 Object 复选框中选择 Part。

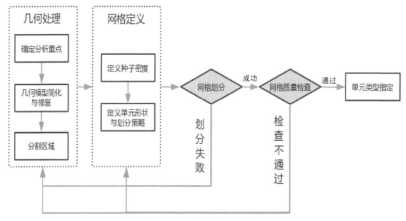

图 2-26　网格划分逻辑图

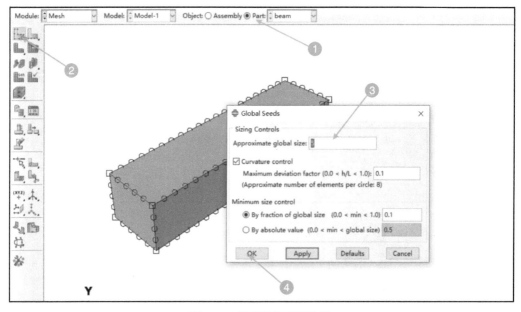

图 2-27　网格种子密度设置

🔖 小贴士 •

图 2-21 中的 Instance Type 选择 Dependent（非独立体）时，此处为 Part；Instance Type 选择 Independent（独立体）时，此处为 Assembly。

② 单击 Seed Part 图标，开始定义 Global Seeds。

🔖 小贴士 •

Global Seeds 意为全局种子，模型所有边均按照统一尺寸进行划分。当模型较为简单时可以这样定义，当模型较为复杂时，还需要根据分析重点定义 Seed Edges。

③ 在 Global Seeds 对话框中将 Approximate global size 定义为 5（即单元的边长近似为 5，此为参考值，实际值根据边长的不同略有调整）。

④ 单击 OK 按钮。

通过以上步骤，种子密度定义为 5，即单元的边长大致为 5mm。模型视图中的白色圆圈显示了应用该种子密度情况下的网格情况。

定义完种子后，即将进行网格的划分工作。网格划分主要分为两大类，一类是直接针对实体的网格划分，另一类是自底而上的网格划分。后者在使用过程中较难掌握，实际应用不多，因此不做讨论和研究。此处采取实体网格统一划分方法一次性完成网格划分，具体操作如图 2-28 所示。

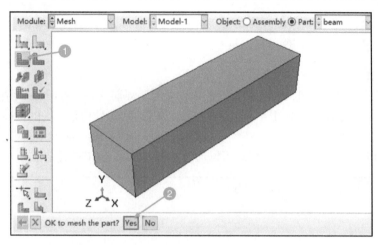

图 2-28　网格划分

① 单击 Mesh Part 图标。

小贴士

如果存在多个区域并想分别划分网格，按住 Mesh Part 图标右下角的小黑三角不松开，会出现几个快捷图标，选择 Mesh Region 即可。

② 单击按钮 Yes 完成网格划分。

7. 提交计算任务（Job）

在 Job 模块中提交计算任务，具体操作如图 2-29 所示。

图 2-29　提交计算任务

① 单击 Create Job 图标。

② 在弹出的对话框中单击 Continue 按钮。

③ 在弹出的 Edit Job 对话框中切换到 Parallelization（并行设置）选项卡。

④ 勾选 Use multiple processors 复选框，选择相应的处理器核数。

> 小贴士
>
> 一般按 CPU 的线程计算，比如某 CPU 为 4 核 8 线程，则此处最大可填 8，但是一般建议留两个进程用来处理其他程序，所以可以填 6。

⑤ 单击 OK 按钮。

单击 OK 按钮后，单击 Job Manager 按钮进入作业控制界面（Job Manager 对话框），如图 2-30 所示。单击 Submit 按钮提交计算任务。注意观察 Status 信息，只有显示为 Running 才表示 B 进入计算。计算完成后会显示 Completed。在整个过程中，可以通过 Monitor 对话框监控计算过程，也可以通过 Kill 按钮中断计算。计算完成后可以通过单击 Results 按钮查看结果。

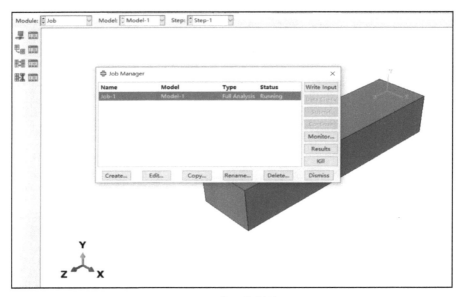

图 2-30　作业控制界面

其中，Monitor 对话框的信息非常重要，有助于了解计算的过程，并能对计算的收敛性进行调整。本例比较简单，使用 Monitor 意义不大。在接触分析中将围绕 Monitor 进行展开。

8. 可视化，后处理（Visualization）

进入 Visualization 模块有两种方式，第一种是通过单击图 2-30 中的 Results 按钮，第二种更为通用，即先进入 Visualization 模块（Module），通过打开 .odb 文件的方式进入。此时注意版本只能向下兼容，并不能打开高版本的 .odb 文件。

本例的要求为获得梁的应力分布和端部的位移。对于金属材料，一般采用第四强度理论进行分析、判断，所以需要输出 Mises 应力绘制应力云图，具体操作如图 2-31 所示。

① 场变量选择 S 和 Mises。

② 单击 Plot Contour 图标。

由应力云图可知，梁的最大应力为 26.51MPa。用同样的方法绘制位移云图，如图 2-32 所示。

区别于应力，位移是有方向的。本例主要关注垂直向下的位移，对应坐标系就是 Y 轴负方向

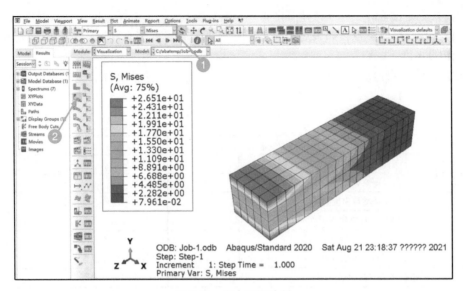

图 2-31　应力云图绘制

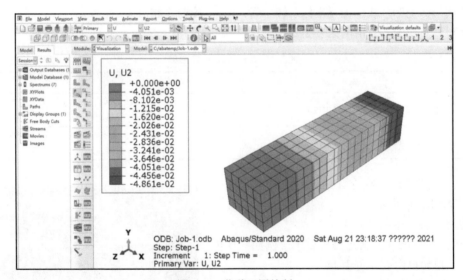

图 2-32　位移云图绘制

的位移，即 U2。图 2-32 中，−4.861e-2 代表向下位移为 0.04861mm。

　　Abaqus 在求解问题的过程中有比较清晰的流程属性，分析模型很容易搭建起来。本例虽然比较简单，但却体现出了仿真分析过程中的思路和解决路径，希望读者能够研究其中细节，举一反三。

2.4　关键术语

2.4.1　自由度

　　自由度一般指用于求解问题解的维数，自由度同时也决定了边界条件的维数。例如，在求解一个卫星在太空的位置时，可以将其简化成一个点，用 x、y、z 坐标去描述它，则可以认为该点存在 3 个自由度。以此类推，如果还需要考虑这个卫星自身的姿态问题，则需要补充 RX、RY、RZ 3 个旋转自由度。

在 Abaqus 中，自由度是用数字表示的。对于大多数单元（轴对称和电磁单元除外）来说，自由度定义见表 2-1。

表 2-1　Abaqus 常见自由度

自 由 度	描　　述	自 由 度	描　　述
1	x 方向（平动自由度）	8	空隙压力、静水压力或声压
2	y 方向（平动自由度）	9	电势
3	z 方向（平动自由度）	10	连接器材料流动（长度单位）
4	绕 x 轴旋转自由度（弧度）	11	温度（或质量扩散分析中的归一化浓度）
5	绕 y 轴旋转自由度（弧度）	12	第二积分点温度（壳或梁）
6	绕 z 轴旋转自由度（弧度）	13	第三积分点温度（壳或梁）
7	翘曲（开口截面梁单元）	14~30	其他积分点温度

对于圆柱坐标系，x、y、z 分别对应径向距离 R、相位角 θ 和轴向高度 z。

当使用局部坐标系或者进行坐标系转换后，x、y、z 与之相对应。

在轴对称单元中，自由度见表 2-2。

表 2-2　轴对称单元自由度

自 由 度	描　　述	自 由 度	描　　述
1	r 方向（径向平动自由度）	5	绕 z 轴旋转自由度（用于带扭曲的轴对称单元），以弧度表示
2	z 方向（轴向平动自由度）	6	r-z 平面内旋转自由度（用于轴对称壳单元），以弧度表示

其中，r 方向和 z 方向在 Abaqus 中对应全局坐标系 x、y，如图 2-33 所示。

在使用中需要注意以下两点。

1）单元的自由度要满足分析要求。例如，在传热分析中，单元自由度要包含 11。

2）对于同样的分析，不同单元类型的自由度是不一样的，例如，在静力学分析中，实体单元有 3 个自由度，壳单元和梁单元有 6 个自由度。如何理解？一个简单的解释是：对于六面体实体单元，只要 8 个点的空间位置确定，这个单元的形状就确定了，空间位置只要 x、y、z 3 个平动自由度就够了，但是对于梁单元，两个点的空间位置确定，只是定了梁的长度，梁的截面是否垂直、是否发生扭转，还需要额外附加 3 个扭转自由度才能表示，壳单元也一样。

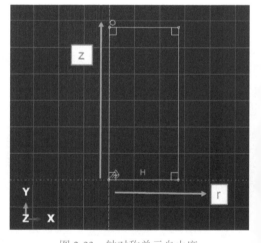

图 2-33　轴对称单元自由度

2.4.2　坐标系

Abaqus 支持三种常用坐标系，分别为笛卡儿直角坐标系、圆柱坐标系和球坐标系，所有坐标系均基于右手定则，如图 2-34 所示。

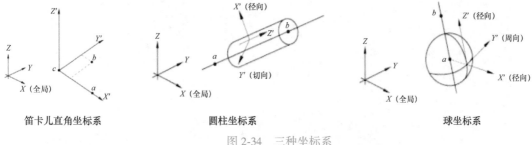

笛卡儿直角坐标系　　　　　圆柱坐标系　　　　　球坐标系

图 2-34　三种坐标系

（1）定义局部坐标系

在某些场合，需要定义局部坐标系来解决问题，如连接器的使用。定义方法如图 2-35 所示。

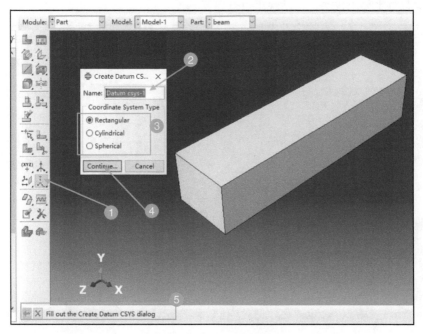

图 2-35　局部坐标系定义

① 单击 Create Datum System 图示。

② 输入名称（英文）。

③ 选择局部坐标系的类型（笛卡儿直角 Rectangular、圆柱 Cylindrical、球形 Spherical）。

④ 单击 Continue 按钮。

⑤ 依据提示选择相应的坐标点完成坐标系的建立。

（2）后处理中使用坐标系查看结果

在 Abaqus 中，局部坐标系只在计算前处理过程中起作用，在进行计算时，会将局部坐标系转换为整体坐标系，因此结果文件中的结果都是基于整体坐标系的，如果想依据局部坐标系查看结果，需要进行坐标系转换。

例如，有一圆管，承受内部压力，想获得圆管径向和环向应力。在默认结果中，坐标系为整体坐标系，S11 和 S22 的应力云图并不能满足本例需要，如图 2-36 所示。

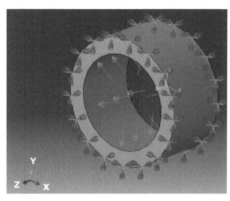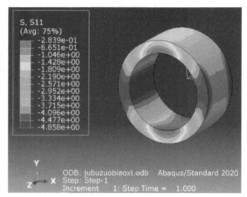

图 2-36　圆管 S11 方向应力云图

此时需要进行坐标系转换，具体操作如图 2-37 所示。

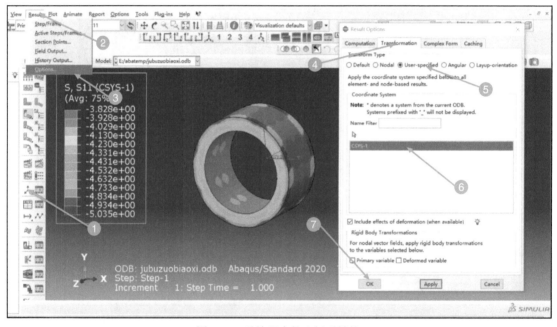

图 2-37　后处理中的坐标系转换

① 单击 Create Datum System 图标，依据图 2-36 建立以圆心为初始点的局部圆柱坐标系。
② 在菜单栏打开 Results 菜单。
③ 单击 Options 命令。
④ 在弹出的对话框里切换到 Transformation 选项卡。
⑤ Transform Type 选择 User-specified。
⑥ 选择新建立的圆柱坐标系 CSYS-1。
⑦ 单击 OK 按钮。
此时的 S11、S22 能够反映径向和环向应力。

2.4.3　单位制

Abaqus 作为一款数值计算软件，没有固定的单位制，需要用户自己去定义自己一套单位。

Abaqus 主要涉及的单位见表 2-3。

表 2-3　Abaqus 主要单位

描　述	符　号	示例（SI 单位制）
长度	L	米
质量	m	千克
时间	T	秒
温度	θ	摄氏度
电流	A	安培
力	F	牛顿
能量	J	焦耳
电荷	C	库仑
电势	φ	伏特

在单位制的使用过程中，主要涉及国际单位制和英制单位两种。其中，国际标准单位制最为常用，但在 Abaqus 的帮助文档中，部分实例采用英制标准单位制。在国际标准单位制下，一般采用 kg-m 和 t-mm 两套单位以适应不同尺度模型的分析。它们在相互转化的时候很容易出错。表 2-4 罗列了常用的单位和换算系数，供读者使用时查询。

表 2-4　常用单位及换算

序　号	单　位	符号	kg-m 单位制	t-mm 单位制	换算系数
1	长度	L	m	mm	10^3
2	质量	m	kg	t	10^{-3}
3	时间	t	s	s	1.0
4	温度	T	K	K	1.0
5	面积	A	m^2	mm^2	10^6
6	体积	V	m^3	mm^3	10^9
7	力	F	N	N	1.0
8	密度	ρ	kg/m^3	t/mm^3	10^{-12}
9	能量、热量	J	J（焦耳，N·m）	mJ	10^3
10	功率	w	W（瓦）= J/s	mW	10^3
11	压力、应力	P	Pa = N/m^2	MPa	10^{-6}
12	导热系数	k	J/(m·s·K)	T·mm/(s^3·K)	1.0
13	比热容	c	J/(kg·K)	mJ/(t·K)	10^6
14	换热系数	h	J/(m^2·s·K)	mJ/(mm^2·s·K)	10^{-3}
15	黏度系数	Kv	kg/(m·s)	T/(mm·s)	10^{-6}
16	熵	S	J/K	mJ/K	10^3
17	玻尔兹曼常数	k_B	J/K	mJ/K	10^3

注：换算系数指由 kg-m 单位制换算为 t-mm 单位制时的系数。如 m 换位为 mm，须乘以系数，即 1m = 10^3mm。在有限元分析过程中，铁的密度为 7800kg/m^3，当转换为 t-mm 时，输入数值应为 7800×10^{-12}，反之则除以换算系数。

2.4.4 单元

单元是有限元分析最重要的载体。所有的计算都是基于单元进行的。

1. 单元的分类与命名

Abaqus 单元库中大量的单元类型为不同几何体和结构的建模提供了非常大的灵活性。可以根据族、节点个数、自由度、公式、积分点几个特征为单元分类。

（1）族

族是一种广泛的分类方法，Abaqus 中包含的族类如图 2-38 所示。

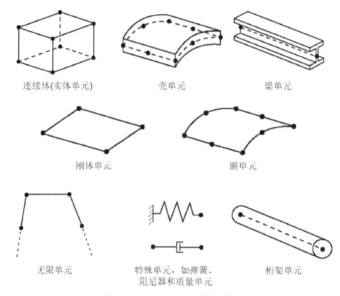

连续体(实体单元)   壳单元   梁单元

刚体单元   膜单元

无限单元   特殊单元，如弹簧、阻尼器和质量单元   桁架单元

图 2-38   Abaqus 中族的分类

对于每个族，都有相应的缩写。如连续体记为 C，壳单元记为 S，梁单元记为 B，刚体壳记为 R，刚体梁记为 RB，桁架单元记为 T，膜单元记为 M。常见的实体单元 C3D8 中的第一个 C 就代表连续体单元。熟悉这些简称可以快速判断单元类型，非常实用。

如：C3D8R 为连续型 3 维 8 节点减缩积分单元。

（2）节点与积分点

节点是组成单元的基本单位。在求解有限元问题时，一般采用数值积分方法。数值积分也称为数值求积，其本质是用求和代替积分，其中，被积函数在多个离散点被采样，可以描述为

$$\int_{\Omega} f(x)\,\mathrm{d}V \approx \sum_i f(x_i)\,w_i$$

式中，x_i 是积分点的位置，w_i 是相应的权重因子。详细理论可以参考《有限单元法》（王勖成著，清华大学出版社）。以图 2-39 所示的 S4R 单元为例对节点、积分点和单元进行说明。

图 2-39   S4R 单元

其中，节点不进行计算，但负责不同单元之间的计算结果传递。在图 2-39 的左图中，两个单元可以通过共用节点完成结果传递；右图中，虽然两个单元紧靠在一起，但是由于节点不共用，结果无法传递。因此，共用节点或者通过方程建立两个节点的关系才能保证结果在不同单元之间进行传递。

积分点是进行数值计算的地方，根据不同的阶次和是否为减缩积分，四边形单元的积分点数量是不一样的，如图 2-40 所示。积分点计算的结果会通过插值计算转换到各个节点，如产生节点应力。

（3）公式

单元的公式是指用来定义单元行为的数学方法。为了适应不同类型的分析，Abaqus 中的一些元素族具有几种不同公式的元素。例如，传统的壳单元族有三类：一类适用于通用壳分析，一类适用于薄壳，还有一类适用于厚壳。此外，Abaqus 还提供了连续体壳单元，这些单元与连续体单元一样具有节点连通性，但只需一个单元就可以模拟壳体的行为。

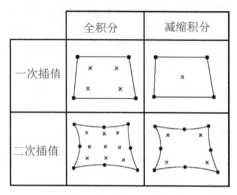

图 2-40　单元积分点

一些 Abaqus/Standard 单元族有一个标准公式以及一些替代公式。具有替代公式的单元由单元名称末尾的附加字符标识。例如，连续体、梁和桁架单元族包括具有混合公式的成员（用于处理不可压缩或不可拉伸的行为）。这些单元由名称末尾的字母 H 标识。

概括而言，不同单元公式大致涉及以下方面：平面应变、平面应力、杂交单元、非协调元、小应变壳、有限应变壳、厚壳、薄壳。

在实际的命名中，有的公式和族放在一起，如上文中说的通用壳（S4）、薄壳（M3D4），有的放在单元名称末尾，如 C3D8H 或 B31H。请读者在具体使用中加以体会。

2. 剪切自锁与沙漏

这是在使用有限元分析时常见的单元问题。以 S4 和 S4R 单元为例对这两个问题进行解释和说明。

图 2-41 所示为一个四边形单元承受纯弯曲变形的情况。其中，虚线的交叉点为全积分点的位置。可以看到，理想的四边形单元在承受纯弯曲变形时应该满足两个特征。

1）剪切应变为 0，即两个虚线在交叉点相互垂直。

2）单元受到弯曲，会产生相应的应力应变。

在实际的有限元分析中，两个节点之间不可能由弯曲的线相连，都是直线，其中，S4 全积分单元有 4 个积分点，S4R 单元有一个积分点，因此两个单元在承受纯弯曲变形时，状态如图 2-42 所示。

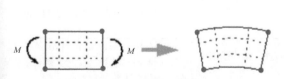

图 2-41　四边形单元承受纯弯曲变形

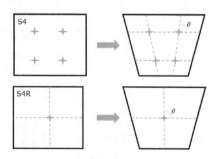

图 2-42　S4 与 S4R 单元承受纯弯曲变形

下面对照理论结果，分别讨论。

1）剪切应变：S4 单元积分点处的虚线夹角明显不是 90°，产生了剪切应变，这与理论不符。这种情况称为剪切自锁，剪切自锁会导致单元刚度变大，收敛比较慢，即使用的是细网格，结果和真实值之间也可能有很大误差。S4R 单元则没有这个问题，保证了剪切应力为 0。

2）弯曲应力应变：S4 单元 4 个积分点之间有相对位移，对应可以产生单元的应力应变。S4R 单元只有一个积分点，虽然 4 个节点的位置发生了变化，但积分点的位置并没有移动，因此在结果上，S4R 单元没有弯曲应力应变，这与理论不符，这种情况称为沙漏。沙漏发生在减缩积分单元中，且沙漏现象会导致单元刚度变小。

对于纯弯曲工况而言，剪切自锁和沙漏现象互为矛盾，在实际处理中，建议采用 S4R 单元避免剪切自锁情况，厚度方向至少采用 3、4 层 S4R 单元避免沙漏现象。

2.5 文件格式

Abaqus 在分析过程中会自动生产多种文件。常见的文件类型见表 2-5。

表 2-5 Abaqus 中常见的文件类型

文件类型	文件说明	功　　能	应用技巧
Abaqus. rpy	操作记录文件	以 Python 语言方式记录几乎所有的 Abaqus/CAE 命令	可以用作 Abaqus 基于 Python 二次开发获取各种操作命令
model_database_name. cae	模型数据库文件	记录模型信息、分析任务等最终信息的文件	高版本软件的 .cae 文件无法用低版本的软件打开
model_database_name. jnl	日志文件	记录建模过程中每个操作对应的命令	与 .rpy 文件相比，.jnl 文件只记录对应模型文件的命令，便于模型文件的再生成
model_database_name. rec	恢复文件	记录 Abaqus/CAE 命令，用于恢复由于意外情况而使 Abaqus/CAE 崩溃之前的操作	Abaqus/CAE 崩溃后再次启动，并将工作目录调整至原目录，打开 .cae 文件，会提醒恢复崩溃之前的操作
job_name. res	重启动文件	在 Step 模块中定义重启动后生成的文件	应用于重启动分析等
job_name. inp	输入文件	Abaqus 核心输入文件，记录分析模型的所有命名，可以直接进入求解器计算，也可以导入 Abaqus/CAE（部分关键字 Abaqus/CAE 不支持）	.inp 文件没有模型几何数据 .Inp 文件原则上可以在任意版本的 Abaqus 内使用（有新版本 Abaqus 关键字更新和调整的情况除外）
job_name. odb	结果文件	Abaqus 核心文件，存放分析的所有场变量和历史变量结果	高版本软件的 .odb 文件无法用低版本的软件打开
job_name. lck	结果数据库锁闭文件	阻止并发写入 .odb 文件，关闭 .odb 文件自动删除功能	若由于意外情况使得 lck 文件未删除而导致无法进一步操作，解决方法为在工作目录删除该文件
job_name. dat	数据文件	记录模型预处理信息和输出数据信息。也可以输出用户定义的结果数据	用于判断模型收敛状态 获得某些特定的结果
job_name. msg	信息文件	详细记录计算过程中的平衡迭代次数、参数设置、计算时间及错误和警告信息等	用于判断模型收敛状态的关键文件
job_name. sta	状态文件	包含分析步、分析时间、迭代次数等分析过程信息	部分分析会出现 Abaqus/CAE 崩溃情况，此时可以监控 .sta 文件确认求解器是否仍在计算

在表 2-5 中，输入文件（＊.inp）、日志文件（＊.log）、状态文件（＊.sta）、信息文件（＊.msg）等都很常用，可以使用记事本程序打开，建议读者养成看过程文件解决问题的习惯，后面章节也会涉及相关文件的查看和使用。

## 第 3 章

结构线性静力学分析

知识要点：

- 静力学分析的目标和任务。
- Abaqus 解决静力学问题的方法。
- 梁单元的特点和使用方法。
- 壳单元的特点和使用方法。

本章导读：

    本章主要对静力学分析的概念和分析过程进行讲解，通过对梁、壳、轴对称等典型单元在静力学分析中的应用实例，详细介绍结构单元的使用方法、使用原则和注意事项，不仅使读者熟悉求解结构线性静力学问题的基本方法和基本步骤，同时也为读者提供大量的工程结构静力学问题求解思路。

3.1 结构线性静力学分析介绍

3.1.1 结构线性静力学概述

    静力学问题是简单、常见的有限元分析类型，前文的悬臂梁分析就是一个最简单的静力学分析实例。线性静力学主要用来计算在固定不变载荷下的结构响应，即由稳态外部载荷引起的系统或部件位移、应力、应变和力。

3.1.2 结构线性静力学分析基本假设

    在进行结构线性静力学分析时需要满足以下 3 条基本假设。

    （1）材料为线性材料

    在线性静力学分析中，所使用的材料必须为线性材料，即材料的应力与应变成正比。

    （2）小变形理论（结构响应）

    任何结构在加载条件下均会发生变形。在线性静力学分析中，假设变形很小，即变形量相对结构的整体尺寸很小。

    注意变形大小并不是判断"大变形"还是"小变形"的标准，真正的决定因素为变形能否显著改变结构的刚度（抵抗变形的能力）。

    （3）载荷为静态载荷

    假设所有载荷与约束均不随时间变化，这就意味着加载过程必须十分缓慢，所以可以忽略惯性效应（快速加载会引发附加的位移、应力与应变）。

3.1.3　结构线性静力学分析步

Abaqus 提供了两个分析步用以解决结构线性静力学分析问题。

（1）通用分析步

提供了丰富的工具，是处理大多数结构线性静力学问题的主要分析步，同时也提供了非线性求解功能。

（2）线性摄动分析

该分析步只用来求解结构线性问题。由于线性叠加原理，当进行线性多工况分析时，线性摄动分析能够提供更加便捷的方式。

3.2　实例：使用梁单元进行门式框架受力分析

3.2.1　梁单元介绍

梁理论是三维连续体的一维近似，维数的减少是细长假设的直接结果。因此，部件使用梁理论的前提是部件梁的横截面尺寸与典型轴向尺寸（非单元尺寸）相比较小。

在 Abaqus 中，梁单元是三维空间或 X-Y 平面中的一维线单元，其刚度与线的变形（梁的轴）有关。这些变形包括轴向拉伸、曲率变化（弯曲）。梁单元提供与梁轴及其横截面方向的横向剪切变形相关的额外灵活性。Abaqus/Standard 中的一些梁单元（如 B31QS）也将横截面的翘曲作为节点变量。梁单元的主要优点是几何简单、自由度少。通过假设构件的变形完全可以用仅沿梁轴的位置函数来估计，可以实现这种简化。因此，使用梁单元的一个关键问题是判断这种一维建模是否合适。

梁单元使用的基本假设是梁截面不能在其自身平面内变形（横截面面积的恒定变化除外，这可能在几何非线性分析中引入，并导致截面内所有方向的应变相同）。在使用梁单元时，应仔细考虑这一假设的影响，特别是在涉及大量弯曲或非实心横截面（如管道、工字钢和 U 形梁）轴向拉伸/压缩的情况下。截面坍塌可能会发生，并导致梁理论无法预测的非常微弱的行为。同样，薄壁弯管的弯曲性能比梁理论预测的要软得多，因为管壁在其自身截面上容易弯曲，而梁理论的基本假设没有考虑这一种影响。在设计管道弯头时，通常必须考虑这种影响，可以使用壳单元将管道建模为三维壳，或者在 Abaqus/Standard 中使用弯头单元。

（1）梁单元命名

梁单元的命名与对应字母的含义如图 3-1 所示。其中标注"可选择"的，只在一些特殊分析中使用，大多数静力学问题不涉及。常用的有 B31 单元、B32 单元等。

（2）梁单元的截面

为了准确计算梁的力学特征，由材料力学的知识可以知道，除了获得梁的长度外，还需要获得截面面积、截面惯性矩、偏心距离等参数。这些内容在 Abaqus 中统一被管理为截面。Abaqus 中预置了丰富的截面库，如图3-2 所示。

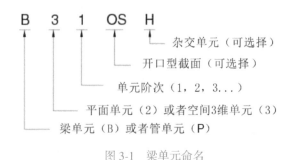

图 3-1　梁单元命名

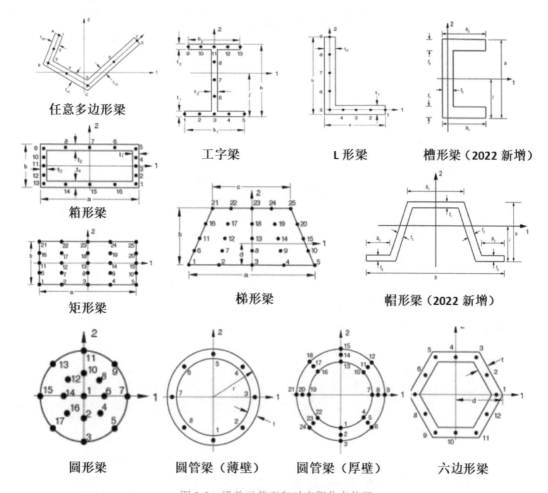

图 3-2　梁单元截面和对应积分点位置

在梁截面中需要注意的是，工字钢梁、梯形梁、槽形梁、帽形梁和任意多边形梁的中心轴是可以偏移的，其他梁是不可以的，因此对于部分分析可以通过调整中心轴的位置来快速建模，如梁、壳单元共节点情况。

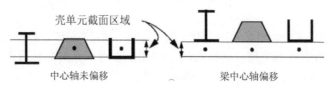

图 3-3　梁、壳单元共节点情况

具体偏移距离在梁截面属性中进行设置。如图 3-2 所示的梯形梁，定义变量 h 来实现中心轴的偏移，以实现图 3-3 右图所示工况。

（3）梁单元的方向

对于大多数梁，不同方向的惯性矩是不同的，这就需要指定合理的惯性矩，对梁单元而言，则需要定义截面的方向，如图 3-4 所示。

梁截面的方向用局部右手轴系（t，n_1，n_2）来定义，其中，t 是单元轴的切线，从单元第一个节点到第二个节点的方向上为正，n_1 和 n_2 是定义截面局部 1 和 2 方向的基向量，n_1 称为第一个梁截面轴，n_2 称为梁的法线。梁截面轴系如图 3-4 所示。

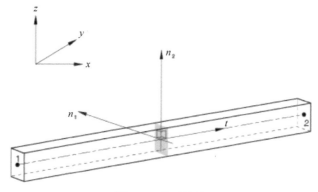

图 3-4　截面轴系

（4）梁单元定义过程

上文对梁单元的一些细节做了讲解，具体使用流程如图 3-5 所示。

图 3-5　梁的定义过程

综上所述，梁的定义主要涉及简化几何模型成线、定义材料、定义梁的断面（Profile）、定义梁的截面（Section）、将梁截面赋值，定义梁的方向几个步骤，如果漏掉其中的一项或几项也不要过于担心，在提交任务的时候 Abaqus 会对建模过程进行检查，并给予相应的错误提示。

3.2.2　梁单元与桁架单元的区别

桁架单元（Truss Element）在外观表现上与梁单元很像，都是一维线单元，但在具体使用上有很大的区别。

（1）自由度

常用桁架单元（如 T3D2）的每个节点只有 3 个自由度，分别为 1、2、3，即桁架单元只能承受拉压应力，无法承受扭转应力，在具体使用时多加注意。

（2）特殊应用—Embedded

由于桁架单元不能承受扭转，所以其应用场合一般为桁架结构。但在某些场合，桁架单元可以与实体单元联合使用（Embedded），用以模拟混凝土中的钢筋，如图 3-6 所示。

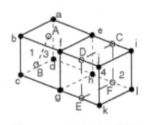

图 3-6　Embedded 示意图

Embedded 功能入口在 Interaction 模块，使用路径为 Create Constrain →Create→Embedded Region。在图 3-6 中，AB、CD、DE、EF、CF 虚线为桁架单元，A~F 为桁架单元节点。外面的两个六面体为实体单元。当桁架单元的单元节点正好在实体单元的线上时，Abaqus 自动建立约束关系，将桁架的单元节点绑定在实体单元的线上，如 C、D、E、F 点；当桁架单元的单元节点没有落在线上，而是落在面上时，Abaqus 自动建立约束关系，将桁架的单元节点绑定在实体单元的面上，如 A、B 点。这样就建立了相互作用，模拟了钢筋在混凝土中的作用。这时候需要有两个假设。

1）钢筋只受拉力和压力。
2）钢筋不会拔出。

应用这个原理，可以方便地模拟剪力墙等的结构。

3.2.3　问题描述

如图 3-7 所示，有一门式框架，采用方管构件，相关尺寸已经在图中标明。整体为结构钢材质，$E = 210\text{GPa}$，$\mu = 0.28$，$F = 1000\text{N}$。计算最大弯矩 M_{max} 和 B 点水平位移 v_{xB}。

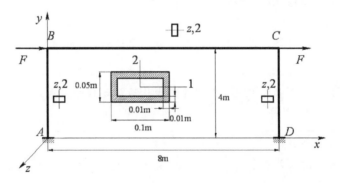

图 3-7　门式框架

由于是较为简单的梁结构，应用材料力学知识就可以获得理论解：

$$I_1 = 8.617 \times 10^{-7} \text{m}^4$$

$$I_2 = 2.887 \times 10^{-6} \text{m}^4$$

$$u_{xB} = \frac{7F a^3}{48E I_2} = 0.015395\text{m}$$

$$M_{max} = M_A = 5Fa/8 = 2500\text{N} \cdot \text{m}$$

其中，a 为力臂长度，$a = 4\text{m}$。

3.2.4　分析流程

1. 创建部件

根据图 3-7 建立 3D 线模型，如图 3-8 所示。

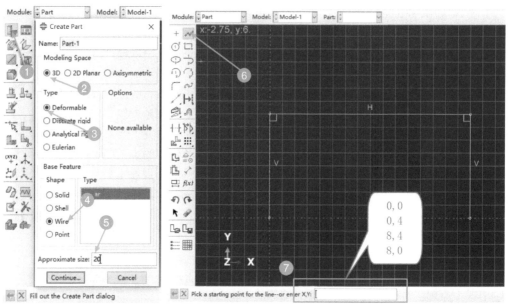

图 3-8　建立模型

① 单击 Create Part 图标。

② Modeling Space 选择 3D。

③ Type 选择 Deformable（可变形体）。

④ Shape 选择 Wire（线）。

⑤ 在 Approximate size（画布尺寸）文本框中输入 20 单击 Continue 按钮。

> 小贴士
>
> 画布尺寸的选择和模型尺寸相关，目的是最大化地展示模型，因此一般和模型尺寸数量级一致，取最大尺寸的 1.5~2 倍。

⑥ 选用依据点创建线方式。

⑦ 在参数输入区依次输入 4 个点的坐标：0，0；0，4；8，4；8，0，最后单击 Done 按钮。

2. 定义属性

（1）定义材料

在 Property 模块下定义材料线弹性本构。需要注意单位的统一。本例采用米制单位，所以弹性模量的单位是 Pa。弹性模量为 210000000000Pa，泊松比为 0.28。其中，弹性模量也可以输入 210e9，这样可以避免数错"0"的数量，如图 3-9 所示。

① 单击 Create Material 图标。

② 在弹出的对话框中选择 Mechanical（机械性能参数）。

③ 在 Mechanical 的子菜单中选择 Elasticity（弹性）→Elastic（弹性）。

④ 在弹出的 Elastic 对话框中输入杨氏模量

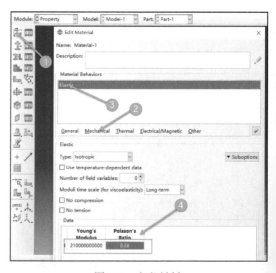

图 3-9　定义材料

210e9（单位 Pa）和泊松比 0.28，其余接受默认设置。

（2）定义梁断面

对于梁单元必须定义其断面。此处为箱形梁，在梁截面库中选择 Box，依据箱形梁的截面参数定义相应值。需要注意保证坐标系中的 1、2 轴方向。具体操作流程如图 3-10 所示。

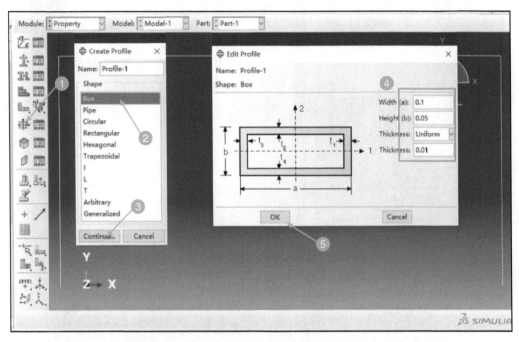

图 3-10　定义梁断面

① 单击 Create Profile 图标。

② 在弹出的对话框中选择 Box（箱形梁）。

③ 单击 Continue 按钮。

④ 在弹出的对话框中输入梁的断面信息：Width 为 0.1、Height 为 0.05、Thickness 为 0.01。

⑤ 单击 OK 按钮。

（3）定义梁截面

创建 Beam 截面，选择已经定义好的梁断面和材料，如图 3-11 所示。

① 单击 Create Section 图标。

② 在弹出的对话框中，Category 选择 Beam（梁）。

③ Type 选择 Beam。

④ 单击 Continue 按钮进行材料本构分配。

⑤ 在弹出的对话框中选择已经定义好的梁断面 Profile-1。

⑥ 选择已经定义好的梁材料 Material-1。

⑦ 单击 OK 按钮。

（4）将梁的截面赋值到几何模型

具体操作如图 3-12 所示。

① 单击 Assign Section 图标。

② 在图形中选择所有线，单击 Done 按钮完成区域的选择。

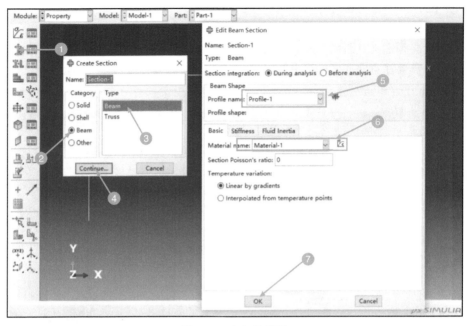

图 3-11　定义梁截面

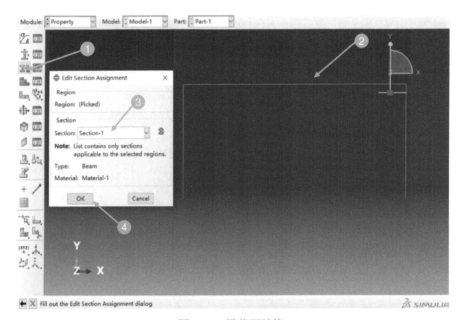

图 3-12　梁截面赋值

③ 在弹出的对话框中选择已经定义好的截面 Section-1。

④ 单击 OK 按钮。

（5）定义梁的方向

如图 3-7 所示，三段梁的 2 方向均为 Z 轴方向。在设置梁的方向时，需要定义 1 轴方向，因此不能将所有梁全部选中进行设置。可以将统一方向、相互平行的梁一起定义。本例中的三段梁分开进行定义。

首先定义第一段梁，具体操作如图 3-13 所示。

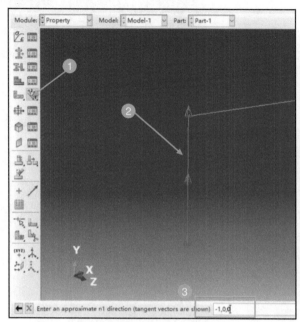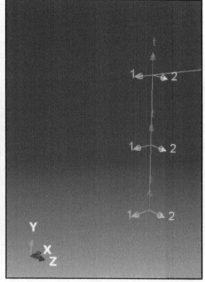

图 3-13　第一段梁的方向设置

① 单击 Assign Beam Orientation 图标。

② 选择第一段线。

③ 输入 1 轴的方向向量。由于要求 2 方向为 Z 轴正方向，根据右手定则，1 轴方向为 X 轴负方向，所以方向向量为（-1，0，0）。

用同样的方法分别设置第二段梁和第三段梁，方向向量分别为（0，1，0）和（1，0，0），如图 3-14 所示。

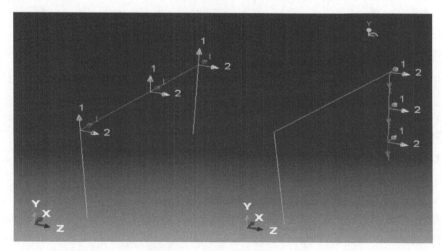

图 3-14　第二、三段梁的方向设置

设置完成后，可以通过菜单栏的 View→Part Display Options 命令开启 Render beam profiles 功能，查看梁的截面和方向是否设置正确。详细操作如图 3-15 所示。

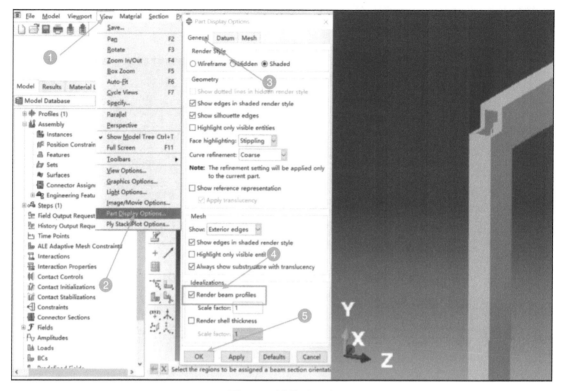

图 3-15　梁截面显示

① 在菜单栏中选择 View 命令。

② 在弹出的子菜单中选择 Part Display Options 命令。

③ 在弹出的对话框中切换到 General 选项卡。

④ 勾选 Idealizations 栏的 Render beam profiles 复选框。

⑤ 单击 OK 按钮确认。

此时梁的最终几何状态就会显示，读者可以利用此方法检查梁的设置是否合理。

3. 装配模型

由于只有一个部件，所以直接进行装配。Instance Type 选择默认的 Dependent。具体设置参照图 2-21。

4. 定义分析步

创建分析步，从具体操作如图 3-16 所示。

① 单击 Create Step 图标。

② 选择 Static General（静态通用）。

③ 单击 Continue 按钮。接受默认选项，单击 OK 按钮。

由于需要获取截面力和力矩，默认的分析结果输出不能满足后处理的需求，所以需要对场变量进行编辑，具体操作如图 3-17 所示。

① 单击 Field Output Requests Manager 图标。

② 选择默认的输出，单击 Edit 按钮。

③ 勾选 Forces/Reactions→SF, Section forces and moments（截面力和力矩）复选框。

④ 其余接受默认选项，单击 OK 按钮。

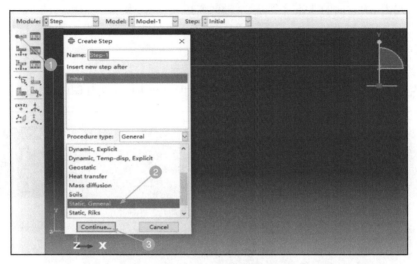

图 3-16　分析步设置

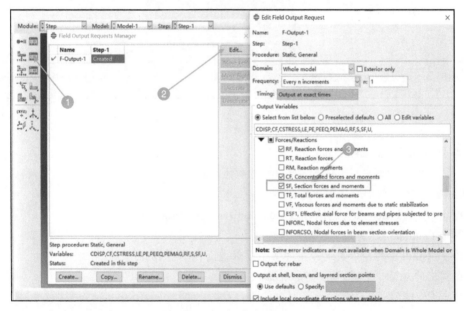

图 3-17　场输出设置

因为本例要求计算最大弯矩，所以需要输出 SF 的值，这个值在壳分析中同样存在。对 SF 的输出结果说明如下。

- SF1：n1 方向单位宽度内的正拉（压）力。
- SF2：n2 方向单位宽度内的正拉（压）力。
- SF3：n1-n2 平面单位宽度内的剪力。
- SF4：n1 方向单位宽度内的横向剪力。
- SF5：n2 方向单位宽度内的横向剪力。
- SF6：壳单元厚度方向的集中力。
- SM1：沿着 n2 方向的弯矩（即绕 n1 轴的弯矩）。

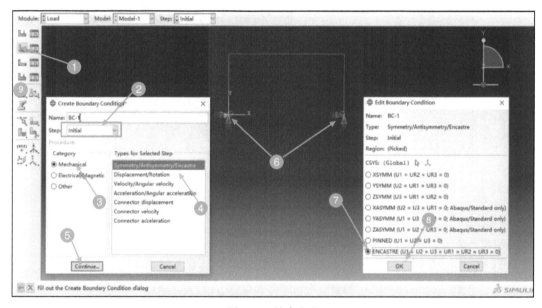

- SM2：沿着 n1 方向的弯矩（即绕 n2 轴的弯矩）。
- SM3：n1-n2 平面内的扭矩。

根据梁的方向，此处重点关注 SM2 的输出值。

5. 定义约束和载荷

首先定义约束。如图 3-7 所法，梁的下端固定，因此约束的定义如图 3-18 所示。

图 3-18　约束定义

① 单击 Create Boundary Condition 图标。

② 在弹出的对话框中，Step 选择 Initial（初始步）。

③ Category 选择 Mechanical（机械）。

④ Types for Selected step 选择 Symmetry/Antisymmetry/Encastre。

⑤ 单击 Continue 按钮。

⑥ 按住〈Shift〉键，依次选择梁的两个下部端点，单击 Done 按钮。

⑦ 在弹出的对话框选择最后一项 Encastre（全约束）。

⑧ 单击 OK 按钮完成固定边界条件的设置。

图 3-7 显示在 B、C 两点存在 x 轴正向的力，将该载荷定义在模型中，具体操作如图 3-19 所示。

① 单击 Create Load 图标。

② 在弹出的对话框中，Step 选择 Step-1。

③ Category 选择 Mechanical（机械）。

④ Types for Selected Step 选择 Concentrated Force（集中力）。

⑤ 单击 Continue 按钮。

⑥ 选择梁的 B、C 两个端点，单击 Done 按钮。

⑦ 在弹出的对话框中，CF1（沿 X 方向的力）文本框中输入 1000（这个值会对选中的每个点都施加 1000N 的力，不会进行均分）。

⑧ 单击 OK 按钮完成载荷的设置。

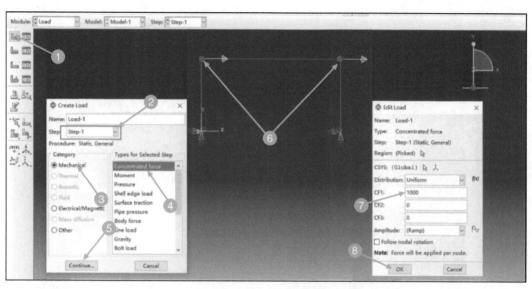

图 3-19 载荷定义

6. 网格划分

在 Mesh 模块下，将 Object 切换到 Part 模式，为部件布置全局种子，将全局种子大小设为 0.2，即单元的边长大致为 0.2m，此时模型会显示单元的大小和间隔。最后为全体部件划分网格。具体操作如图 3-20 所示。

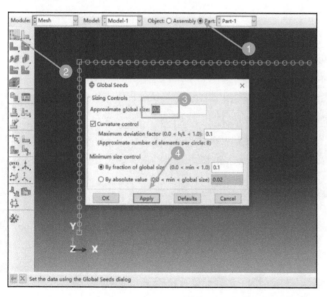

图 3-20 网格划分

① Object 选择 Part。

② 单击 Seed Parts 图标开始定义 Global Seeds（全局种子）。

③ 将 Approximate global size 定义为 0.2。

④ 单击 OK 按钮。

⑤ 单击 Mesh Part 图标。

⑥ 单击 Yes 按钮完成网格划分。

7. 提交计算

进入 Job 模块，定义 Job，如图 3-21 所示。

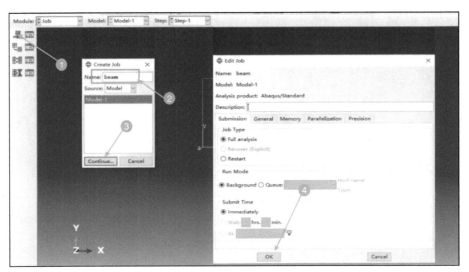

图 3-21　Job 定义

① 单击 Create Job 图标。
② 将 Job 的名称改为 beam。
③ 单击 Continue 按钮。
④ 接受默认选项，单击 OK 按钮。

单击 Job Manager 图标，提交计算，具体操作如图 3-22 所示。

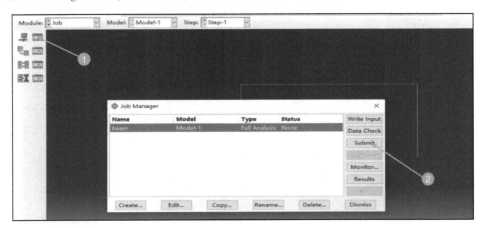

图 3-22　计算

① 单击 Job Manager 图标。
② 选中当前 Job，单击 Submit 按钮。

3.2.5　结果后处理

Job Manager 对话框的 Status 显示为 Completed 时，单击 Results 按钮进入后处理界面。根据要求，需要获得 B 点 X 方向的位移和最大弯矩。

（1）获取 B 点 X 方向位移曲线

Abaqus 提供了功能丰富的图表绘制工具：XYData，可以通过该工具方便地绘制位移曲线，如图 3-23 所示。

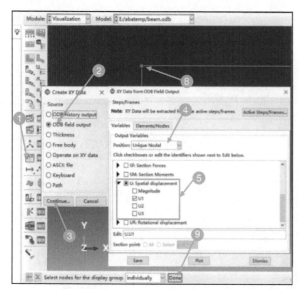

图 3-23　创建位移曲线

① 单击 Create XY Data 图标。

② 选择 ODB field output。

③ 单击 Continue 按钮。

④ 在弹出的对话框中，Position 选择 Unique Nodal（基于节点）。

⑤ 定义变量为 U1（X 方向位移）。

⑥ 切换至 Elements/nodes 选项卡。

⑦ 单击 Edit Selection 按钮。

⑧ 选择模型的 B 点。

⑨ 单击窗口下面的 Done 按钮。

⑩ 单击 Plot 按钮绘制曲线。

⑪ 单击 Save 按钮保存曲线。

注：此方法同样适用于场变量中其他变量的曲线绘制。

曲线会以表格的方式保存在结构树的 XYData 中，编辑方法如图 3-24 所示。

① 切换至 Results 结构树。

② 在 XYData 节点下找到刚才保存的曲线数据并右击。

③ 在弹出的快捷菜单中选择 Edit 命令。

④ 在弹出的对话框中，X=1 对应的 Y 值就是 B 点的水平位移。

可以获得 B 点的水平位移为 0.0157396，与理论解 0.015396 基本一致。

（2）绘制梁的弯矩图

弯矩图是用来表示杆件不同截面弯矩的曲线，绘制弯矩图是梁类问题分析的重要工作，图 3-25 展示了详细步骤。

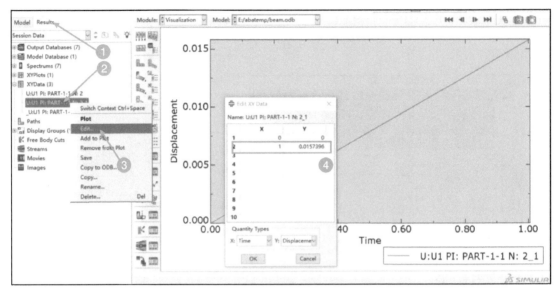

图 3-24　编辑位移曲线

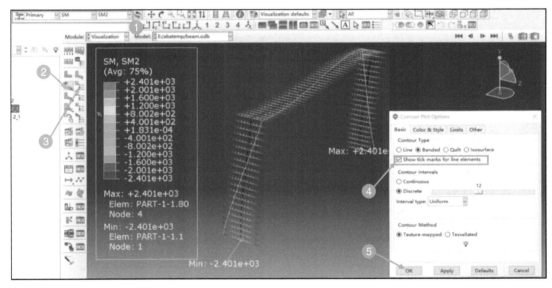

图 3-25　在云图中绘制弯矩图

① 切换输出为 SM→SM2。

② 单击 Plot Contours 图标，此时会显示关于 SM2 的云图。

③ 单击 Contour Option 图标。

④ 在弹出的对话框中勾选 Show tick marks for line elements 复选框。

⑤ 单击 OK 按钮。

由弯矩图可以看到，最大弯矩为 2400N·m，所在位置为端部。

需要注意的是，2400N·m 并不是模型真正的最大扭矩，其理论解为 2500N·m，两者的不一致源于 Abaqus 应力或弯矩的计算机制。在 Abaqus 中，应力或弯矩都是基于单元积分点计算的，然后再插值在节点上。对于梁中部的任意一个节点，都有两个积分点的值对其插值再平均，节点值比较可靠。但是对于端部的点，只有一个积分点的插值结果，是不准确的。从图 3-25 中确认是端部弯矩最大后，需要输出端部的支反力矩 RM 来确定梁的弯矩值。RM 采用的是全局坐标系，所以重点关注 RM3，如图 3-26 所示。

RM3 的端部支反力矩为 2501N·m，与理论值 2500N·m 基本一致。

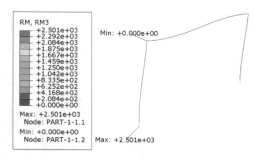

图 3-26　支反力矩云图

3.3　实例：使用壳单元进行槽型梁应力计算

3.3.1　壳单元介绍

在有限元分析中，当遇到船体、飞机、轨道车辆等大型薄壳类结构时，如果采用实体单元，受厚度尺寸影响，将会面临单元数过多、单元长宽比过大等问题。此时如果薄壁构件的厚度远小于其典型整体结构尺寸（一般为小于 1/10），并且可以忽略厚度方向的应力，就可以用壳单元来模拟此结构。壳体问题可以分为两类：薄壳问题（忽略横向剪切变形）和厚壳问题（考虑横向剪切变形）。对于单一各向同性材料，一般当厚度和跨度的比值小于 1/15 时，可以认为是薄壳；大于 1/15 时，则可以认为是厚壳。

在 Abaqus 中，存在传统壳单元和连续壳单元两种。传统壳单元应用较为广泛，本书主要介绍该单元，对于连续壳单元，读者可以参阅帮助文档。

1. 壳单元的命名

壳单元的命名规则如图 3-27 所示，如常见的 S4 单元为 4 节点常规壳单元。其中标注"可选择"的，只在一些特殊分析中使用。

2. 壳单元的法向

壳单元是使用二维面描述三维体的，因此面存在正反之分，区别正反面的方法是判断壳的法向。如图 3-28 所示，依据右手定则，单元节点从小到大的顺序为手指旋转方向，大拇指指向的方向为法向的正方向，对应的面为正面，记作 SPOS（positive），用棕色标识。背面为反面，记作 SNEG（negative），用紫色表示，如图 3-28 所示。

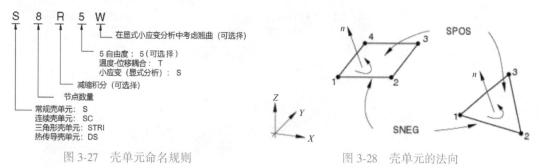

图 3-27　壳单元命名规则　　　　　图 3-28　壳单元的法向

（1）检查壳单元法向

壳单元的法向在分析中非常重要，最基本的原则是同一个面的壳单元法向要保持一致。

Abaqus 提供了检查壳单元法向的工具。单击工具栏的 Query 图标，就可以找到关于壳单元法向的
选项。如图 3-29 所示，壳单元的法向以不同的颜色进行标识。

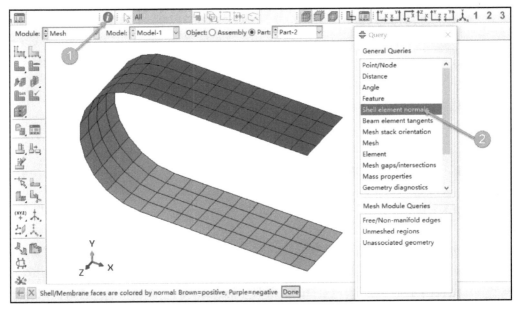

图 3-29　检查壳单元法向

检查重点有两个，一是确保同一个面的法向一致，二是确保法向和预期一致。

（2）修改壳单元法向

一般来说，对于 Abaqus 原生网格，不涉及壳单元法向的调整；对于导入网格，由于网格本
身的原因，通过网格法向检查，会出现局部网格法向不一致的情况，需要进行修改。Abaqus 提供
了修改工具。在 Mesh 模块中，通过 Mesh→Edit→Element→Flip normals 选项可以将不一致的单元
法向调整过来，如图 3-30 所示。

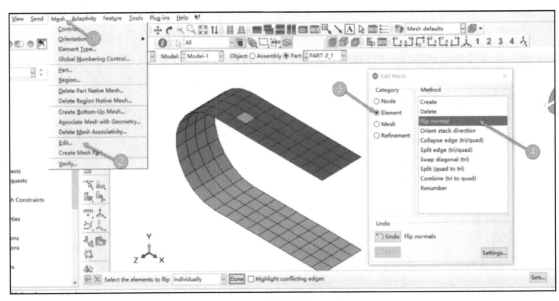

图 3-30　修改壳单元法向

3. 壳单元的参考面偏移设置

壳单元是对实体单元的简化，为了表征实体模型的形状，壳单元存在两个特有参数：壳单元厚度和参考面位置。壳单元一般抽取实体单元的中性面进行建模，参考面均位于中性面位置，但是对于某些特殊情况，此种设置并不适用。如图 3-31 所示，如果采用中性面建模，在网格模型中将会出现中断，这是不符合实际情况的。

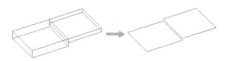

图 3-31　中性面不适用的情况

对图 3-31 所示的情况，可以采取实体的顶面进行建模，然后通过定义壳的参考面偏移来实现。参考面的偏移示例如图 3-32 所示。

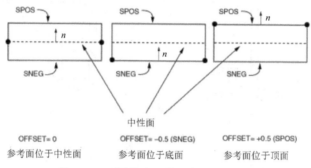

图 3-32　不同偏移系数下参考面的位置

在图 3-32 中，引入了偏移系数 OFFSET 来定义参考面的位置。其中，OFFSET = 参考面实际偏移距离/厚度。

当参考面偏向法向正方向时，OFFSET 为正值，偏向法向负方向时，OFFSET 为负值。对照图 3-32 可以加深理解。

Abaqus 提供了便捷的偏移设置功能，设置过程如图 3-33 所示。

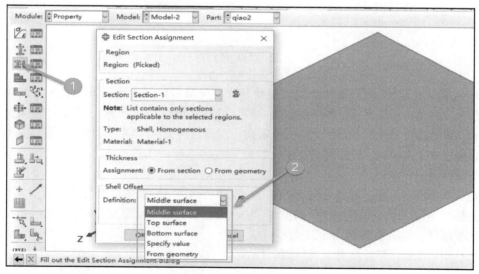

图 3-33　参考面偏移设置

① 在 Property 模块下单击 Assignment Section 图标。
② 在弹出的对话框中，在 Shell Offset 栏设置偏移选项（默认为 Middle surface）。

Abaqus 同样提供了可视化窗口用以检查壳单元参考面的设置是否正确，操作过程参照图 3-15，选择 Render shell thickness 即可。

3.3.2 问题描述

某一槽型梁，梁的长度 $l = 1\mathrm{m}$，截面尺寸如图 3-34 所示。材质参数为 $E = 210\mathrm{GPa}$，$v = 0.28$。$F = 1000\mathrm{N}$，不计重力。计算最大 Mises 应力。

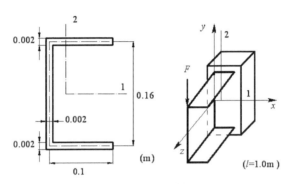

图 3-34　问题描述

3.3.3 求解过程

图 3-34 中，厚度与长度之比远小于 1/10，采用壳单元建模是首选。壳单元分析问题的一般流程如图 3-35 所示。

图 3-35　壳单元分析问题的一般流程

对于壳单元，其分析流程的特别之处主要是壳单元本身的属性定义和与之相关的输出属性等。对于外部网格，还需要保证网格的法向一致，相关细节上文已经讲过，在此不再赘述。由于基本流程与常规静力学分析差别不大，限于篇幅，本例只对关键步骤进行图示说明，其他步骤进行文字说明，如果有疑问，请参阅第 2 章。

1. 创建部件

在进行部件绘制之前，需要确定特征面的位置和坐标。一般取中性面为特征面，为了简化分析，使坐标系 Y 轴与梁的垂直中性面相重合，中点为原点，则可以通过点→线草图→拉伸为面的方式定义梁部件，如图 3-36 和图 3-37 所示。

绘制草图后设置拉伸长度为 1，完成部件的定义。

2. 定义属性

（1）定义材料

在 Property 模块下定义材料线弹性本构。本例采用米制单位，弹性模量的单位是 Pa。弹性模量设为 210000000000，泊松比设为 0.28。其中，弹性模量还可以输入 210e9，这样可以避免输错

"0"的数量，如图 3-9 所示。

图 3-36　创建 3D 壳

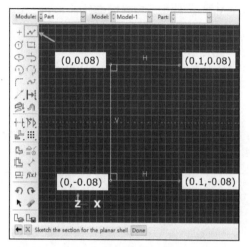

图 3-37　绘制草图

（2）定义截面属性

单击快捷工具区的 Creat Section 图标，完成壳类型（Category、Type）、壳厚度（Shell thickness）、截面积分点数量（Thickness integration point）的定义。其中，壳类型为各向同性壳（Homogeneous），厚度为 0.002，截面分点数量接受默认值，如图 3-38 所示。

（3）赋值截面属性

单击 Assign Section 图标，在截面属性赋值中，完成壳特征面的定义，使用默认选项 Middle surface，如图 3-39 所示。

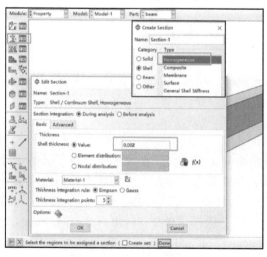

图 3-38　壳截面属性定义

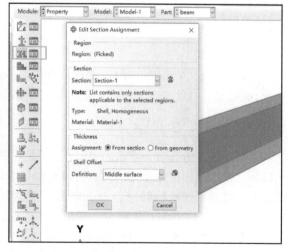

图 3-39　壳截面属性赋值

3. 定义装配

在 Assembly 模块中，单击 Creat Instance 图标，选择部件 beam，其他选项接受默认值，单击 OK 按钮，完成装配定义。

4. 定义分析步

在 Step 模块中定义 Static General 分析步，接受默认选项。

5. 网格划分

在 Mesh 模块中，定义网格种子大小（Approximate global size）为 0.02，其他选项接受默认值，完成网格划分。

6. 定义边界条件

梁的右端和墙结合，可认为其完全固定。在 Load 模块中，单击 Create Boundary Condition 图标，选择梁的右端，定义全约束（ENCASTRE），如图 3-40 所示。

梁只在端部承受一个 F = 1000N 的垂向力，在 Load 模型中，单击 Create Load 图标，选择 Concentrated force（集中力），选择梁的端部，在 CF2 文本框中输入 –1000（负号表示力的方向与 Y 轴相反），如图 3-41 所示。

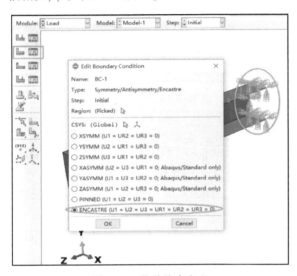

图 3-40　位移约束定义

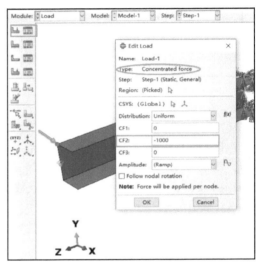

图 3-41　载荷定义

7. 提交计算

在 Job 模块，单击 Create Job 图标，命名为 beam_shell，单击 Continue 按钮，接受默认设置，单击 OK 按钮。继续单击 Submit 按钮，提交计算任务。

3.4.4　结果后处理

使用壳单元仿真时，默认的 Mises 云图使用的是法向正面应力，在大多数情况下，由于壳比较薄，正、反面应力相差不大，可以近似认为正面应力能够代表整个壳的应力，但是在某些情况下，需要得到精确的应力值，就需要观察正、反面的应力值。Abaqus 提供了相应工具：通过 Job Manager 对话框的 Results 按钮进入后处理界面，选择菜单栏 Result→ Section Points 命令，打开相应对话框，可以根据需要选择 Top、Bottom、Top and bottom、Envelope，如图 3-42 所示。其中，Envelope 默认选取正、反面中应力绝对值大的一面显示，而 Top and bottom 选项需要打开壳的厚度显示开关（菜单栏 View→Part Display Options 命令，Render shell thickness 选项）才能看出效果，它的作用是将两个表面的应力分别体现，更加符合部件的真实受力情况，如图 3-43 所示。

通过图 3-43 可以看到，梁的最大应力为 54.32MPa，位于墙连接的位置。

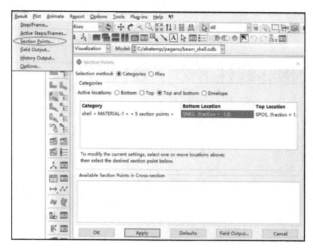

图 3-42 壳单应力显示面选择

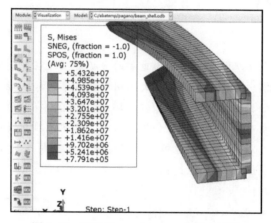

图 3-43 基于 Top and bottom 的应力云图

第 4 章

结构非线性静力学分析

知识要点：

- 非线性静力学分析的主要类型。
- 接触分析的主要过程。
- 非线性分析中的收敛控制方法。
- 螺栓载荷非线性分析。

本章导读：

结构非线性静力学问题是工程实践中较为重要的分析类型，在该类问题中，往往伴随着各种非线性行为，使得问题建模、求解都面临比较大的困难。本章对非线性结构分析进行了探讨，尤其是对其中比较典型的接触非线性行为进行了较为详细的研究，有助于加深读者对该类问题的理解，以便快速、正确地建立有限元模型进行分析。同时，本章也对非线性分析中比较重要的收敛性问题进行了讲解，读者可以根据本章的相关内容对有限元分析中的不收敛问题对症下药。最后，本章通过非常常见的螺栓分析来进行实例的讲解。

4.1　结构非线性静力学分析介绍

在线性静力学分析中，对问题进行了诸多的简化，实际在自然界中，绝大多数都是非线性工况。简单而言，即部件的外载荷与模型的响应之间不是线性关系，卸载后部件也不会恢复到初始状态。例如，在冲压工况中，当冲头卸去载荷后，部件不会恢复到初始状态，这就是一种非线性分析。

根据引起结构非线性因素的不同，结构非线性大体可以分为三类：几何非线性、材料非线性和边界非线性。

4.1.1　几何非线性分析

几何非线性是指，当结构出现大变形时，其变化的几何形状可能会引起结构的非线性响应。一般包含以下几种情况。

- 大挠度或者转动。
- 突然翻转。
- 初始力或载荷硬化。

Abaqus 提供了几何非线性开关来解决该问题。

如图 4-1 所示，在定义分析步的时候可以直接通过定义 Nlgeom 属性来打开几何非线性开关。

也可以在 Step Manager 对话框中单击 Nlgeom 按钮来统一定义所有分析步的几何非线性，如图 4-2
所示。

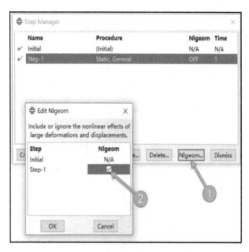

图 4-1　在分析步中定义几何非线性　　　　图 4-2　统一定义所有分析步的几何非线性

4.1.2　材料非线性分析

图 4-3 所示为一个金属试样进行拉伸后得到的拉伸曲线。其中，OA 段为弹性变形阶段，此时
拉力和试样变形量为线性响应关系。超过 A 点后，材料开始进入屈服阶级，试样变形量与拉力呈
现出比较复杂的响应关系，统称非线性关系，即材料的非线性特征。

在材料的屈服阶段，材料总应变可分为两部分，即
等于弹性应变和塑性应变之和

$$\varepsilon = \varepsilon_{el} + \varepsilon_{pl}$$

在 Abaqus 中，弹性段和塑性段需要分别定义，因此
通过试验获得的拉伸曲线实际上是弹性和塑性综合作用
的结果，无法直接使用，需要对其进行转化。

针对一个材料的拉伸曲线，先通过公式计算出名义
应力 σ_{nom} 与名义应变 ε_{nom}：

$$\sigma_{nom} = \frac{F}{A_0}$$

图 4-3　常见金属拉伸曲线

$$\varepsilon_{nom} = \frac{l - l_0}{l_0} = \frac{\Delta l}{l_0}$$

式中，F 为施加在试样上的载荷；l_0、A_0 为试样拉伸前的长度和截面面积；l 为试样拉伸后的
长度。

由于在拉伸试验中试样会发生颈缩现象，如果一直采用 A_0 计算应力，无疑最终获得的应力会
偏小。因此需要对名义应力和名义应变进行修正，获得真实应力 σ 和真实应变 ε：

$$\sigma = \sigma_{nom}(1 + \varepsilon_{nom})$$
$$\varepsilon = \ln(1 + \varepsilon_{nom})$$

进而获得塑性应变

$$\varepsilon_{pl} = \varepsilon - \varepsilon_{el} = \varepsilon - \sigma/E$$

取$\varepsilon_{pl} \geqslant 0$段的$\sigma$-$\varepsilon_{pl}$曲线，在 Abaqus 的材料定义对话框框中选择 Mechanical-Plastic，在弹出的表格中将该曲线输入，完成塑性段的定义。需要注意的是，必须从屈服强度，也就是塑性应变为 0 开始，所有数据必须满足单调递增顺序，不可以出现波谷。σ-ε_{pl}曲线和输入界面如图 4-4 和图 4-5 所示。

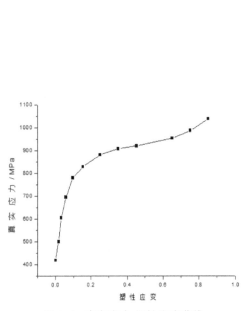

图 4-4　真实应力-塑性应变曲线

图 4-5　塑性曲线输入界面

需要指出，上述材料本构仅用来解决宏观的力学分析，不能解决所有问题，针对不同材料的不同非线性特征，Abaqus 提供了不同的材料本构进行描述，后续章节会根据不同的分析情况进行讲解，在此不做展开。

4.1.3　边界非线性分析

在有限元分析中，常由于边界条件的变化而引起模型结构刚度的变化，影响应力应变的求解过程。比较典型的是接触分析，由于接触对的建立和分离，会对模型的结构刚度造成比较大的影响，甚至导致不收敛的情况，这种行为一般称为边界非线性行为。除接触外，边界非线性还包括非线性弹性弹簧、薄膜、辐射、多点约束等，每增加一个边界非线性行为，就会增加有限元的求解难度，所以在满足计算要求的基础上，应尽可能地简化边界条件。减少边界非线性数量，是有限元分析的重要组成部分。由于接触分析是典型、常见的边界非线性行为，接下来将对接触分析过程进行讲解。

4.2　接触分析基本过程

4.2.1　接触问题概述

在有限元分析中，常遇到多体模型。多体间的相互作用是复杂的，为了简化模型，这时往往会利用共节点约束、绑定技术等将多体连起来，不考虑多体间的接触行为。但是有一些场景下，接触不得不被考虑，如图 4-6 所示的金属成型分析必须考虑金属板材与模具的接触行为，图 4-7 所示的轮胎分析必须考虑轮胎与地面的接触行为。

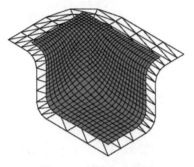

图 4-6　金属成型分析

图 4-7　轮胎分析

由于接触行为是典型的边界非线性问题，且如果涉及动接触，还会有接触状态的实时跟踪，对有限元的求解造成重大影响，如何理解并合理使用接触分析是有限元仿真工程师的重要工作。

4.2.2　接触分析的一般流程

接触分析的一般流程如图 4-8 所示。

图 4-8　接触分析的一般流程

在确定接触主体时，需要考虑单元的问题。如刚体面、壳单元的上下表面、实体外表面，这些都是真实的面，可以直接作为接触面。但是壳单元的边、梁单元的线，并没有构成单元，无法以面的方式构成接触主体，如果必须定义接触，只能以节点的方式对其他的面定义接触（点面接触）。因此，在确定接触主体前，必须保证分析目标和接触主体相一致。

定义主从面是接触分析比较容易理解但又非常重要的一环。接触必须有一个 A 面和一个 B 面。这两个面就用主从面表示。对于 A 面是主面还是从面，需要从材料刚度、网格密度、面的形状等多个方面进行考虑，比较复杂，也不利于记忆。本章将从接触属性的原理出发，研究主从面的内涵，帮助读者掌握接触关系的建立与接触的输出设置。

4.2.3　定义接触属性

接触属性是接触分析最重要的环节，对接触分析是否收敛起决定性作用。接触属性包含接触算法、摩擦系数、过盈、螺栓关系、热接触等不同的功能，负责为不同的分析提供不同的接触边界条件。本章只讨论力学的接触行为。对于力学接触，通常涉及两种接触行为：法向接触和切向接触。法向接触产生了接触压力，切向接触贡献了摩擦力。

1. 法向接触行为

法向接触行为是指与接触面垂直方向的接触行为，图 4-9 定义了一个典型的法向接触模型。

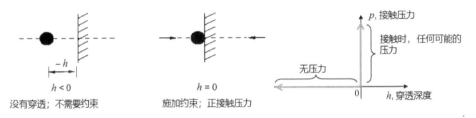

图 4-9　法向接触模型

如图 4-9 所示，一个球体垂直冲向墙面，在碰到墙体后沿原路线返回，不考虑重力影响。在球的运动过程中，从球与墙体没有接触时，两者没有建立任何关系。从球体接触墙体的一刻起，瞬间与墙体建立接触，墙体与球体接触的点瞬间产生比较大的接触压力，随后球按原路线返回。球与墙的接触过程中，球始终在墙外，没有穿透到墙内。在 Abaqus 中，通过球与墙的穿透距离 h 来定义接触过程：当 $h<0$ 时，接触压力 $p=0$；当 $h=0$ 时，接触压力 p 瞬间为最大值，并在随后的过程中保证 h 不大于 0、不产生穿透行为。这种算法称为"拉格朗日乘子法"，也叫"直接施加法"，它的特点是能够精确地建立接触关系，并严格控制穿透，使得数学模型与实际工况完美对应。

在 Abaqus 中，在 Interaction 模块中定义接触属性，如图 4-10 所示。单击 Continue 按钮后，如图 4-11 所示，在弹出的 Edit Contact Property 对话框中，Mechanical 菜单提供了不同的接触属性，分别是切向行为、法向行为、阻尼、损伤等。这里需要选择法向行为（Normal Behavior。如果考虑切向则选择 Tangential Behavior，是后续章节考虑的内容）。Constraint enforcement method 下拉列表框中提供了三种方法，分别是扩展的拉格朗日法（Augmented Lagrange）、罚方法（Penalty）和直接法（Direct）。直接法为 Abaqus 默认选项，采用直接法虽然结果更精准，也严格控制了穿透，但是缺点也同样突出。

图 4-10　定义接触属性

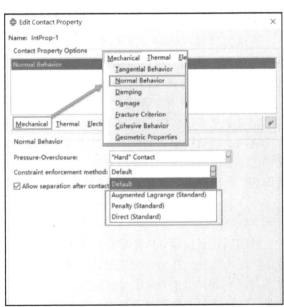

图 4-11　定义法向接触行为

- 方程的求解成本增加：每个接触约束附加的变量扩大了待求解的系统方程，限制了稀疏求解器的消去阶数，降低了运行效率。
- 潜在的收敛困难：从零接触刚度（接触未发生）突然变为无穷大接触刚度（接触发生时）。
- 过约束困难：接触约束与多点约束（MPC）之间的重复等。

为了解决直接法的收敛问题，当对穿透要求不是特别严格的时候，可以使用罚方法解决接触的收敛问题。具体方法为，在接触的瞬间，通过建立一个罚刚度（Penalty Stiffness 默认为被接触单元（如墙体）刚度的 10 倍），使得接触压力逐渐由 0 上升到真实接触压力，如图 4-12 所示。

由于接触压力不再突变，而是从 0 开始逐渐变大，所以为接触的建立提供了比较好的方法，可收敛性大大增加，但是不可避免地带来了一定量的穿透，通常这些穿透是可以忽略的。如果对穿透的大小比较关注，可以通过调整罚刚度的方法来实现。如图 4-13 所示，采用非线性罚刚度时，罚刚度将以指数的方式增加，在穿透位移 $e = d/3$ 时，罚刚度只有线性罚刚度的 0.1 倍，相比更容易收敛，当穿透位移等于 d 时，罚刚度迅速增加到线性刚度的 10 倍，能有效控制穿透行为，因此当对穿透有要求，而线性罚刚度又不能满足需求的时候，可以考虑非线性罚刚度。

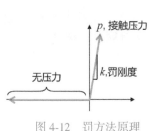

图 4-12　罚方法原理

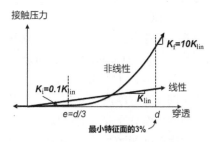

图 4-13　线性与非线性罚刚度

在 Abaqus/CAE 中，分别提供了线性罚刚度和非线性罚刚度的定义界面，如图 4-14 和图 4-15 所示。可以采用默认罚刚度，也可以自定义罚刚度（不建议）。通过比例放大罚刚度时，建议采用数量级的方式放大，但是不建议放大 100 倍以上，因为此时 Abaqus 将自动调用一个不同的方法，利用拉格朗日乘子来避免病态问题，失去了定义罚刚度的意义。

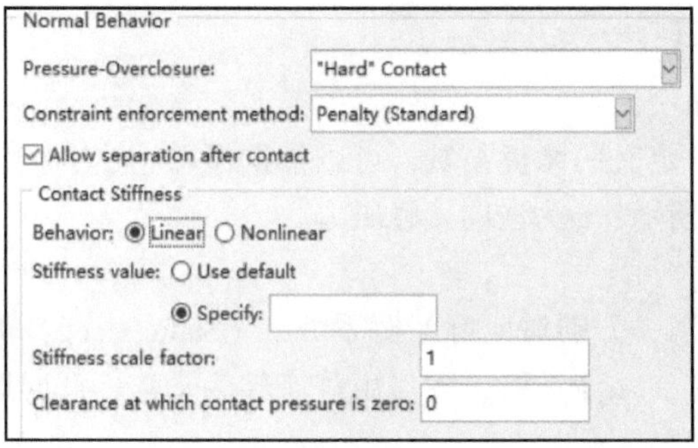

图 4-14　线性罚刚度定义

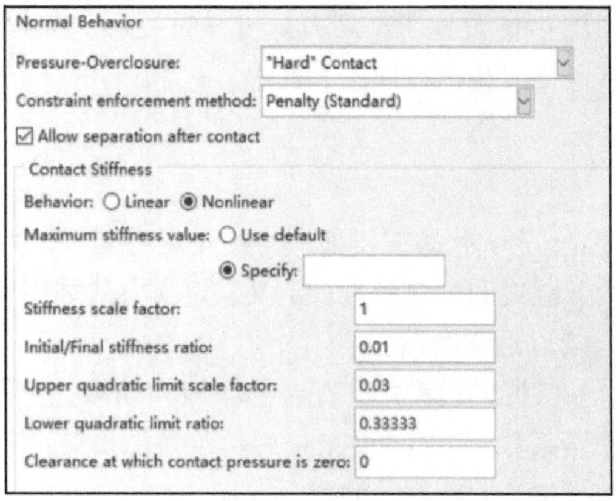

图 4-15　非线性罚刚度定义

采用罚方法的优点如下。

1）因为数值软化而改善了可收敛性。

2）没有拉格朗日乘子自由度。

3）能避免过约束问题。

采用罚方法的缺点同样明显。

1）存在一些穿透（少量的）。

2）在某些情况下需要调整罚刚度。

由于罚方法的特点，一般情况下，推荐使用罚方法定义法向接触行为。除此之外，Abaqus 还提供了多种定义法向接触的其他方法，由于并不常用，本书不做介绍，若有兴趣可参阅帮助文档。

2. 切向接触行为

对于接触行为，如果存在切向力或者位移，就需要定义模型的切向接触行为。切向接触的核心就是摩擦行为，如果不定义切向接触，就是默认摩擦系数为 0。在定义摩擦行为之前，必须了解以下内容。

1）假如两个接触的物体都有粗糙的表面，接触面之间就会产生摩擦剪应力。假如摩擦剪应力达到一个临界值，这些个体就会滑动。

2）摩擦是高度非线性效应。摩擦问题的解比无摩擦问题更难获得，除非物理上非常必要，否则不要引入摩擦。

3）摩擦是非守恒的，必然引入非对称方程组。若摩擦系数大于 0.2 或者检测到接触压力依赖（Contact Pressure Dependency），Abaqus/Standard 将自动采用非对称求解器。

在 Abaqus 中有四个可用的摩擦模型。

- 各向同性库仑摩擦（有剪应力上限 Shear Stress Cap）。
- 各向异性库仑摩擦（有剪应力上限）。
- 运动摩擦（指数形式），μ_s 以指数方式衰减到 μ_k。
- 用户定义的。

限于篇幅，本章只介绍常用的各向同性库仑摩擦和运动摩擦（指数形式）模型的主要内容。

（1）各向同性库仑摩擦

在模型中，如果假设两个接触的物体在运动和静止的时候摩擦系数一致且在各个方向上保持一致，那么就可以将摩擦模型定义为各向同性库仑摩擦模型。

图 4-16 展示了剪切力与滑移的关系。当两个物体之间的剪切力 τ_{eq} 大于临界剪切力 τ_{crit} 时，将在接触面发生滑移现象，其中，τ_{eq} 和 τ_{crit} 的计算方法为

$$\tau_{eq} = \sqrt{\tau_1^2 + \tau_2^2}$$

$$\tau_{crit} = \mu p$$

式中，τ_1 和 τ_2 代表三维剪应力的正交分量；μ 为用户定义的摩擦系数，可以依据滑移速度、接触压力、温度和场变量进行定义，定义方法如图 4-17 所示；p 为法向接触压力。

（2）运动摩擦

在实际的模型中，存在静摩擦和动摩擦两种状态，分别对应静摩擦系数 μ_s（Static Coeff）和动摩擦系数 μ_k（Kinetic Coeff）。在静止状态，当载荷 $F > \mu_s F_{nom}$ 时，模型由静态转为动态，此时摩擦力恒定为 $\mu_k F_{nom}$。通常，$\mu_k < \mu_s$。

Abaqus 提供了指数函数用以实现由 μ_s 到 μ_k 的切换，保证了数据的连续性，避免由于数据突变而造成的收敛问题，其原理和定义方法如图 4-18 和图 4-19 所示。

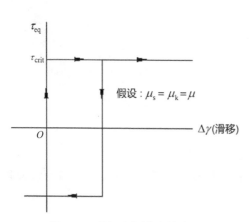

图 4-16　剪切力与滑移的关系

图 4-17　各向同性库仑摩擦模型定义

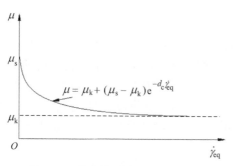

图 4-18　静摩擦系数与动摩擦系数

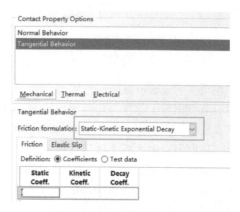

图 4-19　运动摩擦模型定义

Abaqus 假定摩擦系数根据以下公式按照指数形式从静态值衰减到动态值：

$$\mu = \mu_k + (\mu_s - \mu_k)\,e^{-d_c\dot{\gamma}_{eq}}$$

式中，d_c 为衰减系数（Decay Coeff.），需要给出。

同时，Abaqus 也提供了试验数据拟合方法，方便用户直接使用试验中测得的摩擦系数进行计算。

4.2.4　建立接触对

1. 接触对的概念

两个物体只有建立正确的接触相互作用才能完成力的传递，这个相互作用称为接触对。一个完整的接触对由主面和从面构成。图 4-20~图 4-22 展示了三种由不同元素构成主从面的典型接触行为。

其中，图 4-20 所示的橡胶在被压缩的过程中，内表面发生的接触，内表面既是主面也是从面，称为自接触行为。图 4-21 中，球拍经纬线交叉点上的节点作为从面，网球的表面作为主面，产生了点面接触行为。图 4-22 所示的联轴节中，多个部件的端面发生了接触，主从面都由单元面构成，称为面面接触行为。

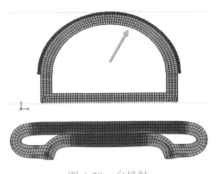

图 4-20　自接触

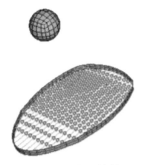

图 4-21　点面接触

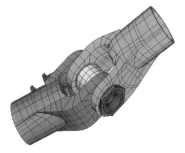

图 4-22　面面接触

2. 结构离散化

自接触可以看成一种特殊的面面接触行为，因此在进行接触分析时，主要考虑点面接触和面面接触的差异。点面接触和面面接触的结构离散方法原理图如图 4-23 和图 4-24 所示。

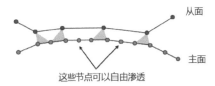

图 4-23　点面接触的离散方法

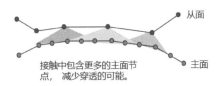

图 4-24　面面接触的离散方法

主面英文为 master surface，从面英文为 slave surface。在主从面建立接触的过程中，Abaqus 会从从面的节点出发，寻找一定范围内的主面节点，建立接触关系。点面接触和面面接触的区别在于搜索方法不同。如图 4-23 所示，点面接触只搜索与该节点最近的几个节点，此时当主面的一些节点远离从面节点时，将无法建立接触，这些远离的节点变为可以自由渗透的节点，会穿透到从面背后。面面接触如图 4-24 所示，从面的节点会搜索更大范围内的主面节点，尽可能地避免主面节点被遗漏，减少节点穿透的概率。

根据离散模型，归纳以下内容。

- 点面接触计算成本较低但是精度较差：点面接触的从面节点只搜索与其较近的几个主面节点，而面面接触的一个从面节点要搜索更多的主面节点。因此在计算效率上，点面接触更占优势，但同样因此，有点主面节点并没有和从面节点建立联系，进而导致点面接触的接触压力产生噪声，在云图上表现为斑点和不连续。

- 点面接触更容易发生穿透：由于点面接触从面节点搜索范围较小，当主面网格较细时，会导致部分主面节点处于无约束状态，可以自由渗透到从面内，而对于面面接触而言，这种情况有明显改善。所以对于点面接触，主面的网格密度要小于从面，从而尽量避免穿透的发生。点面接触又称为严格主/从面格式，面面接触对主从面的敏感性较低。

- 从面网格要密：从面一般为重要面，从面的接触压力精度和主面关系不大。如果想获得比较好的接触应力结果，从面的网格要相对较密。

- 主面网格要粗：由于主面有多个节点去和一个从面节点进行接触应力的计算，所以过密的主面对提高接触应力精度影响不大，反而会激增计算量，对结果不利。相对较粗的主面网格更有利于兼顾计算精度与计算效率。

3. 接触力的计算

接触力是接触分析计算中的一个重要指标。接触力的计算方法在不同接触结构离散模型中是不一样的。

图 4-25 展示了点面接触中的接触力判断理论模型，图 4-26 展示了面面接触中的接触力判断理论模型。

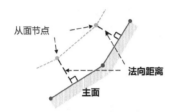

图 4-25　点面接触的接触力判断

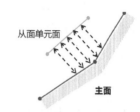

图 4-26　面面接触的接触力判断

在点面接触中，接触力的处理方法为：沿主面法线方向测量离开和穿透距离（即接触法线是沿主面法线的）；给每个从节点分配一个节点面积，将接触力转换成接触应力。

在面面接触中，接触力的处理方法为：在从节点和一些围绕它的主面片段之间，接触按加权的方式施加。实际上，接触散布在大量的小面上，接触被平均化施加。

对比两者可以看到，通过面面接触有以下效果。

1）增加了接触应力的精度。

2）减少了表面噪声。

3）减少了表面穿透。

4）减少了主从角色选择的敏感性。

4. 使用点面接触的特殊场景

通过对比点面接触和面面接触，可以明显看出面面接触在各个方面都优于点面接触。同时，Abaqus 也在不断改进面面接触算法，使其在计算效率上不断提升。但是在某些特殊场合，使用点面接触更加合理。

在图 4-27 所示的尖端和面的接触行为和图 4-28 所示的棱边和面的接触行为中，使用面面接触并不能很好地处理接触过程，此时在面面接触的基础上添加一组点面接触（在图 4-27 中，将尖端的节点作为从面，在图 4-28 中，将棱边的节点作为从面），将会大大改善模型的收敛情况，分析结果也将更为合理。

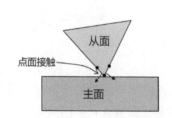

图 4-27　尖端和面的接触行为

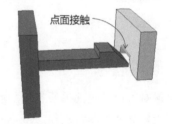

图 4-28　棱边和面的接触行为

5. 主、从面的定义原则

主、从面的定义对接触分析十分重要，不合理的主、从面定义会影响计算效率和计算精度。根据上述的结构化离散等理论，这里整理了主、从面的定义原则，供读者参考。

1）刚体必须作为主面（刚体不允许被穿透）。

2）刚度大的作为主面，刚度小的作为从面（刚度大的不容易被穿透，刚度小的容易被穿透）。

3）网格粗的作为主面，网格细的作为从面（较粗的主面有助于减少计算成本且对精度影响不大，较细的从面有助于获得比较好的结果）。

4）节点只能作为从面（点面接触的格式要求）。

5）接触对在定义主、从面时，尽量一个主面对应一个从面，不要多对多。

6）在壳单元的接触中，两个接触面的法向要相对，同一个面的法向要保持一致。

7）尽量不要将 T 型的面作为主、从面，遇到这种情况，可以将其拆成两个面来分别定义接触。

4.2.5 自接触

自接触是一种比较特殊的接触行为，区别于常见接触对，实例中很难预先预测到物体的哪一部分会接触到自己，常见于大变形分析。

如图 4-29 所示，在引导密封的工作中会产生折叠，同一个面既是主面又是从面。这时需要定义自接触来模拟真实的接触状态。

自接触定义方法如图 4-30 所示。在定义接触关系时，选择 Self-contact（Standard），单击 Continue 按钮，在模型中选择自接触的面，单击确认，在弹出的 Edit Interaction 对话框中，Contact interaction property 选择相应的接触属性，即完成了自接触的定义。相对于点面接触和面面接触，自接触的定义相对简单。

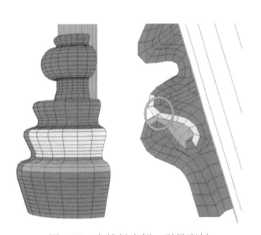

图 4-29　自接触实例：引导密封

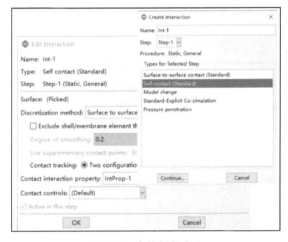

图 4-30　自接触的定义

4.2.6 通用接触

虽然接触对可以满足几乎所有接触场景的定义，但是在面临比较复杂的接触时，采用接触对的定义方式无疑会变得非常烦琐。Abaqus 提供了一个新的接触定义方式：通用接触。

如图 4-31 和图 4-32 所示，对 4 个零部件的接触定义如果采用接触对的方式，则任意两者都可能存在接触关系，就需要定义 6 个接触对。但是采用通用接触的话，只需要定义一个通用接触就可以了，能大大简化接触对的定义流程。

如图 4-33 所示的管路模型，存在上下管夹、管路、螺栓等多个零部件，采用通用接触会非常方便。

图 4-34 展示了通用接触的定义方法。在初始步中，接触类型选择 General contact（Standard），在弹出的 Edit Interaction 对话框中选择 All with self，在 Global property assignment 下拉列表框中选择相应的接触属性，即完成了通用接触的定义，过程中不要选择接触面。

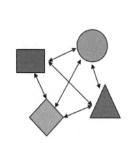

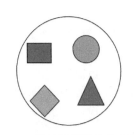

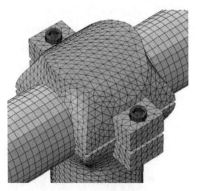

图 4-31　通过接触对定义接触　　　图 4-32　通过通用接触定义接触　　　图 4-33　管路模型

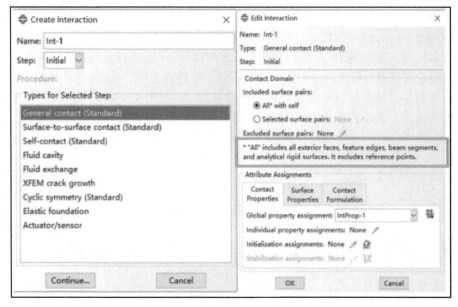

图 4-34　通用接触定义方法

在使用通用接触的时候，需要注意以下内容。

1）Abaqus 官方一直在强化通用接触的功能，例如，6.14 之前的版本是不支持解析刚体面的，而新的版本中已经支持。除了查阅帮助文档，较为简单的方法是通过图 4-34 中方框所指内容来查看通用接触支持的类型。

2）在计算精度上，通用接触几乎和接触对一致，所以不用担心使用通用接触会影响计算结果。

3）由于通用接触需要不断搜索接触对，在计算效率上要略慢于接触对，不过在建模效率上要高于接触对。

4）通用接触和接触对是可以同时使用的，并且接触对的优先级要高于通用接触。对于一些不太确定的地方，可以使用接触对的方法建立接触，用以补充通用接触的行为。

5）通用接触在建立接触过程中，会自动分配主角色和从属角色，避免因为主从面设置的问题导致过约束现象。而接触对的方法，由于要用户自己定义主从面，经常会发生同一个面配置了两个或两个以上面的从面，导致部分节点过约束。

附：Abaqus 2022 中通用接触的功能增强。

- 材料选项可用于接触属性的单独指定或表面属性编辑。
- 支持创建新的表面属性指派类别。
- Abaqus/Standard 通用接触支持小滑移。
- Abaqus/Standard 中，surface to surface 接触在特定的滑动接触下可以控制平滑以及次级特征边准则，edge to edge 接触可指定接触计算方法。
- Abaqus/Explicit 中，可指定次级特征边准则，并静态或动态地使用特征边线准则进行表面属性分配，为双面单元指定点面对或欧拉-拉格朗日接触的侧面。

4.2.7　有限滑移与小位移

在一个接触对中，两个面之间必定有发生相互滑动的可能。描述滑动行为的公式有两种，分别是有限滑移（Finite sliding）和小位移（Small siding），其定义方法如图 4-35 所示，在接触属性定义中的 Sliding formulations 复选框进行选择。

可以近似认为，有限滑移是一种适合任何工况的通用公式，小位移是一种特殊情况下的简化公式。小位移法对接触的简化方法如图 4-36 所示。小位移假定与主面的局部曲率相比，每个从节点的相对运动较小，每个从节点与自己的局部滑移面（在 2D/AXI 中，它代表一条线）相互作用。这个滑移面是主面的平面近似，并假定在整个分析过程中，其相当精确地代表了主面。

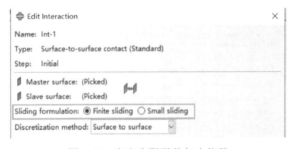

图 4-35　定义有限滑移与小位移

图 4-36　小位移的接触简化

图 4-37 所示为一个描述小位移的过程模型。BSURF 为主面，ASURF 为从面，两者建立小位移接触。图 4-38 显示了 ASURF 面接触 BSURF 面过程中 101 节点的变化情况，可以明显看出，在发生接触行为后，101 节点并没有沿着主面运动，而是沿着一个参考面运动，这个参考面就是该节点的局部滑移面。

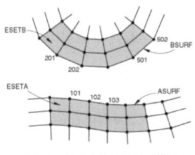

图 4-37　描述小位移的过程模型

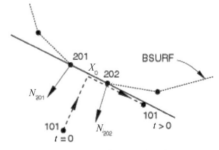

图 4-38　101 节点小位移接触过程

图 4-39 和图 4-40 对比了分别采用有限滑移公式和小位移公式的平动模型应力结果云图。图 4-39 所示的状态比较符合实际，而图 4-40 所示的状态明显不对，一些本该接触的位置却发生了

分离，但是由接触造成的应力却没有减小，这就是由小位移的局部滑移面造成的。

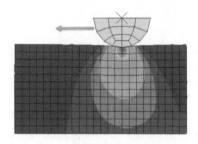 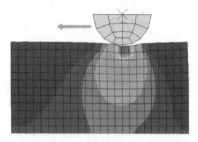

图 4-39　采用有限滑移公式的平动模型　　　　图 4-40　采用小位移公式的平动模型

小位移公式只需要建立一次接触，而不需要对主面持续跟踪，故大大提高了计算效率，但是局部滑移面的特点对使用场景进行了限定。

1）适用于接触后几乎不发生滑动或滑动的距离小于一个单元长度，且滑动的方向仍然与局部面相切的情况。

2）主面的旋转和变形不应导致局部面的变化。

因此，小位移公式模式一般用在螺栓联接等一旦接触不再移动的场景。如果不能确定后续的分析是否会发生移动，采用有限滑移更为妥当。

4.2.8　绑定

绑定是一种特殊的接触对。它使得两个零部件以主从面的方式连接到一起，并且在分析中不再分离。使用绑定约束可以传递力、位移等载荷。定义方法如图 4-41 所示。

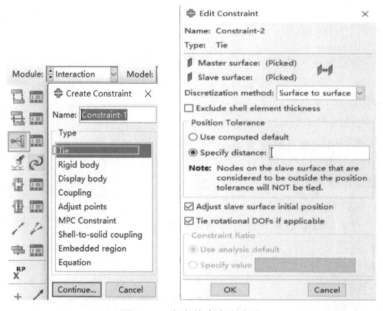

图 4-41　绑定约束定义方法

在 Interaction 模块中，单击 Create Constraint 图标，弹出相应对话框。该对话框提供了绑定（Tie）、刚体（Rigid body）、耦合（Coupling）、多点约束（MPC Constraint）等多种功能，选择 Tie，单击 Continue 按钮，即可在弹出的对话框中定义绑定的详细内容。

定义绑定时，主要注意以下两点。

- 容差（Position Tolerance）：一般采用默认值（Use computed default），默认的容差是主节点间特征距离的 5%。当两个面存在间隙且较大时，建议选择 Specify distance，指定容差大小，使其略大于间隙值，以保证绑定的可靠施加。
- 主从面的选择：一般情况下不需要特意关注，但是如果存在间隙，就会对主从面的选择有影响。

图 4-42 所示为一个带间隙的轴套模型，间隙为 1.25mm。对套的内表面和轴的外表面进行绑定，容差设置为 2mm。当选择轴面作为从面时，轴上的节点作为从节点调整到主面上，轴产生变形，如图 4-43 所示。当选择轴作为主面时，套内表面上的节点作为从节点调整到轴的表面上，套发生变形，如图 4-44 所示。这些调整发生在模型预处理阶段，不会引起结构的应力变化。

 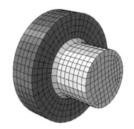 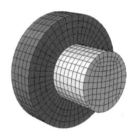

图 4-42 带间隙绑定模型　　　　图 4-43 轴作为从面　　　　图 4-44 轴作为主面

因此，在使用绑定时，尤其是有间隙的时候，要注意主从面的选择，合理选择主从面甚至可以简化建模流程，而主从面选择不正确，将对模型的应力有较大影响。

如果要忽略因为容差带来的从节点位置变化，可以取消勾选 Adjust slave surface initial position 复选框。

4.2.9　接触分析的输出

按照场变量和历史变量的不同，对接触分析的常用输出总结如下，供读者根据需要进行选用。

（1）场变量输出
- CPRESS：接触压力（默认输出）。
- CSHEAR：摩擦剪应力（默认输出）。
- COPEN：接触空隙（默认输出）。
- CSLIP：累计相对切向运动位移（默认输出）。
- CFORCE：接触节点力矢量。
- CNAREA：与活动接触约束相关的节点面接触。
- CSTATUS：接触状态。

（2）历史变量输出
- CPRESS：接触压力。
- CSHEAR：摩擦剪应力。
- COPEN：接触空隙。
- CSLIP：累计相对切向运动位移。
- CAREA：接触中的总面积。
- CFN：接触压力引起的总的力矢量。
- CFS：摩擦剪应力引起的总的力矢量。

- CMN：接触压力引起的相对原点的总的力矩矢量。
- CMS：摩擦剪应力引起的相对原点的总的力矩矢量。
- CFT：CFN 和 CFS 的矢量和。
- CMT：CMN 和 CMS 的矢量和。

4.3 非线性分析的收敛控制

对于一个完整的工程模型，工程师需要得到给模型一个载荷输入后模型的响应。对于简单的线性模型，响应和输入存在线性关系，较易获得。对于比较复杂的非线性模型，获得准确的响应就比较困难了。困难的程度常被描述为收敛性，收敛性的好坏大致受以下四个方面的影响。

- 网格因素。
- 时间积分精度。
- 非线性求解程序的收敛性。
- 求解精度。

其中，网格因素主要包含网格类型、尺寸与质量。

网格类型选择中应注意缩减积分。全积分，一阶、二阶单元的选择，以及杂交单元等附加属性，不同的分析类型对单元需求不同；网格尺寸选择中，而较粗的网格在收敛性和结果精度上一般较差，而较细的网格计算成本较高，因此采用合理的粗细网格过渡技术能够有效提高计算效率、收敛性和结果精度；在网格质量检查中，尤其要注意特别短的夹角和特别短的边，有相当数量的不收敛问题是网格质量问题。当出现 "The area of XX elements is zero, small, or negative。" 错误时，优先检查单元质量问题。

时间积分精度问题一般出现在隐式动力学分析中，使用较少，不做讨论。

非线性求解程序的收敛性是解决收敛问题的主要考虑对象，下面将对此展开讨论。

4.3.1 非线性问题的求解过程

回顾力学求解分析，主要思路是求解平衡方程：

$$P - I = 0$$

式中，P 为外载荷；I 为内力。

对于线性静力学问题，载荷与结构响应呈线性关系：

$$K_0 u = P$$

对于任意一个外载荷 P，都可以通过结构刚度常数 K_0 计算得到位移解 u。

对于非线性问题，外载荷和内力都将变成复杂的函数：

$$I = f(u, \varepsilon, \theta, t, f_i, \cdots)$$
$$P = f(u, \theta, t, \cdots)$$

非线性问题中结构刚度的确定将变得复杂，且不再是一个常数。在求解该类问题时，一般采用增量法和弧长法。增量法适用于大多场景，弧长法则特别适用于屈曲分析等结构刚度突然变化的场景。在增量法中，来对载荷按照一定比例切分成若干个小增量步，通过一个个小增量步的求解最终完成系统的求解。

在增量步中，Abaqus 通过构造一个刚度 K_a，以及系统的构型 U，来计算得到内力 I。由于是通过线性方法解决非线性问题，P 和 I 必然存在差值，该值定义为残差，理论上残差为 0，实际上残差必定存在，当该值足够小，小于一定范围时，则认为计算收敛，该范围定义为容差：

$$P-I=R \leqslant tolerance$$

Newton-Raphson 法的核心在于通过迭代法确定残差 R 的值，并通过与容差的对比来判断结果的收敛性。在讨论之前，先对几个相关的概念进行声明。

- 分析步（Step）：模拟计算过程中的加载过程，一般由一个或者几个构成。例如，把大象装进冰箱的过程可以分成三个分析步，第一个分析步是把冰箱门打开，第二个分析步是将大象放进冰箱中，第三个分析步是将冰箱门关上。定义方式如图 4-45 所示。
- 增量步（Increment）：增量步是分析步的一部分。在静态问题中，一个分析步中施加的总载荷被分解成更小的增量，以便可以遵循非线性解路径。用户一般要指定初始增量步（Initial）、最大增量步（Maximum）、最小增量步（Minimum）及最大增量数量（Maximum number of increments）。Abaqus 会先按初始增量步进行计算，然后根据计算过程的收敛性自动放大或缩小增量步，如图 4-46 所示。
- 迭代步（Iteration）：迭代存在于一个增量步中，是在该增量中寻找平衡解的一种尝试。

图 4-45　分析步定义

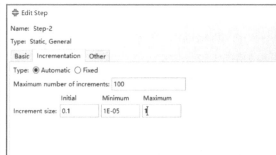

图 4-46　增量步定义

对一个非线性问题，整个计算求解过程如图 4-47 所示（注：右侧的"接触状态是否改变?"结果只会影响求解难度，不会导致不同的步骤）。

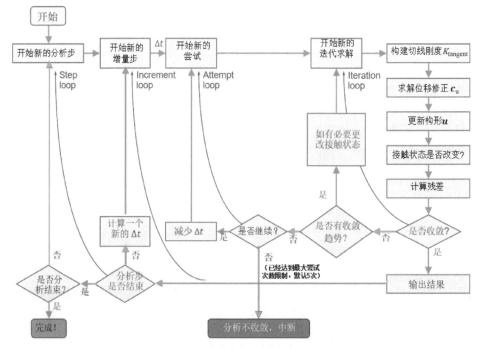

图 4-47　非线性问题的求解过程

有限元求解过程大致可以分为四个循环过程，分别是 Step loop、Increment loop、Attempt loop 和 Iteration loop。由用户切分成若干分析步，Abaqus 按分析步的顺序开始计算，先按照初始增量步给求解器一个步长 Δt，Abaqus 尝试第一次求解，进入 Newton-Raphson 迭代求解过程，构建切线刚度，求解位移修正，更新构形，计算残差 R。R 满足收敛条件则认为收敛，进行下一个增量步。如果 R 不满足收敛条件，则进行新的迭代。迭代一定次数后，如果仍然无法收敛，则开始尝试缩小增量步步长 Δt，以开始新的 Newton-Raphson 迭代。如果连续 5 次尝试不成功，则退出计算并提示不收敛。

上述过程是 Abaqus 的求解逻辑，在 Abaqus 输出的监视器状态文件中可以查看相关循环迭代信息，如图 4-48 所示。

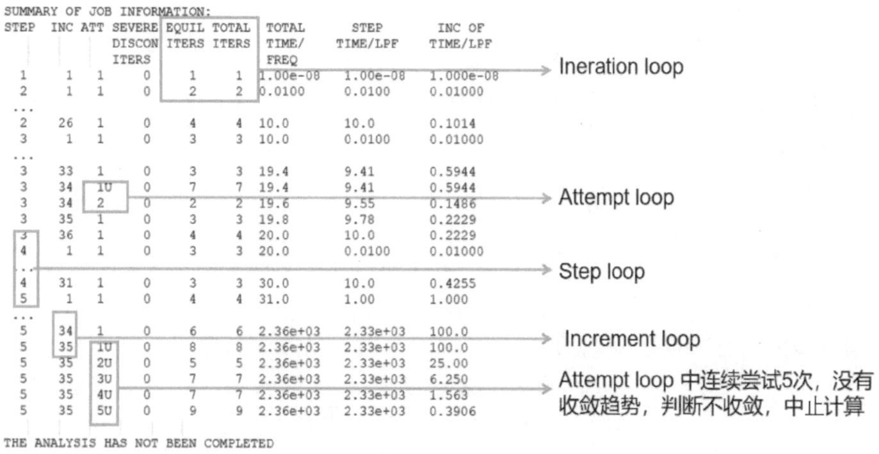

SUMMARY OF JOB INFORMATION:

STEP	INC	ATT	SEVERE DISCON ITERS	EQUIL ITERS	TOTAL ITERS	TOTAL TIME/ FREQ	STEP TIME/LPF	INC OF TIME/LPF
1	1	1	0	1	1	1.00e-08	1.00e-08	1.000e-08
2	1	1	0	2	2	0.0100	0.0100	0.01000
...								
2	26	1	0	4	4	10.0	10.0	0.1014
3	1	1	0	3	3	10.0	0.0100	0.01000
...								
3	33	1	0	3	3	19.4	9.41	0.5944
3	34	1U	0	7	7	19.4	9.41	0.5944
3	34	2	0	2	2	19.6	9.55	0.1486
3	35	1	0	3	3	19.8	9.78	0.2229
3	36	1	0	4	4	20.0	10.0	0.2229
4	1	1	0	3	3	20.0	0.0100	0.01000
...								
4	31	1	0	3	3	30.0	10.0	0.4255
5	1	1	0	4	4	31.0	1.00	1.000
...								
5	34	1	0	6	6	2.36e+03	2.33e+03	100.0
5	35	1U	0	8	8	2.36e+03	2.33e+03	100.0
5	35	2U	0	5	5	2.36e+03	2.33e+03	25.00
5	35	3U	0	7	7	2.36e+03	2.33e+03	6.250
5	35	4U	0	7	7	2.36e+03	2.33e+03	1.563
5	35	5U	0	9	9	2.36e+03	2.33e+03	0.3906

THE ANALYSIS HAS NOT BEEN COMPLETED

图 4-48　监视器状态文件

通过状态文件，用户可以对求解过程进行预判，再借助 . message 文件等解决计算过程中的收敛问题。

4.3.2　Newton-Raphson 原理

Newton-Raphson 的残差计算是核心。将残差写成以下形式：

$$R(u)=P-I$$

对于非线性分析，$R(u)\neq 0$，因此需要寻找一个位移修正值c_u，使得

$$R(u+c_u)=0$$

对其进行泰勒展开：

$$R(u+c_u)=R(u)+\left.\frac{\partial R}{\partial u}\right|_u c_u+\cdots=0$$

不考虑高阶项，记 R 对 u 的偏导数为 $-K_{\text{tangent}}$，则上式可以转化为

$$K_{\text{tangent}}c_u=R(u)=P-I$$

此时就将残差转化成了一个可计算的量。

图 4-49 展示了一个非线性模型，用以说明 Newton-Raphson 的迭代过程。对该模型施加载荷力 P，P 随时间线性增加，需要计算力施加点的位移解，该过程明显是一个非线性过程。

如图 4-50 所示，首先将 P 切分成若干个增量步，每个增量步的载荷为 ΔP，该增量步前一个增量步的平衡解是 P_0载荷下的 U_0，该增量步的目标平衡解是 $P_0+\Delta P=P_1$载荷下的位移解 U_1。

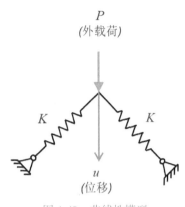

图 4-49 非线性模型

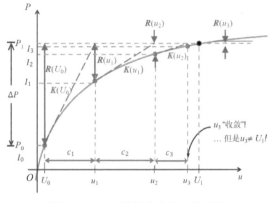

图 4-50 一个增量步内的迭代过程

基于 U_0，Abaqus 计算得到一个初始切线刚度 K_0 和内力 I_0。当增加一个位移修正 c_1 时，构形更新为

$$u_1 = U_0 + c_1$$
$$I_1 = I(u_1)$$

残差可以表示为

$$R(u_1) = K_0 c_1 = P_1 - I_1$$

计算该增量步内所有节点的平均力：

$$\bar{q} = \frac{\text{所有内力之和} + \text{所有外力之和}}{\text{模型中自由度数量} + \text{模型中外力数量}}$$

$$= \left\{ \sum_{e=1}^{N_{elems}} \sum_{n=1}^{N_{nodes/elem}} \sum_{i=1}^{N_{dofs/node}} |q_i^n| + \sum_{i=1}^{N_{loads}} |f_i^{\text{external}}| \right\} / N_{\text{sums}}$$

计算该分析步内的平均力：

$$\tilde{q} = \frac{\text{当前分析步中已收敛增量步的}\bar{q}\text{之和} + \text{当前增量步的}\bar{q}}{\text{当前分析步中已收敛增量步的数量} + 1(\text{当前增量步})}$$

默认取平均力的 0.005 倍作为力的收敛容差。如果

$$R(u_1) \leq 0.005 \, \tilde{q}$$

则满足力平衡条件。一般还需要进行位移平衡条件的验证，满足 $c_{\max} \leq 0.01 \Delta u_{\max}$。

如果力平衡和位移平衡两个条件有一个不满足，则该迭代不收敛，进入下一个迭代步。此时基于当前迭代 u_1 建立新的切线刚度 K_1，当增加一个位移修正 c_2 时，构形更新：

$$u_2 = u_1 + c_2$$
$$I_2 = I(u_2)$$

残差可以表示为

$$R(u_2) = K_1 c_2 = P_1 - I_2$$

继续判断残差是否满足容差要求，如果不满足，则继续新的迭代。如图 4-50 所示，在第 3 次迭代后收敛。

如果不收敛，Abaqus 默认最多进行 12 次迭代，若仍然不满足，将采取减少增量步时间的方式重新进行新的迭代求解，Abaqus 默认最多进行 5 次尝试，如果仍不收敛，则退出计算。

具体收敛信息在 .message 文件中可以查看，如图 4-51 所示。

以上涉及的参数都是可调的。调节路径在 Step 模块下，在菜单栏选择 Other→General Solution

Controls 命令，在弹出的对话框中选择对应的分析步，单击 Edit 按钮，进入求解器参数设置界面（General Solution Controls Editor 对话框），如图 4-52 所示。

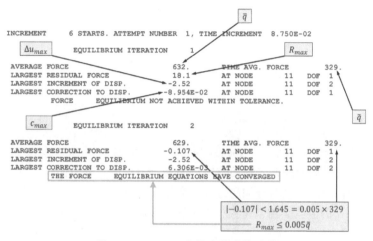

图 4-51　message 文件中的迭代过程

其中，收敛准则的设置在 Field Equations 选项卡中，力平衡系数为R_n^α，默认为 0.005，位移平衡系数为C_n^α，默认为 0.01，如图 4-53 所示。一般不建议调整，但是在某些分析中，可以适当放松力平衡条件以提示模型的收敛性，如将R_n^α值改为 0.01。

迭代次数和尝试次数设置在 Time Incrementation 选项卡中，常用的是最大迭代次数I_c和最大尝试次数I_A分别默认为 16 和 5，如图 4-54 所示。上述参数一般不建议调整，如有必要，可以适当调整最大迭代次数I_c以提示模型的收敛性。

图 4-52　进入求解器参数设置界面

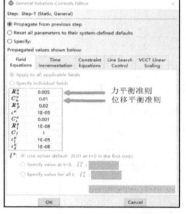

图 4-53　收敛准则设置

图 4-54　迭代次数和尝试次数设置

4.3.3　由失稳造成的收敛问题

1. 全局失稳

【典型警告/报错】＊＊＊WARNING：THE SOLUTION APPEARS TO BE DIVERGING。

【典型不收敛模型】图 4-55 所示为一个二维双杆模型，载荷施加位置为两杆铰接点旁边的位置。在施加一定的载荷后，当载荷到 30% 时因不收敛而退出计算，此时模型的状态如图 4-56 所示。

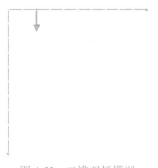

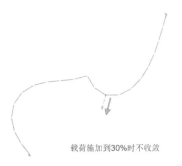

载荷施加到30%时不收敛

| 图 4-55　二维双杆模型 | 图 4-56　双杆模型不收敛状态 |

【原因分析】对于大多数问题，Abaqus/Standard 求解时采用 Newton-Raphson 迭代算法，但是对于某些问题，尤其是屈曲问题，则面临比较大的收敛难度。其原因在于该算法要求问题的解具有单调性，一旦结构刚度在载荷施加的过程中突然发生改变，问题的解出现波动（见图 4-56），算法中核心参数残差 R 的值就会越来越大，无法满足收敛条件，如图 4-57 所示。这种情况一般归类为全局失稳。

【解决方法】针对屈曲这种结构刚度有突变的问题，采用弧长法将有效提高计算的收敛性。如图 4-58 所示，弧长法与解的单调性关系不大，它会追踪解的弧长，因此尤其适合这种情况的求解。

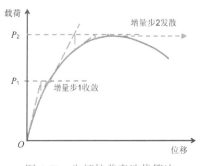

图 4-57　牛顿拉普森迭代算法

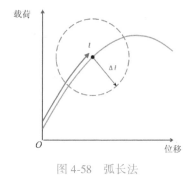

图 4-58　弧长法

图 4-59 展示了定义 Riks 分析步的主要步骤，在 Step 模块中选择 Static，Riks 类型分析步，进入分析步中需要定义初始弧长和总弧长，在本例中分别为 0.02 和 1。如图 4-60 所示，采用弧长法计算后，模型可以算完整个载荷分析步。

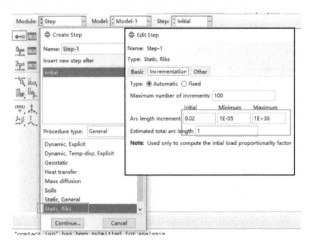

图 4-59　Riks 分析步定义

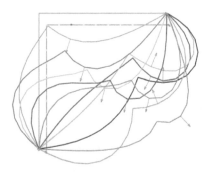

图 4-60　使用 Riks 分析后的模型变形图

2. 局部失稳

【典型警告/报错】

* * * ERROR: TOO MANY ATTEMPTS MADE FOR THIS INCREMENT: ANALYSIS TERMINATED

* * * WARNING: SOLVER PROBLEM. NUMERICAL SINGULARITY WHEN PROCESSING NODE 111

D. O. F. 2 RATIO=3.10688E+13

* * * WARNING: OVERCLOSURE OF CONTACT SURFACES _G13 and _G12 IS TOO SEVERE --

CUTBACK WILL RESULT. YOU MAY WANT TO CHANGE THE VALUE OF HCRIT ON

THE * CONTACT PAIR OPTION.

【典型模型】图 4-61 所示为常见出现收敛困难的模型的求解状态文件。大多数的不收敛情况一般都会在 .sta 状态文件中有所体现，如在 112->113 增量步过程中，突然出现收敛困难，先后尝试 3 次才收敛，但是增量步的时间增量已经由 0.0009492 缩小至 5.933e-5。在后面的分析中，不收敛造成的多次尝试反复出现，增量步的时间增量已经缩减至 1.305e-8，无法继续计算。

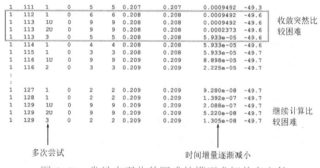

图 4-61　常见出现收敛困难的模型求解状态文件

【原因分析】此类问题大多是由于出现了不稳定情况，进而导致求解过程无法按照前一步的求解参数继续求解，需要减小时间增量步来获得收敛解。造成不稳定的原因通常有两类，一类是局部状态改变造成的局部失稳定，另一类是在接触初始状态时出现了刚体位移。刚体位移较好解决，通过更改边界条件一般能够取得满意的结果，但是前一种局部失稳比较复杂，需要根据不同情况进行分析。

一般来说，造成局部失稳的因素有以下几个。

1）几何问题，如局部屈曲。

2）接触问题，如将载荷应用于模型其他部分的实体分离。

3）摩擦黏滑行为。

4）材料软化引起的局部化。

【解决方法】对于局部失稳问题，一般有两类解决方法：第一种是将静力学问题转化为准静态的动力学问题，此种方法比较有效，但是会带来额外的惯性力；第二种是采取附加阻尼的方法，该种方法无须对模型做大的调整，在使用过程中更加便捷、有效，应用较为广泛。

其原理是在平衡方程中附加一个黏性阻尼项：

$$c \boldsymbol{M}^* \dot{u} + I(u) = P$$

式中，c 为阻尼系数；$\boldsymbol{M}^*$ 为单位密度质量矩阵。

由于阻尼系数的引用，系统必然引入额外的能量，这个能量称为耗散能（Stabilization Dissipation Energy），为了保证引入的阻尼系数对计算没有太大影响，必须将耗散能与应变能的比值控制在一个比较小的范围内。Abaqus 中提供了三种方法来引入黏性阻尼，如图 4-62 所示。

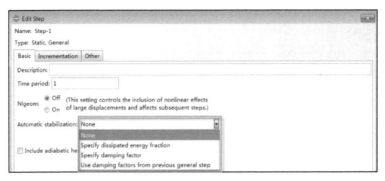

图 4-62　引入黏性阻尼控制局部失稳

在 Edit Step 对话框里有一个 Automatic stabilization 下拉列表框，用于引入黏性阻尼来控制局部失稳。这里面有四个选项，分别如下。

- None
- Specify dissipated energy fraction。
- Specify damping factor。
- Use damping factors from previous general step。

当计算过程中出现不收敛时，可以尝试使用"Specify dissipated energy fraction"选项定义耗散能。使用该选项时，Abaqus 会自动计算一个阻尼系数用于平衡方程，同时保证其产生的耗散能仅为模型应变能的一小部分，这个值默认为 2e-4，如图 4-63 所示。

若计算在初始时就出现不收敛，可以尝试使用"Specify damping factor"直接指定阻尼系数，以提高模型的稳定性，尽快收敛。默认值为 2e-4，如图 4-64 所示。

图 4-63　通过定义耗散能定义黏性阻尼　　　　图 4-64　通过定义阻尼系数定义黏性阻尼

无论采用哪种方法，为了避免引入阻尼对模型求解造成过大影响，都可以勾选 Use adaptive stabilization with max. ratio of stabilization to strain energy 复选框，以确保耗散能仅为模型应变能的一小部分，这个比例默认为 5%。这也是用来衡量结果可靠性的一个重要指标。在结果中，可以输出 ALLSD（总耗散能）和 ALLIE（总应变能），保证两者的比值在一个较小的范围内，一般为小于 5%。

同时也可以输出黏性力（VF）和总力（TF），保证两者的比值在一个较小的范围内，一般为小于 5%。

4.4　实例：螺栓的受力分析

4.4.1　螺栓分析概述

螺栓联接是工程中最常用的连接方式，由螺栓失效造成的事故也比较常见，甚至会造成比较大的人身财产损失。最常见的事故原因是紧固不足和紧固过度，如图 4-65 所示。

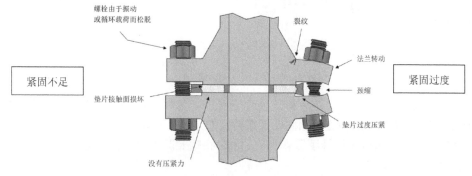

图 4-65　螺栓失效示意图

根据结构失效的不同，对螺栓的分析大致分为以下几种。

- 螺栓强度校核：保证螺栓在给定工况下强度满足要求。
- 结构强度校核：即认为螺栓强度余量很大，重点关注连接件的结构强度。
- 结构功能校核：侧重于密封、螺栓紧固顺序等对结构功能有影响的内容。
- 疲劳仿真：侧重于在动载荷条件下是否满足寿命要求。

4.4.2　螺栓预紧力概述

螺栓联接是一个比较广泛的说法，比较常见的是用扳手将螺栓以旋转的方式紧固，但有时也会通过拉铆的方式完成连接，其结构与铆钉比较相似，但是工程上将其称为铆螺栓，只有在一些防松有较高要求的地方才会使用，如部分地铁车辆下面吊挂件的连接。无论哪种方式，螺栓联接的本质是通过螺杆和螺母，使得螺栓与母材之间产生夹紧力，由夹紧力产生静摩擦力，将不同的母材连接到一起。工程中，将夹紧力定义为预紧力，因此螺栓联接的本质是产生预紧力。常见的方法有三种。

- 扭矩紧固法：其原理是扭矩大小和轴向预紧力之间存在一定关系。该紧固方式操作简单、直观，目前被广泛采用。
- 转角紧固法：旋转角度与螺栓伸长量和被拧紧件松动量的总和大致成比例关系，因而可采取按规定旋转角度来产生预紧力。
- 屈服点紧固法：理论目标是将螺栓拧紧到刚过屈服点。

其中，扭矩紧固法的原理如图 4-66 所示，通过扳手的旋转，螺母获得扭矩沿着螺纹旋转，进而拉伸螺杆，产生预紧力。在工厂中常会制定不同螺栓的扭矩值表来规定螺栓的紧固力矩，但是该方法的最大问题是转化效率低。如图 4-67 所示，经统计，大概只有 10% 的扭矩会最终转化为预紧力，其余 40% 会被螺纹之间的摩擦损耗掉，50% 被支撑面摩擦损耗掉。

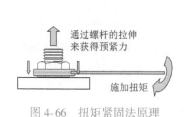

图 4-66　扭矩紧固法原理

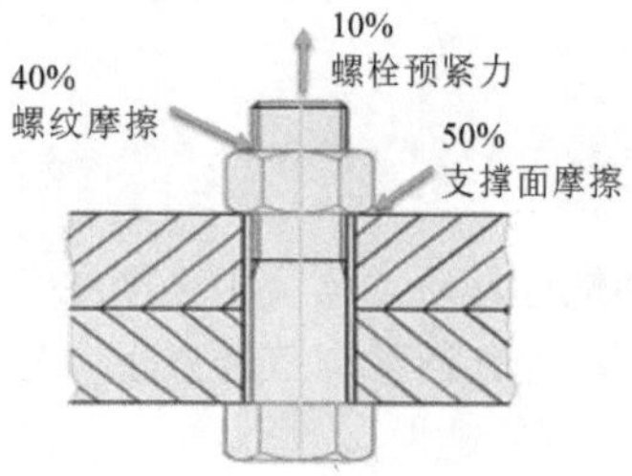

图 4-67　紧固力矩分配

虽然如此，扭矩紧固法仍然被广泛使用，对于设计师和仿真工程师而言，必须准确计算出真正的预紧力值，方可进行强度分析和校核。

预紧力的计算公式如下。

$$F = T/(K \cdot d)$$

$$K = \frac{1}{2}\left[\frac{d_2}{d}\left(\mu\sec\frac{\alpha}{2}+\tan\lambda\right)+\mu_1\frac{d_n}{d}\right]$$

式中，T 为扭矩；K 为扭矩系数；d 为螺纹公称直径；d_2 为螺纹中径；α 为牙型角；λ 为螺纹升角；μ 为螺纹间摩擦系数；μ_1 为支承面间摩擦系数；d_n 为支承面的平均直径。

大部分参数可以通过机械设计手册查得，μ 和 μ_1 根据实际工况进行设定，一边为 0.1 ~ 0.3 之间，d_n 对于标准件一般取 $1.3d$。

例如：已知某连挂螺栓 M16 螺栓为 10.9 级，牙型半角 30°，螺纹升角 2.48°，应力截面积 157mm^2；扭矩为 320N·m，端面摩擦系数为 0.12。试计算当螺纹间涂油脂（摩擦系数 0.08）和不涂油脂（摩擦系数 0.14）时螺栓的实际预紧力，并校核强度。

通过上述公式可以计算得到，不涂油脂时 $F = 116$kN，涂油脂时 $F = 142$kN。对于 10.9 级的 M16 螺栓，允许的最大 F 为 141.3kN，涂油脂后螺栓不满足强度要求。具体计算过程请读者自行推导，不在此处展示。

4.4.3 Abaqus 中的预拉伸

螺栓联接的本质是预紧力，如何正确施加预紧力是其有限元仿真的核心问题。Abaqus 提供的解决方案是通过建立一个预拉伸截面来实现预紧力。

图 4-68 展示了预拉伸的示意图。对于一个螺栓结构，Abaqus 在螺杆的中央构建一个预拉伸截面，对于连续体单元，通过预拉伸截面定义一层预拉伸单元，预紧力作用在预拉伸单元上，使得单元缩小或增大，进而产生预紧力。图 4-69 展示了定义预拉伸的两个要素：预拉伸截面和螺栓轴线。

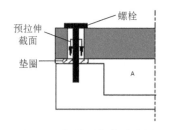

图 4-68　螺栓预拉伸示意图

图 4-69　预拉伸定义要素

在 Abaqus 6.14 及以前的版本中，定义螺栓载荷的时候需要在实体上切割出预拉伸面，绘制出螺栓轴线，然后分别定义。需要注意预拉伸面不得位于螺纹副处，否则会造成错误。在较新的版本 Abaqus 202X 中，对定义预拉伸面的方式进行了简化，具体方法将在后面的实例中进行说明。

4.4.4 螺纹副的模拟

螺栓和螺母是通过螺纹副连接在一起的，因此螺纹副是螺栓的关键组成部分。有限元分析中对于螺纹副的处理通常有三种方法，分别如下。

1）完全螺纹建模。

2）采用圆柱体建模但在连接处施加螺纹相互作用条件。

3）采用圆柱体建模但在连接处施加绑定约束（Tie）。

其中，完全建模由于涉及复杂的接触条件，且对模型的网格要求很高，通常不考虑。相对而言，目前使用最多的是绑定约束法，这种方法的优点是容易收敛、使用简单，工程中大多采取此方法，本章后面的实例中也采取该方法。而在连接处施加螺纹相互作用条件的方法，由于操作复杂、容易出错，故使用较少，在此对其功能和使用方法进行简要介绍，供读者参考。

（1）在相互作用模块，创建面对面接触

切换至 Clearance 选项卡，如图 4-70 所示。

（2）明确主从面、方向矢量及螺纹半角正负

判断方法为：当选择螺栓面作为主面时，如果螺栓处于拉伸状态，则矢量应指向从螺栓尖端到螺栓头部的点（图 4-70 中符合此条件），如果螺栓处于压缩状态，则矢量应指向从头部到尖端的点。

如果选择螺栓表面作为从面，且螺栓处于拉伸状态，则应翻转螺栓轴（即从头部到顶部），并指定负螺纹半角。不正确的螺栓轴方向不会产生接触交互作用，并且表面将不受约束。

对应图 4-70 中的步骤 1、2、3、5。

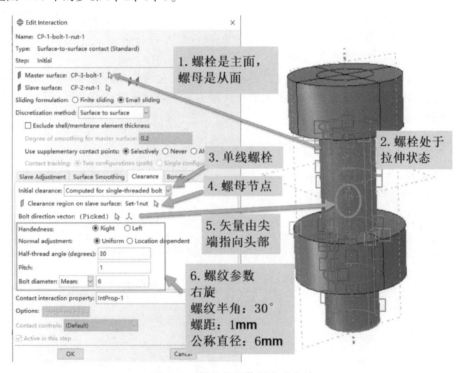

图 4-70 螺纹相互作用定义方法

（3）定义从面过盈区域

根据前述步骤，定义从面节点为过盈区域。在图 4-70 中，螺母表面为从面，因此定义螺母表面节点集合。见图 4-70 中的步骤 4。

（4）定义螺纹参数

分别设置螺纹旋向、螺纹半角、螺距、公称直径等参数，见图 4-70 中的步骤 6。

至此，完成螺纹相互作用的定义。图 4-71 所示为笔者针对同一模型使用两种不同方法的对比。

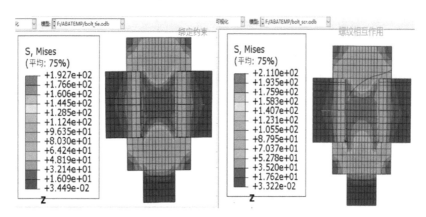

图 4-71　绑定约束方法和螺纹相互作用方法结果对比

从对比结果看，两者的差异主要为以下两个方面。

- 应力值大小有差异：使用螺纹相互作用时应力值偏大，但是差距并不明显。
- 应力分布略有差异：使用螺纹相互作用时在螺纹上一直有一个比较大的应力值，但是使用绑定约束时没有这个应力分布。

共性为：整体的应力分布都是呈哑铃状，基本一致。

因此，当不是特别关注螺纹的应力时，绑定约束方法完全可以实现螺纹联接作用，而使用螺纹相互作用方法会使得接触建立的难度大大增加，很容易不收敛。这一点尤其要注意。可见，在一般情况下应优先使用绑定约束方法。

4.4.5　螺栓分析的一般流程

由于预拉伸面的影响，螺栓分析在分析流程上与传统分析稍有不同，更建议将网格划分放在最后，如图 4-72 所示。

图 4-72　螺栓分析流程

其中，分析步一般定义至少四步。第一步为预载荷，通过施加一个小的载荷建立接触关系，第二步为施加螺栓载荷，第三步为固定螺栓的长度，避免对后续载荷造成影响，从第四步开始施加其他载荷，具体过程见后续实例。

由于涉及接触分析，在单元划分中，注意不要使用二次单元。

4.4.6　问题描述

有两块钢板使用螺栓联接，螺栓预紧力为 10kN。下钢板左端固定，上钢板右侧承受拉力载荷，载荷大小为 100N，如图 4-73 所示。其中，钢板尺寸如图 4-74 所示，厚度为 5mm。螺栓为 M6×20，螺栓头以圆柱代替，外径为 12mm、厚度为 5mm。螺母同样采取圆柱代替，外圆直径 12mm、厚度为 5mm。所有材料均为钢，$E = 21000$MPa，泊松比 $\upsilon = 0.28$，各部件间摩擦系数为

0.12。求整体应力分布。

图 4-73　螺栓联接实例

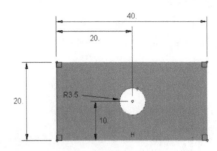

图 4-74　钢板尺寸

4.4.7　求解过程

1. 创建部件

需要分别创建螺栓、螺母、钢板三个部件。其中比较关键的是螺栓、螺母的建模。以螺栓为例，常见的六角头螺栓如图 4-75 所示。

图 4-75　螺栓实物图

在螺栓的模型处理上注意以下两个要点。

1）在全螺纹螺栓中，螺纹布满整个螺杆，螺杆的外径是公称直径 d。在建模的时候，往往习惯直接用公称直径来建模，无形中认为螺杆上没有螺纹，这样会使得螺栓的刚度增加。一般全螺纹螺栓是不会承受剪切载荷的，因此不用考虑螺栓与孔壁的接触问题，此时可以考虑使用螺栓的应力截面积换算的直径来作图。不同螺栓的应力截面积可以查阅《GB/T 16823.1—1997 螺纹紧固件应力截面积和承载面积》。本例仅演示计算过程，采用图 4-74 中的尺寸建模。

2）在图 4-75 中观察螺栓的头部，可以看到在螺栓头内侧有一个很小的圆形凸台，该凸台的作用是减小螺栓头和工件的摩擦。由于和工件的接触只有圆形凸台，因此对螺栓头部的建模亦可以使用圆柱体代替，既体现了螺栓的受力情况，又大大简化了网格划分难度。在螺母的处理上采用同样的方法。

本例中具体的建模过程如下。

（1）创建螺栓、螺母

简化后的螺栓、螺母均为回转体，因此采用旋转法建模。分别命名螺栓为 bolt，螺母为 nut，在 Part 模块中打开 Create Part 对话框，选择 3D、Deformable、Soild、Revolution，然后单击 Continue 按钮进入草图绘制界面，依据图 4-76 和图 4-77 绘制草图，完成后选择旋转 360°。

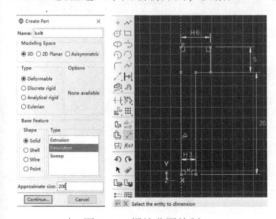

图 4-76　螺栓草图绘制

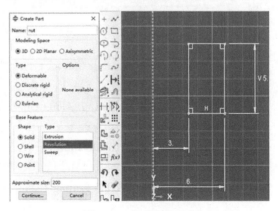

图 4-77　螺母草图绘制

（2）绘制钢板

钢板为规则图形，采用拉伸方式建模。钢板命名为 plate，在 Part 模块中打开 Create Part 对话框，选择 3D、Deformable、Solid、Extrusion，然后单击 Continue 按钮进入草图绘制界面，依据图 4-78 绘制草图，完成后选择拉伸距离为 5。

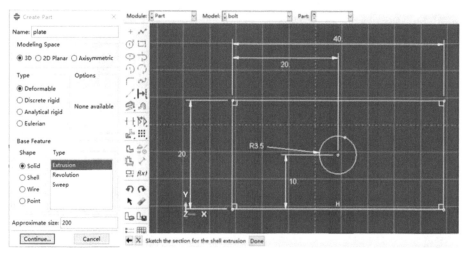

图 4-78　平板草图绘制

（3）区域切分

非立方体部件一般需要合理的区域切分才可以保证网格的质量。螺栓、螺母及圆孔的部件推荐采用十字交叉法划分区域。

1）使用螺杆外表面将螺栓头切成两部分，具体操作如图 4-79 所示

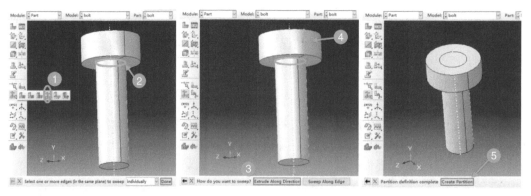

图 4-79　螺栓头区域切分

① 单击 Partition Cell：Extrude/Sweep Edges 图标。

② 在视图中选择螺杆圆边，单击 Done 按钮。

③ 在弹出的提示中单击 Extrude Along Direction 按钮，即沿指定方向切割。

④ 单击螺栓头侧边。

⑤ 在弹出的提示中单击 Create Partition 按钮，完成区域切分。

2）使用交叉法分割螺栓，具体操作如图 4-80 所示。

① 单击 Partition Cell：Define Cutting Plane 图标。

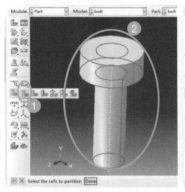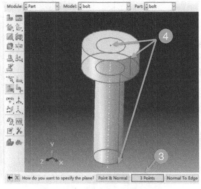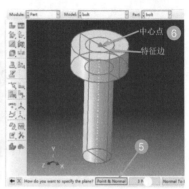

图 4-80 螺栓十字交叉法划分区域

② 在视图中框选所有部件，单击下面的 Done 按钮。

③ 在弹出的提示中单击 3 Points 按钮，通过 3 点确定切割面。

④ 在视图中依次选择中心点和外侧特征边上的两个点，完成第一次切割。

⑤ 重复步骤①和②，在弹出的提示中单击 Point & Normal 按钮，通过点和法向确定切割面。

⑥ 在视图中依次选择中心点和特征边，完成第二次切割。

使用同样的方法完成其他部件的区域切分，切分后的部件如图 4-81 所示。

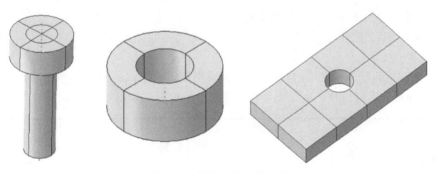

图 4-81 切分区域后的部件

2. 定义属性

1）定义材料。在 Property 模块下定义材料线弹性本构。本例单位采用毫米，在弹性模量中的单位是 MPa。在弹性模量中输入 21000，泊松比中输入 0.28。

2）定义截面属性。单击 Creat Section 图标，在截面属性中选择 Solid-Homogeneous，其他选项接受默认值。

3）赋值截面属性。单击 Assign Section 图标，将所有部件均赋予同一截面属性。

3. 定义装配

在 Assembly 模块，单击 Create Instance 图标，选择所有部件，勾选 Auto-offset from other instances，避免由于部件重叠造成选择困难，其他选项接受默认值，单击 OK 按钮，完成装配创建。

1）螺栓和钢板装配。螺栓要穿入钢板圆孔，两者有同轴约束，同时螺栓头下表面与钢板上表面有接触。分别建立两组约束完成装配，具体操作如图 4-82 和图 4-83 所示。

① 单击 Create Constraint：Coaxial 图标。

② 在视图中选择需移动部件（螺栓）的外表面。

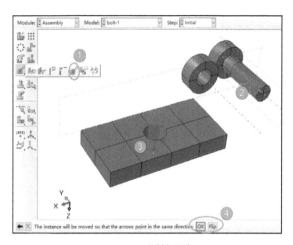

图 4-82　同轴约束　　　　　　　　　　　图 4-83　面面约束

③ 在视图中选择需固定部件孔的内表面。

④ 在操作提示区通过 Flip 按钮调整②、③步中的箭头指向，保持方向一致，单击 OK 按钮完成同轴约束。

⑤ 单击 Create Constraint：Face to Face 图标。

⑥ 在视图中选择需移动部件螺栓头的下表面。

⑦ 在视图中选择需固定部件钢板的上表面。

⑧ 在操作提示区通过 Flip 按钮调整②、③步中的箭头指向，保持方向一致，单击 OK 按钮，其他选项接受默认值。

2）钢板和钢板装配。再次单击 Create Instance 图标，选择 plate 部件，单击 OK 按钮，在视图中添加一块新的板，通过位移约束完成钢板的装配，具体操作如图 4-84 所示。

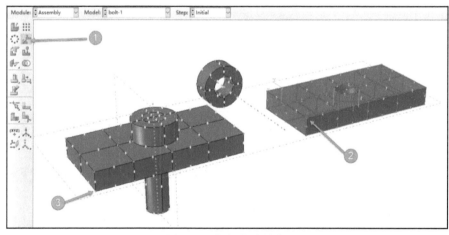

图 4-84　钢板位移约束

① 单击 Translate Instance 图标。

② 在视图中选择需移动部件，选择部件的一个角点。

③ 在视图中选择需固定部件对应位置的一个角点。

3）螺母和钢板及螺栓的装配。为了避免螺母在约束的时候藏到钢板里面，先进行螺母和钢板的约束定义，如图 4-85 所示，再进行螺母和螺栓的约束，如图 4-86 所示。

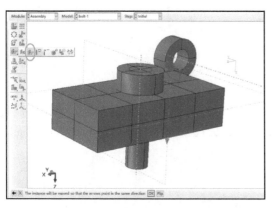

图 4-85　螺母和钢板面面约束

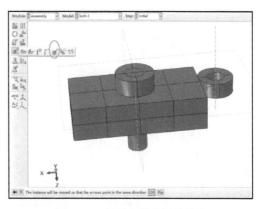

图 4-86　螺母和螺栓同轴约束

4）解除约束关系。为了避免后续操作对装配关系造成影响，在完成装配约束后，需要去除所有约束公式。方法为，在菜单栏选择 Instance→Convert Constraints 命令，在视图中选择所有部件，单击 OK 按钮完成操作。

4. 定义分析步

在 Step 模块中定义四个 Static，General 分析步，命名如图 4-87 所示，其他选项接受默认值。

5. 定义边界条件

（1）螺栓载荷

螺栓的加载建议分成三步。第一步为施加预载荷，通过加一个小的载荷建立接触关系，第二步为施加螺栓载荷，第三步为固定螺栓的长度，避免对后续载荷造成影响。同时，在 Abaqus 中，boltload 只能从第一个分析步开始加，因此螺栓载荷的施加过程如图 4-88 所示。

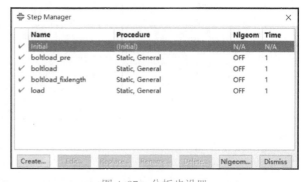

图 4-87　分析步设置

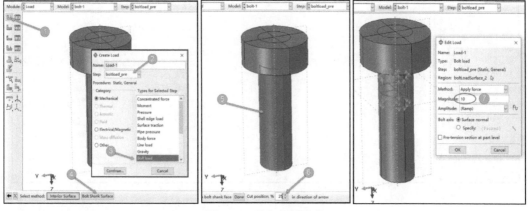

图 4-88　施加螺栓载荷

① 在 Load 模块单击 Create Load 图标。

② 在 Step 中选择第一个分析步 boltload_pre。

③ 在载荷类型 Types for Selected Step 中选择 Bolt load。

④ 在操作提示区单击 Bolt Shank Surface（螺杆表面）按钮。

⑤ 选择螺杆的外表面。

⑥ 定义截面生成位置，注意保证截面不要处在螺纹副的位置。

⑦ 定义载荷大小，输入 10（预载荷建议采用一个较小的值，容易收敛）。

单击 Load Manager 图标，进入载荷管理界面。在 boltload 分析步单击 Edit 按钮，修改螺栓载荷大小为 10000；在 boltload_fixlength 分析步单击 Edit 按钮，调整 Method 为 Fix at current length，如图 4-89 所示。

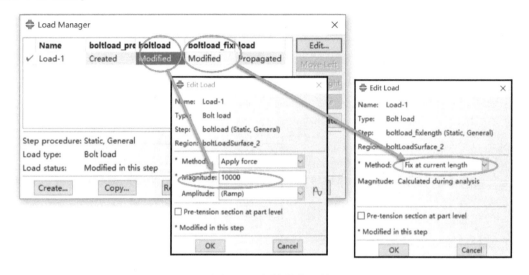

图 4-89　螺栓载荷调整

由于定义 boltload 的时候会切分部件生成一个预紧截面，所以与原部件相关的属性会改变。最主要的改变是材料属性，在螺杆部分会丢失截面信息，因此需要更新属性，检查确保所有部件都被赋值。具体操作如图 4-90 所示。

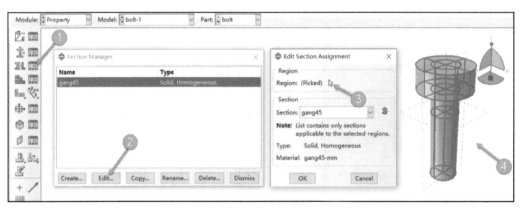

图 4-90　属性更新

① 在 Property 模块中单击 Section Assignment Manager 图标。

② 选择已存在的 Section 信息，单击 Edit 按钮。

③ 在弹出的对话框中单击 Region 后面的箭头。

④ 框选所有部件, 单击 OK 按钮。

(2) 工作载荷

工作载荷为上板右侧受水平拉力 100N。在 Abaqus 中有多种方式可以完成该类载荷的施加。本例采用 Total Force 方法, 该方法较为简单, 推荐读者使用。具体操作如图 4-91 所示。

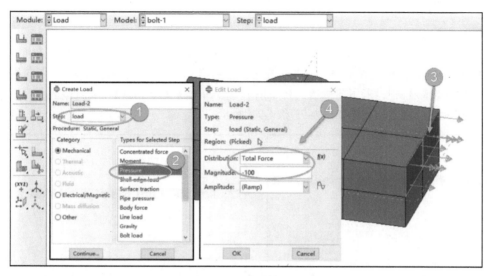

图 4-91　工作载荷施加

① 在 Load 模块中单击 Create Load 图标, 选择 load 分析步。

② 在载荷类型中选择 Press。

③ 在视图中按住〈Shift〉键, 依次单击选择上板右侧的两个面, 单击 Done 按钮。

④ 在弹出的 Edit Load 对话框中, 在 Distribution 中选择 Total Force, Magnitude 中输入-100, 单击 OK 按钮, 完成工作载荷的定义。

(3) 位移约束

位移约束为下板左侧全约束, 如图 4-92 所示。

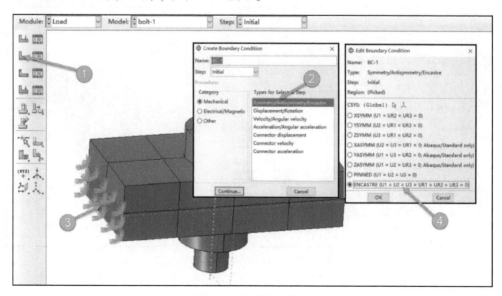

图 4-92　位移约束施加

① 单击 Create Boundary Condition 图标。

② 选择初始分析步 Initial，在载荷类型中选择 Symmetry/Antisymmetry/Encastre。

③ 在视图中按住〈Shift〉键，依次单击选择下板左侧的两个面，单击 Done 按钮。

④ 在弹出的 Edit Boundary Condition 对话框中，选择 ENCASTRE，单击 OK 按钮，完成位移约束的定义。

6. 定义相互作用

1）定义接触属性。进入 Interaction 模块，单击 Create Interaction Property 图标。在弹出的 Edit Contact Property 对话框中，单击 Mechanical 按钮，分别定义切向和法向接触属性。切向接触属性（Tangential Bohavior）中，采用罚函数（Penalty）法，摩擦系数为 0.12。法向接触属性（Normal Behavior）接受默认设置，具体如图 4-93 和 4-94 所示。

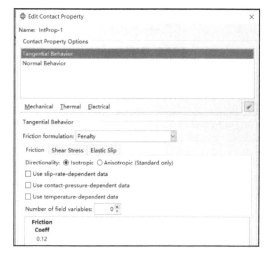
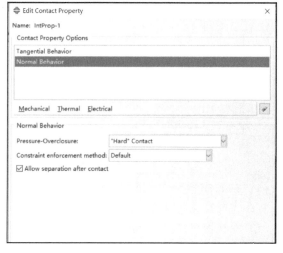

图 4-93　定义切向接触属性　　　　　　　　图 4-94　定义法向接触属性

2）定义接触关系。针对不同的结构，可以采用不同的方式定义接触关系，此处提供一种方法来同时定义绑定和接触：自动查找，如图 4-95 所示。

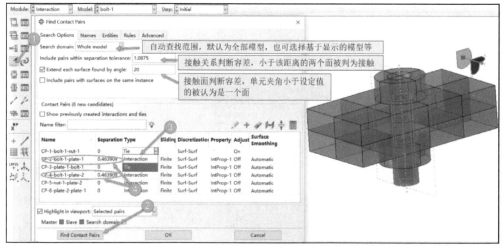

图 4-95　使用自动查找定义接触关系

① 单击 Find Contact Pairs 图标。

② 在弹出的对话框中接受默认设置，单击 Find Contact Pairs 按钮，出现查找结果列表。

③ 选择 CP-1-bolt-1-nut-1，将 Type 切换成 Tie，即将螺栓和螺母设置为绑定关系。

④ 选择 CP-2-bolt-1-plate-1 和 CP-4-bolt-1-plate-2，这两个是螺栓和钢板圆孔的接触。如果是计算铰制孔与螺栓的问题，这两个接触必须保留，如果是计算常见螺栓，一般认为两个连接件之间不能存在切向位移行为，因此可以右击这两行，在弹出的快捷菜单中选择 Delete 命令。最后单击 OK 按钮完成接触关系的定义。

7. 网格划分

在 Mesh 模块中，定义网格种子（Seed Part）大小为 1，其他接受默认值，分别完成三个部件的网格划分，如图 4-96 所示。

8. 提交计算

在 Job 模块，单击 Create Job 图标，Job 命名为 boltload，单击 Continue 按钮，接受默认设置，单击 OK 按钮。继续单击 Submit 按钮，提交计算任务。

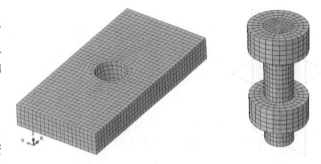

图 4-96　网格模型

9. 分析结果

等到 Job Manager 对话框中的 Status 显示为 Completed 时，单击 Results 按钮进入后处理界面。对于螺栓分析，断面应力云图最能体现螺栓的受力情况。具体操作如图 4-97 所示。

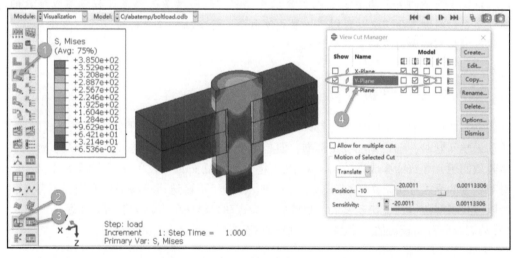

图 4-97　断面应力云图

① 单击 Plot Contours on Deformed Shape 图标，生成云图。

② 单击 Activate/Deactivate View Cut 图标，打开断面应力云图显示开关。

③ 单击 View Cut Manager 图标。

④ 在弹出的对话框中勾选 Y-Plane 复选框，同时调整断面显示方向，保证云图显示效果。

第5章

显式动力学分析

知识要点:

- 显式动力学算法。
- 显式积分中的时间和质量缩放。
- 基于 JC 本构的材料损伤及演化。
- 准静态分析。
- Abaqus/Standard 和 Abaqus/Explicit 之间的结果导入与分析。

本章导读:

在处理碰撞等高速问题时,显式分析被认为是十分高效的方法。本章从显式动力学的基本概念讲起,以简单易懂的实例阐述了显式积分求解过程、时间增量的确定过程和质量缩放的原理等。通过金属切削加工的实例,讲解了以显式动力学进行金属加工分析的过程;通过金属成型分析,讲解了准静态分析的原理和分析过程。

5.1 显式动力学分析介绍

在线性和非线性静力学问题中,都采用的是隐式算法,通过构建平衡方程来完成问题求解。在解决动力学问题时,隐式算法虽然精准,但是由于平衡方程的求解迭代过程涉及多种因素而常常发生收敛问题,导致计算成本较高。从 1991 年开始,Abaqus 开发了显式求解器 Explicit,通过基于时间积分的显式算法解决爆炸等瞬态高速问题,由于不再迭代求解平衡方程,不存在收敛问题,所以显式求解法得到了快速发展。目前应用显式动力学法可以解决下面的问题。

1)动态响应时间较短的大模型分析和极端不连续事件或者过程的分析。

2)大转动和大变形分析。

3)小转动和小变形分析。

4)如果预期非弹性耗散将在材料中生成热,则可以用来执行绝热的应力分析。

5)具有复杂接触条件的准静态分析。

5.1.1 显式动力学基本概念

下面通过一个应力波的传播过程描述显式动力学的求解过程。如图 5-1 所示,在一个三杆模型中,右端固定,外载荷 P 施加于左端,在时间增加的过程中,考虑应力波如何沿着三个杆单元进行传播。其中,质量被集中到节点。

应力波是应力和应变扰动的传播形式。在可变形固体介质中,机械扰动表现为质点速度的变化和相应的应力、应变状态变化。应力、应变状态的变化以波的方式传播，称为应力波。当时间 t_1 足够小时，在三杆模型中，只有节点 1 受到应力波的影响发生了位移，其余节点并没有受到应力波影响，因此保持原位置不变，如图 5-2 所示。此时对于节点 1 的状态，可以进行如下推导：

$$\ddot{u}_1 = P/M_1 \qquad \ddot{u}_2 = 0/M_2 = 0 \qquad \ddot{u}_3 = 0/M_3 = 0$$

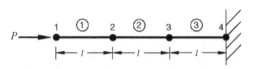

图 5-1　应力波传播模型　　　　　　图 5-2　第一个增量步结束时的模型构形

当第二个增量步开始时，应力波传递到第二个节点，由于节点 1 和 2 的相对位移产生了变化，节点 2 受到了杆①单元产生的应力影响，这个力记为 F_{el_1}，可以进行如下推导：

$$\ddot{u}_1 = (P - F_{el_1})/M_1 \qquad \ddot{u}_2 = F_{el_1}/M_2 \qquad \ddot{u}_3 = 0/M_3 = 0$$

如图 5-4 所示，当第三个增量步开始时，应力波传递到第三个节点，由于节点 2 和 3 的相对位移产生了变化，节点 3 受到了杆②单元产生的应力影响，这个力记为 F_{el_2}，可以进行如下推导：

$$\ddot{u}_1 = (P - F_{el_1})/M_1 \qquad \ddot{u}_2 = (F_{el_1} - F_{el_2})/M_2 \qquad \ddot{u}_3 = F_{el_2}/M_3$$

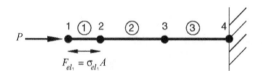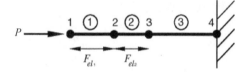

图 5-3　第二个增量步开始时的模型构形　　　　图 5-4　第三个增量步开始时的模型构形

以上过程展示了显式求解的基本逻辑，可以总结显式分析具有如下特征。

1）在分析过程中不是全部节点同时参与计算，参与的节点受应力波速和分析时间影响。

2）求解过程不需要进行牛顿拉普森迭代，因此不存在收敛问题。

3）每个增量步的时间很短，这完全取决于模型的最高自然频率，并且与加载的类型和持续时间无关。模拟通常需要 1 ~ 100 万次的增量，但每次增量的计算成本相对较小，在解决高速碰撞等分析时具有较大优势。

5.1.2　显式积分算法

Abaqus/Explicit 应用中心差分方法对运动方程进行显示的时间积分，应用一个增量步的动力学条件计算下一个增量步的动力学条件。在增量步开始时，程序求解动力学平衡方程，表示为用节点质量矩阵 $\boldsymbol{M}$ 乘以节点加速度等于节点的合力（在所施加的外力 P 与单元内力 I 之间的差值）：

$$\boldsymbol{M}\ddot{\boldsymbol{u}} = \boldsymbol{P} - \boldsymbol{I}$$

在当前增量步开始时（t 时刻），加速度为

$$\ddot{u}_{(t)} = (\boldsymbol{M})^{-1} \cdot (\boldsymbol{P}_{(t)} - \boldsymbol{I}_{(t)})$$

由于显式算法总是采用一个对角或者集中的质量矩阵，所以求解加速度并不复杂，不必同时求解联立方程。任何节点的加速度完全取决于节点质量和作用在节点上的合力，使得节点计算的成本非常低。

对加速度在时间上进行积分采用中心差分方法，在计算速度的变化时假定加速度为常数。应用这个速度的变化值加上前一个增量步中点的速度来确定当前增量步中点的速度：

$$\dot{u}_{(t+\frac{\Delta t}{2})} = \dot{u}_{(t-\frac{\Delta t}{2})} + \frac{(\Delta t_{(t+\Delta t)} + \Delta t_{(t)})}{2}\ddot{u}$$

速度对时间进行积分并加上在增量步开始时的位移以确定增量步结束时的位移：

$$u_{(t+\Delta t)} = u_{(t)} + \Delta t_{(t+\Delta t)}\dot{u}_{(t+\frac{\Delta t}{2})}$$

这样在增量步开始时就提供了满足动力学平衡条件的加速度。得到了加速度，再在时间上"显式地"前推速度和位移。所谓"显式"是指在增量步结束时的状态仅依赖于该增量步开始时的位移、速度和加速度。这种方法精确地积分常值的加速度。为了使该方法产生精确的结果，时间增量必须相当小，这样在增量步中加速度几乎为常数。由于时间增量步必须很小，一个典型的分析就需要成千上万个增量步。幸运的是，因为不必同时求解联立方程组，所以每一个增量步的计算成本很低。大部分的计算成本消耗在单元的计算上，以此确定作用在节点上的单元内力。单元的计算包括确定单元应变和应用材料本构关系（单元刚度）以确定单元应力，从而进一步计算内力。

对以上过程进行总结，针对一个具体的模型，显式计算基本步骤如下。

1）基于节点进行计算。

建立动力学平衡方程：

$$\ddot{u}_{(t)} = (M)^{-1} \cdot (P_{(t)} - I_{(t)})$$

对时间进行积分：

$$\dot{u}_{(t+\frac{\Delta t}{2})} = \dot{u}_{(t-\frac{\Delta t}{2})} + \frac{(\Delta t_{(t+\Delta t)} + \Delta t_{(t)})}{2}\ddot{u}$$

$$u_{(t+\Delta t)} = u_{(t)} + \Delta t_{(t+\Delta t)}\dot{u}_{(t+\frac{\Delta t}{2})}$$

2）基于单元进行计算。

根据单元应变率 $\dot{\varepsilon}$，计算得到单元应变增量 $\Delta\varepsilon$。

根据材料本构关系，计算得到单元应力：

$$\sigma_{(t+\Delta t)} = f(\sigma_{(t)}, \Delta\varepsilon)$$

形成节点内力 $I_{(t+\Delta t)}$。

3）设置时间 t 为 $t+\Delta t$，返回到步骤 1）。

5.1.3 显式分析中时间增量的确定

默认情况下，Abaqus/Explicit 在分析过程中的增量步大小完全由求解器自动控制，即分析过程中是有稳定条件的，增量步必须小于某个极限值，以保证加速度在每个增量步中尽量接近常数，这样才能对速度和位移进行精确积分，此极限值称为稳定极限值（Δt_{stable}），即分析所允许的最大稳定增量步长。它是 Abaqus/Explicit 分析必须考虑的重要因素之一。为了提高求解效率，Abaqus/Explicit 在分析过程中总是尽可能选取稳定极限值作为增量步长。

确定稳定极限值的方法有两种：单元-单元估计法和总体估计法。Abaqus/Explicit 总是先根据单元-单元估计法估计稳定极限值的大小，然后在某些特定条件下跳转到总体估计法确定稳定极限值。

单元-单元估计法比较保守，它给出一个比实际的稳定极限值更小的稳定增量步长。一般情况下，模型中的各种约束和接触关系都有抑制特征值频谱的效应，单元-单元估计法不考虑这些因素的影响。

总体估计法采用当前扩张波速估计整个模型的最大频率$\omega_{\max}$，在分析过程中不断更新最大频率的估计值。总体估计法获得的稳定增量步长往往超过单元-单元估计法获得的稳定增量步长。总体估计法确定稳定极限值Δt_{stable}的计算公式为

无阻尼系统：$\Delta t_{\text{stable}} = \dfrac{2}{\omega_{\max}}$

有阻尼系统：$\Delta t_{\text{stable}} = \dfrac{2}{\omega_{\max}}(\sqrt{1+\xi^2}-\xi)$

式中，ξ为临界阻尼比。

对于高阶振动问题，$\omega_{\max}$较大，因此稳定极限值较小，总的增量步数会非常大，这时 Abaqus/Explicit 会通过引入体积黏性（bulk viscosity）的方法来引入一个小的阻尼。模型的高阶频率取决于多种复杂因素，其准确值是不可能获得的。采用保守的单元-单元估计法，稳定极限值重新定义为

$$\Delta t_{\text{stable}} = \frac{L^{\text{e}}}{c_{\text{d}}}$$

式中，L^{e}为单元的长度，对于极度扭曲的单元，L^{e}一般等于最短边的单元尺寸；c_{d}为材料的波速，是材料本身的特性。

对于线弹性材料

$$c_{\text{d}} = \sqrt{\frac{E}{\rho}}$$

式中，E为弹性模量；ρ为材料密度。

由上述公式可以看出，影响稳定极限值大小的主要因素如下。

- 材料密度：根据c_{d}的计算公式，密度越大，材料的波速c_{d}就越小，稳定极限值也就越大。
- 材料特性：根据c_{d}的计算公式，材料特性也会影响稳定极限值的大小。对于线弹性材料，其弹性模量是常数，因此材料的波速也是常数；对于非线性材料（如金属塑性材料），随着材料的屈服，刚度会变小，导致波速减小，稳定极限值会随之增大。
- 单元网格：根据Δt_{stable}的计算公式，稳定极限值与最小单元尺寸成正比，即使模型中只有一个很小或者形状扭曲的单元存在，也会大大降低稳定极限值，增加计算时间。为了增加增量步长，加快分析速度，不应划分过于细化的网格，但同时要注意，过粗的网格会降低分析精度。实际建模过程中，应在保证分析精度的前提下，选择适当的网格密度，并尽量保证单元形状是规则的。Abaqus/Explicit 在 .sta 文件中列出了稳定极限值最小的 10 个单元，可以查看这些单元所在的位置，改进相应区域的网格，或在这一区域使用质量缩放技术。
- 单元类型：如果分析过程中增量步长超过稳定极限值，可能会出现数值不稳定现象（Numberical Instability），导致异常的计算结果。Abaqus/Explicit 对于绝大部分单元都能够保持数值稳定，但是，如果模型中包含弹簧单元和阻尼器单元，就有可能出现数值不稳定的情况，产生不符合物理规律的计算结果，而且解往往是振荡的。

5.1.4 质量缩放的使用

由于质量密度影响稳定性极限，在某些情况下，放大质量密度可以潜在地提高分析效率。例如，由于许多模型的复杂离散化，通常会由包含非常小或形状较差单元的区域来控制稳定性极

限。这些控制单元通常数量较少，并可能存在于局部区域。通过只增加这些控制单元的质量可以显著增加稳定性极限，而对模型整体动态行为的影响可以忽略不计。如果上述操作通过更改材料密度的方式去实现，无疑会使得操作过于复杂。Abaqus 提供了质量缩放技术，可以方便地人为增大材料密度，进而增大稳定极限值，节省分析时间。使用方法如图 5-5 所示，建立 Abaqus/Explicit 分析步，在 Edit Step 对话框的 Mass scaling 选项卡中定义。Abaqus 提供了两种基本方法：直接定义缩放因子或定义需缩放单元的稳定时间增量。

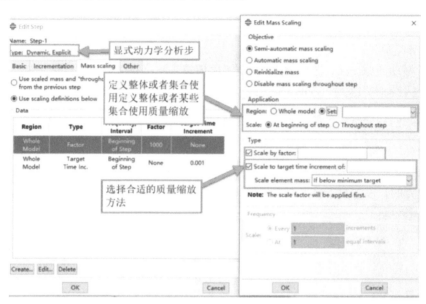

图 5-5　定义质量缩放

需要注意的是，虽然质量缩放可以很明显地节省分析时间，但也会增大动态分析的惯性效应，如同增大了加载速度。如果质量缩放系数过大，会导致错误的分析结果。如图 5-6 所示，当质量缩放系数为 25 时，计算结果相差不大，但是时间减少了 80%，当质量缩放系数为 10000 时，计算结果已经明显不对，没有参考意义了。因此，质量缩放系数的选择要保证不影响动态分析结果的精度。

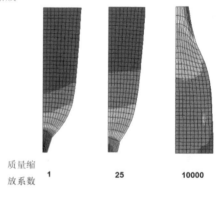

图 5-6　不同质量缩放系数对分析的影响

5.2　韧性金属的材料塑性与损伤

显式分析一般伴随着大变形和材料损伤，如子弹穿透、车辆碰撞等。Abaqus 提供了丰富的材料本构用以描述材料特性。在机械工程中，韧性金属材料是主要的分析对象，对于大变形分析，韧性金属主要包含塑性本构、损伤初始本构和损伤演化本构。

5.2.1　韧性金属的塑性本构

在显式分析中，材料一般伴随着大变形或者反复变形，韧性金属材料在这种变形中往往存在着比较复杂的硬化或软化特性。比较著名的是金属材料的"包辛格效应"。为描述材料硬化，Abaqus 提供了硬化模型，如线性随动硬化模型和非线性各向同性/随动硬化模型。除了该类模型，Abaqus 还提供了不同的本构模型，如 Bodner-Partom 本构、Follansbee-Kocks 本构、Johnson-Cook 本构等，以描述更复杂的材料塑性本构，满足不同工况下的材料塑性行为。其中，Bodner-Partom 本构需要较多的材料参数进行表达，而且获取相对困难；Follansbee-Kocks 本构在高应变率下并不适用，而且需要的材料参数也比较多。

Johnson-Cook 本构模型主要通过霍普金森压杆试验获得材料参数，获取方式容易。它综合了材料的应变、应变率、温度（室温和熔点）等相关系数，能够表达大多数材料，且在大应变率、高温升的情况下依然能够表达材料的热黏塑性，稳健性优良。在有限元仿真软件中都有其标准模型库，应用广泛。Johnson-Cook 材料本构的表达式如下。

$$\overline{\sigma} = \left[A + B\, \overline{\varepsilon}_{p}^{\,n} \right] \left[1 + C \cdot \ln \frac{\dot{\varepsilon}}{\dot{\varepsilon}_{0}} \right] \left[1 - \left(\frac{T - T_{r}}{T_{m} - T_{r}} \right)^{m} \right]$$

式中，A 为参考应变率和参考温度下的初始屈服应力；B 和 n 为材料应变硬化模量和硬化指数；C 为材料应变强化参数；m 为材料软化指数；$\overline{\varepsilon}_{p}$ 为等效塑性应变；$\dot{\varepsilon}$ 为等效塑性应变率；$\dot{\varepsilon}_{0}$ 为参考塑性应变率；T 为工件切削部分的温度；T_{r} 为材料的熔点；T_{m} 为环境温度。

Johnson-Cook 材料本构模型可以分成三项：第一项是关于应变强化的，其参数可以通过准静态拉伸试验获得，同时，通过多组试验数据拟合可以获得等效塑性应变；第二项是关于应变率强化的参数，其中，参数 C 需要考虑不同应变率下的应变、应变率、流动应力的关系，做动态冲击试验，即霍普金森压杆试验，然后进行数据拟合；第三项关于热软化强化，表征为材料温度随应力值变化，然后进行不同温度下的霍普金森压杆试验即得到 m。

虽然过程复杂，参数比较多，但是由于参数可测，Johnson-Cook 模型应用最为广泛，如经过试验，某批次铝合金 7050 的 Johnson-Cook 材料本构模型参数见表 5-1。

表 5-1　铝合金 7050 的 Johnson-Cook 材料本构模型参数

A/MPa	B/MPa	C	n	m	T_{m}/℃	T_{r}/℃	$\dot{\varepsilon}_{0}$
490	207	0.005	0.334	1.8	635	25	1

该模型在 Abaqus 中的定义路径为 Mechanical→Plasticity→Hardening：Johnson-Cook，如图 5-7 所示。

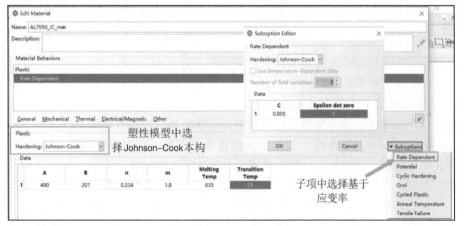

图 5-7　Johnson-Cook 本构定义

5.2.2 韧性金属的损伤初始化准则

Abaqus 提供了多种损伤初始化准则用以描述韧性金属的渐进性损伤，包括延性损伤、剪切损伤、Johnson-Cook 损伤、成形极限图损伤（FLD）、成形极限应力图损伤（FLSD）、Marciniak-Kuczynski（M-K）准则、Müschenborn-Sonne 成形极限图损伤（MSFLD）。

1. Johnson-Cook 损伤

Johnson-Cook 材料本构模型的损伤模型，由下面的累计损伤法则导出：

$$D = \sum \frac{\Delta \varepsilon}{\varepsilon_f}$$

$$\varepsilon_f = \left[D_1 + D_2 \exp(D_3 \sigma^*) \right] \left[1 + D_4 \ln \dot{\varepsilon}^* \right] \left[1 + D_5 T^* \right]$$

$$\dot{\varepsilon}^* = \frac{\dot{\varepsilon}^p}{\dot{\varepsilon}_0}$$

$$T^* = (T - T_r) / (T_m - T_r)$$

式中，ε_f 为失效（塑性）应变；$D_1 \sim D_5$ 为失效模型参数，铝合金 7050 的参数见表 5-2；σ^* 为静水压力与等效应力的比值；D 为损伤参数，当 D 的值累积到 1 时，材料失效；$\dot{\varepsilon}^p$ 为塑性应变率；$\dot{\varepsilon}_0$ 为参考应变率；T 为零件温度；T_m 为材料熔点；T_r 为环境温度。

在 Abaqus 中，给定的失效准则公式为

$$\overline{\varepsilon}_D^{pl} = \left[d_1 + d_2 \exp(-d_3 \eta) \right] \left[1 + d_4 \ln \left(\frac{\dot{\overline{\varepsilon}}_D^{pl}}{\dot{\overline{\varepsilon}}_0} \right) \right] \left[1 + d_5 \hat{\theta} \right]$$

$$\hat{\theta} = \begin{cases} 0, & \theta < \theta_{transition} \\ (\theta - \theta_{transition}) / (\theta_{melt} - \theta_{transition}), & \theta_{transition} \leq \theta \leq \theta_{melt} \\ 1, & \theta > \theta_{melt} \end{cases}$$

虽然使用的数学符号不一致，但公式基本一致，只是在 d_3 参数前存在一个负号，因此在使用 Johnson-Cook 损伤本构模型时：

$$d_1 = D_1 ; d_2 = D_2 ; d_3 = -D_3 ; d_4 = D_4 ; d_5 = D_5$$

表 5-2 铝合金 7050 的 Johnson-Cook 损伤本构模型参数

D_1	D_2	D_3	D_4	D_5
0.071	1.248	−1.142	0.147	0

Johnson-Cook 损伤本构模型在 Abaqus 中的定义路径为 Mechanical→Damage for Ductile Metals→Johnson-Cook Damage，如图 5-8 所示。

2. 成形极限图损伤（FLD）

薄板冲压成型过程中，由于薄板的几何特性，传统的材料失效准则不足以准确地反映板料破坏情况。Keeler 和 Goodwin 在 1968 年提出了成形极限图（Forming Limit Diagram，FLD）的概念。成形极限图为研究板材成型极限、评价板材成型性能及解决板材成型领域中的众多难题提供了技术基础和实用判据。其原理是假设板料变形中一个主应变方向与板面垂直（即厚度方向应变 ε_3 为主应变之一），另外两个主应变均在板面内。在以这两个主应变 ε_2、ε_1 为坐标轴建立的坐标系中，成形极限曲线（FLC）将坐标系的半平面（$\varepsilon_1 > 0$）划分为安全区、临界区和破裂区三部分，形

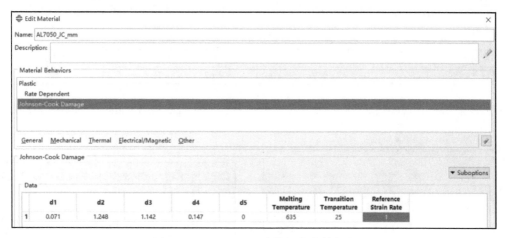

图 5-8　Johnson-Cook 本构损伤参数定义

成成形极限图，如图 5-9 所示。

零件上某部位的面内应变值（ε_2，ε_1）如果落在成形极限图的安全区，说明零件上的部位不会破裂；如果落在成形极限图的破裂区，则零件上对应点会发生破裂；落在介于两者之间的临界区则可能破裂，也可能不破裂。选择曲线的最低点，即 $\varepsilon_2 = 0$ 的平面应变点 fld_0，然后根据其他材料的成形极限曲线形状获得该材料的成形极限曲线形状。采用 Keeler 的经验公式获得：

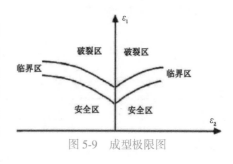

图 5-9　成型极限图

$$\begin{cases} fld_0 = (23.3 + 14.134t)\,n/21.0, 0 < t < 2.54 \\ fld_0 = (20 + 20.669t - 1.938t^2)\,n/21.0, 2.54 \leqslant t \leqslant 5.33 \\ fld_0 = 75.125n/21.0, t > 5.33 \end{cases}$$

式中，t 为板料的厚度，单位为 mm；n 为板料的应变硬化指数。

根据 Keeler 的经验公式得到 FLC 形状：

$$\begin{cases} \varepsilon_1 = fld_0 + \varepsilon_2(0.027254\varepsilon_2 - 1.1965), \varepsilon_2 \leqslant 0 \\ \varepsilon_1 = fld_0 + \varepsilon_2(-0.008565\varepsilon_2 + 0.784854), \varepsilon_2 > 0 \end{cases}$$

现对 2mm 厚的 Q345 钢板进行冲压分析，对板材进行测试，测试结果见表 5-3 和 5-4。

表 5-3　板料试样的测试结果

试样	密度 $\rho/(\text{kg/m}^3)$	屈服强度 R_{eL}（MPa）	抗拉强度 R_m（MPa）	断后伸长率 $A/\%$	弹性模量 E/MPa	泊松比 μ	应变硬化指数 n
0°	7850	357.56	629.14	41.73	206000	0.28	0.279
45°	7850	372.54	629.74	40.65	206000	0.28	0.269
90°	7850	366.69	625.44	38.48	206000	0.28	0.273

表 5-4　板料屈服应力与塑性应变

屈服应力 /MPa	345.68	410.79	445.11	468.86	487.28	502.43	515.37	526.69	536.79	545.9	554.23	561.91	569.03
塑性应变	0	0.04	0.08	0.12	0.16	0.2	0.24	0.28	0.32	0.36	0.4	0.44	0.48

根据表 5-3，取 $n=0.273$ 计算得到厚 2mm 耐候钢板的成形极限图，见表 5-5。

表 5-5   2mm 耐候钢材料成形极限图

最小主应变 ε_2	-0.4	-0.3	-0.2	-0.1	0	0.1	0.2	0.3	0.4
最大主应变 ε_1	1.15	1.03	0.91	0.79	0.67	0.75	0.83	0.905	0.98

成形极限图在 Abaqus 中的定义路径为 Mechanical→Damage for Ductile Metals→FLD Damage，如图 5-10 和图 5-11 所示。

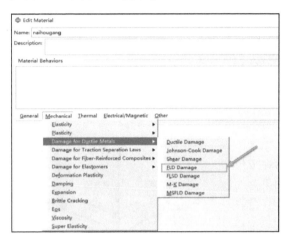

图 5-10   FLD 定义路径

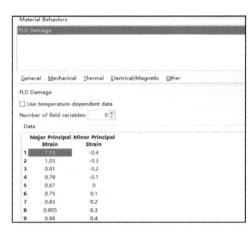

图 5-11   FLD 参数定义

5.2.3   韧性金属的损伤演化

韧性金属材料在损伤初始化后，会发生进一步的损伤演化，直至断裂。图 5-12 所示为承受损伤的材料特征应力-应变行为。在具有各向同性硬化的弹塑性材料中，损伤以两种方式得以体现：屈服应力的软化和弹性的退化。图 5-12 中的实线代表受损伤的应力-应变曲线，而虚线是没有损伤的曲线，而虚线是没有损伤的曲线。在 Abaqus 中，损伤响应取决于单元的特征尺寸，这样就可以使结果的网格相关性最小化。

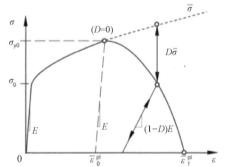

图 5-12   具有渐进性损伤退化的应力-应变曲线

在图 5-12 中，σ_{y0} 和 $\bar{\varepsilon}_0^{pl}$ 是损伤发生时的屈服应力和等效塑性应变；$\bar{\varepsilon}_f^{pl}$ 是失效时，即整体损伤变量达到 $D=1$ 时的等效塑性应变。整体损伤变量 D 捕捉所有有效失效机理的组合影响，并以计算单位损伤变量 d_i 的形式得到。等效塑性应变在失效时的值 $\bar{\varepsilon}_f^{pl}$ 取决于单元的特征长度，并且对于损伤演化规律的指定，不能作为一个材料参数。作为替代，损伤演化规律以等效塑性位移 $\bar{u}^{pl}$ 的形式来指定，或者以断裂能耗散 G_f 的形式来指定。本节主要讨论 $\bar{u}^{pl}$。

当满足损伤初始化准则时，以等效塑性位移 $\bar{u}^{pl}$ 定义损伤演化的方程为

$$\dot{\bar{u}}^{pl}=L\,\dot{\bar{\varepsilon}}^{pl}$$

$$\dot{\bar{\varepsilon}}^{pl}=\sqrt{\dot{\bar{\varepsilon}}^{pl}:\dot{\bar{\varepsilon}}^{pl}}$$

式中，L 是单元的特征长度。

L 取决于单元的几何形状和公式：对于一阶单元，它是通过单元的线的典型长度；对于二阶单元，它是相同典型长度的一半；对于梁和杆，它是沿着单元轴的特征长度；对于膜和壳，它是参考面中的特征长度；对于轴对称单元，它只是 r-z 平面中的特征长度；对于胶黏单元，它等于本构厚度。使用特征长度的定义，是因为事先不知道裂纹产生时的方向，因此，长宽比大的单元具有取决于其开裂方向的不同行为；因为此效应而保留一些网格的敏感性，并且推荐采用长宽比比较接近的单元。

相对塑性位移的损伤变量演化可以采用表格、线性或者指数的形式来指定。如果将失效时的塑性位移 $\overset{\cdot}{u}{}_{\mathrm{f}}^{\mathrm{pl}}$ 指定为 0，则将发生即时失效。然而不推荐这样设置，因为它将导致应力在材料点的突然下降，而将造成动态不稳定。

（1）表格形式

可以直接将损伤变量指定为等效塑性位移的表格函数 $D=D(\overline{u}{}^{\mathrm{pl}})$，如图 5-13a 所示。

（2）线性形式

假设有效塑性位移的损伤变量是线性演化的，如图 5-13b 所示，那么可以指定在失效点（完全退化）处的有效塑性位移 $\overline{u}{}^{\mathrm{pl}}$。然后，损伤变量根据下面的公式增加：

$$D=\frac{L\,\overset{\cdot}{\varepsilon}{}^{\mathrm{pl}}}{\overline{u}{}_{\mathrm{f}}^{\mathrm{pl}}}=\frac{\overset{\cdot}{\overline{u}}{}^{\mathrm{pl}}}{\overline{u}{}_{\mathrm{f}}^{\mathrm{pl}}}$$

此定义可确保当有效塑性位移达到 $\overline{u}{}^{\mathrm{pl}}=\overline{u}{}_{\mathrm{f}}^{\mathrm{pl}}$ 时，材料刚度完全退化（$D=1$）。当材料的有效响应在损伤初始化后的完美塑性（屈服应力为常数）时，线性损伤演化规律才能定义一个真正的线性应力-应变的软化响应。

（3）指数形式

假设一个塑性位移的损伤变量是指数演化的，如图 5-13c 所示，那么可以指定失效时的相对塑性位移 $\overline{u}{}_{\mathrm{f}}^{\mathrm{pl}}$ 和指数 α。损伤变量的表达式为

$$D=\frac{1-e^{-\alpha(u^{\mathrm{pl}}/u_{\mathrm{f}}^{\mathrm{pl}})}}{1-e^{-\alpha}}$$

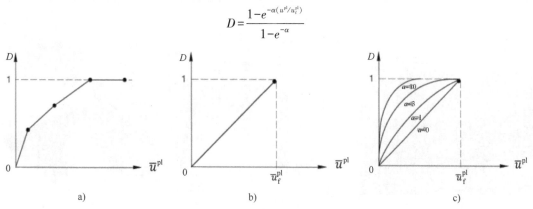

图 5-13　基于塑性位移的损伤演化的不同定义

a）表格形式　b）线性形式　c）指数形式

以线性形式为例，须将 $\overline{u}{}^{\mathrm{pl}}$ 定义为 $u_{\mathrm{f}}^{\mathrm{pl}}$。损伤演化不能单独使用，以基于 Johnson-Cook 本构定义损伤演化为例，具体路径为 Mechanical→Damage for Ductile Metals →Johnson-Cook Damage→Suboptions→Damage Evolution，默认选项为线性形式，输入失效时的等效塑性位移，如图 5-14 所示。

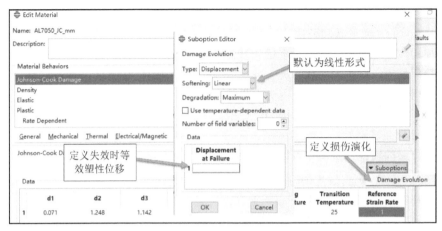

图 5-14　损伤演化的定义

需要注意，不同的单元尺寸对应不同的等效塑性位移。例如，当单元特征尺寸为 1、等效塑性应变为 0.1 时等效塑性位移为 0.1；当单元特征尺寸为 2 时，等效塑性位移为 0.2。

5.3　实例：三维金属切削分析

切削工艺是常见的金属加工工艺。金属的切削加工是复杂的非线性弹塑性变形过程，利用传统的数值分析方法无法求解其烦琐的变量，而利用有限元分析方法可以分析切削机理，获得研究结果。有限元仿真软件多种多样，目前常用的软件大致有三款，分别是 DEFORM、AdvantEdge 和 Abaqus。实践表明，由于 DEFORM 软件存在的网格自动重划分功能，任务可以从中断处重新启动分析，所以对于二维切削仿真和将铣刀简化为微元车刀的三维铣削仿真，它都有良好的性能，如图 5-15 所示，但整体铣刀的铣削仿真很难完成。AdvantEdge 软件参考资料较少，使用门槛较高。Abaqus 软件无论是在二维切削还是整体立铣刀的三维切削上都表现出了优良的性能，如图 5-16 所示。

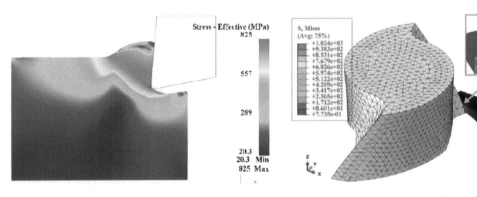

图 5-15　DEFORM 二维切削实例　　　　图 5-16　Abaqus 三维切削实例

5.3.1　问题描述

在车辆和航空工业中，铝合金的使用越来越多，铝合金的加工问题越来越受关注。图 5-17 所示为简化后的切削模型，图 5-18 所示为刀头参数。工件尺寸为 100mm×30mm×10mm，切削深度 5mm，切削速度 2m/s，刀头厚度 15mm。不考虑切削过程的热过程，模拟仿真切削力和切屑形态。

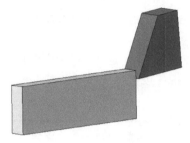

图 5-17　铝合金切削模型

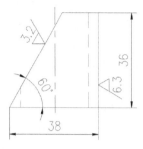

图 5-18　刀头参数

工件材料为 6061 T5 铝合金，相关材料参数见表 5-6 和表 5-7（不考虑热过程，相关参数为 0）。

表 5-6　铝合金 6061 T5 的 Johnson-Cook 材料本构模型参数

A/MPa	B/MPa	C	n	m	T_a/℃	T_r/℃	$\dot{\varepsilon}_0$
324.1	113.8	0.36	0.42	0	0	0	1

表 5-7　铝合金 6061 T5 的 Johnson-Cook 材料损伤本构模型参数

D_1	D_2	D_3	D_4	D_5
−0.77	1.45	−0.47	0	0

5.3.2　计算过程

对于此类问题的仿真，大多采取二维建模的方式完成计算，如图 5-15 所示。本例为了更加具有教学意义，采用三维建模仿真。

1. 创建部件

（1）创建工件和刀具

单击 Creat Part 图标，在弹出的对话框中设置 Name：Plate、3D、Deformable、Solid；Extrusion，进入草图绘制界面，如图 5-19 所示。使用矩形工具分别定义两个角点坐标（0，0）和（100，30），单击 Done 按钮完成草图绘制，定义拉伸长度为 10，工件三维模型如图 5-20 所示。

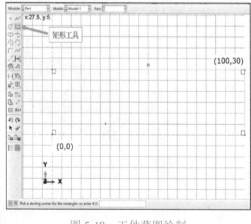

图 5-19　工件草图绘制

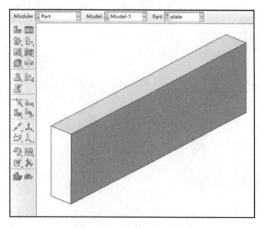

图 5-20　工件三维模型

单击 Creat Part 图标，在弹出的对话框中设置 Name：cutter、3D、Deformable、Solid；Extrusion，进入草图绘制界面，如图 5-21 所示。使用多线段工具绘制刀具草图，并进行尺寸约束，单击

Done 按钮完成草图绘制，定义拉伸长度为 15。

- 定义参考点：在菜单栏中单击 Tools，选择 Reference Point 命令。选中刀具上面一边的中点，生成参考点 RP。
- 定义集合：定义 RP 点集合，便于后续收集 RP 参考点的支反力。定义路径为菜单 Tools→Set→Create→设置 Name：Set-RP；Type：Geometry→Continue 按钮→选择刚生成的 RP 参考点，如图 5-22 所示。

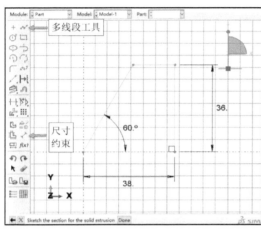

图 5-21 刀具草图绘制

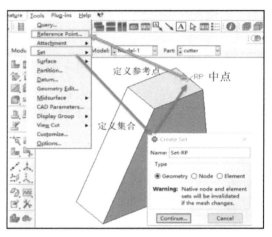

图 5-22 定义参考点集合

注：刀具在分析中作为刚体，不参与应力与应变分析。Abaqus 提供了多种定义刚体的方式，如在定义部件的时候可以直接定义成解析刚体或离散刚体。本节采用另外一种方式实现，即通过相互作用建立刚体，此处的参考点是在创建刚体时使用，用以描述刚体的力学行为。

（2）切分区域

工件被切削的厚度是 5mm，为了便于网格划分和刀具定义，在厚度层的位置提前进行区域切分。切分的方法是使用参考点辅助"点＆法向（Point & Normal）"，主要思路是先创建出一个位于切割面的点，然后再根据此点和切割面的法向完成区域切分，如图 5-23 和图 5-24 所示。

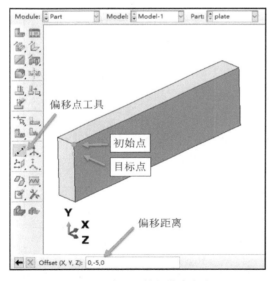

图 5-23 定义区域切分参考点

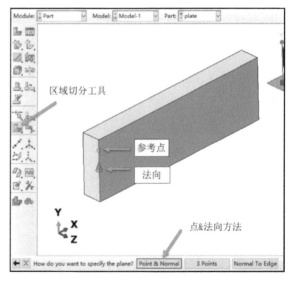

图 5-24 使用参考点切分工具区域

2. 定义属性

分别创建工件和刀具两种属性。工件为基于 Johnson-Cook 本构的 AL6061T5，刀具只需要描述基本力学特征就可以了，采用钢。

（1）定义 AL6061T5 材料

表 5-3 和表 5-4 描述了 AL6061T5 的 Johnson-Cook 本构，对于显式动力学分析，还需要材料的密度、弹性模量和泊松比属性。整体采用 t-mm 单位制。密度取 2.7E-09，弹性模量取 70000，泊松比取 0.3，过程较为简单，不再赘述。

Johnson-Cook 本构的定义路径为 Mechanical→Plasticity→Plastic：Hardening：Johnson-Cook，如图 5-25 所示。

Johnson-Cook 本构损伤初始化定义路径为 Mechanical→Damage for Ductile Metals→Johnson-Cook Damage，根据表 5-7 完成参数定义，如图 5-26 所示。

Johnson-Cook 本构的损伤演化采用线性形式。通过试验获取材料失效时的等效塑性应变为 0.25，预定义单元特征长度为 1，则定义失效时的等效塑性位移为 0.25（详见 5.2.3 节），定义路径为 Mechanical→Suboptions→Damage Evolution，定义 Displacement at Failure 为 0.25，如图 5-26 所示。

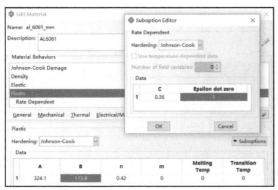

图 5-25　Johnson-Cook 本构参数定义

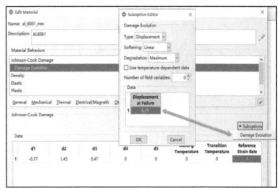

图 5-26　Johnson-Cook 本构损伤演化定义

（2）定义钢材料

刀具钢只需要定义密度、弹性模量和泊松比。密度取 7.8E-09，弹性模量取 210000，泊松比取 0.3，详细过程同样不再赘述。

（3）定义和分配截面属性

分别定义工具截面和刀具截面，采取默认设置，对三维模型进行赋值。

3. 定义装配

1）使用 Create Instance 工具将刀具和工件添加到装配模块。

2）使用 Translate Instance 工具调整刀具和工件的位置，先后选中刀具尖端中点和工件切割面中点，使重合，如图 5-27 所示。

3）再次使用 Translate Instance 工具，选中刀具，依次输入坐标（0，0，0）和（1，0，0），调整刀具的位置，使刀具偏离工件 1mm，如图 5-28 所示。

4. 定义分析步

（1）定义显式分析步

在 Step 模块中定义显式分析步。刀具前进距离为 101mm，速度为 2m/s，运行时间为 0.0505s。显式分析步时间设为 0.06。对整个计算过程采取质量缩放，质量缩放倍数为 100。设置如图 5-29 和图 5-30 所示。

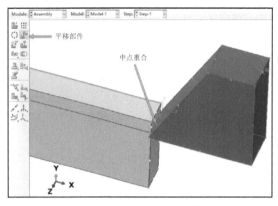

图 5-27　装配刀具和工件

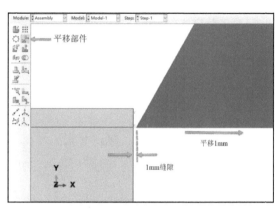

图 5-28　调整刀具位置

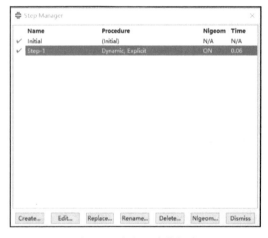

图 5-29　定义显式分析步

图 5-30　定义质量缩放

（2）定义输出

1）定义场变量输出。单击 Field Output Manager 图标，在弹出的对话框中，选择 F-Output-1，单击 Edit 按钮，弹出 Edit Field Output Request 对话框，勾选 STATUS…复选框，如图 5-31 所示。此变量会帮助在后处理中不显示失效的单元。

2）定义历史变量输出。单击 Create History Output 图标，在弹出的对话框中设置 Domain 为 Set，在右侧选择已经定义好的刀具参考点 cutter-1. set-RF，在 Output Variables 栏选择 RF…，如图 5-32 所示，此变量会输出刀具的支反力，即刀具的切削力。

5. 网格划分

（1）工件网格划分

显式分析涉及大量计算，对单元的数量有较高限制，单元需要做合理的过渡。过程过于复杂，6.4.2 节有详细描述，请读者先行参阅 6.4.2 节理解相关原理，本节仅对关键步骤进行描述。

1）切分网格划分区域。用以切削的核心区域网格尺寸要足够小以满足切削分析，非核心区域网格尺寸又要相对较大，以减少网格数量。如图 5-33 所示，使用参考点：点偏移工具，每隔 2mm 生成一个参考点，然后使用切割工具对工件进行切分。

2）如图 5-34 所示，对过渡区的两个面进行切分，以免后续网格过多。

3）如图 5-35 所示，定义工件为扫掠，扫掠方向和扫掠算法如图所示。

4）如图 5-36 所示，定义全局种子大小为 2，定义图中的线种子大小为 1。

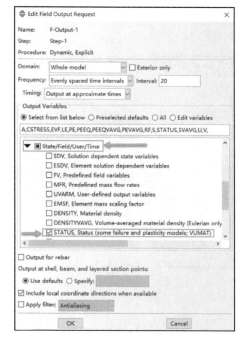

图 5-31　定义场变量输出

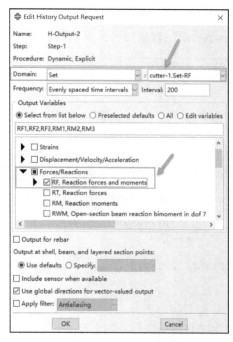

图 5-32　定义历史变量输出

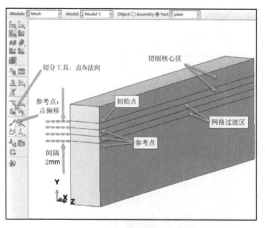

图 5-33　切分区域划分

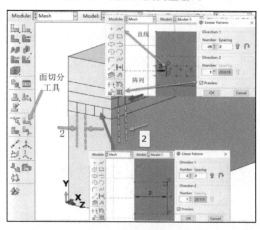

图 5-34　过渡区域面的切分

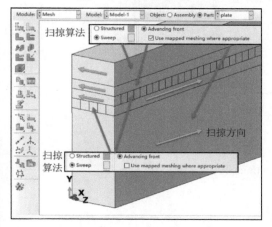

图 5-35　定义扫掠方向和扫掠算法

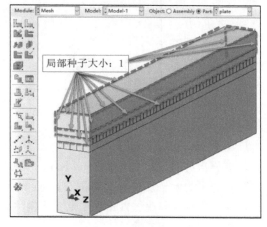

图 5-36　定义种子大小

5）如图 5-37 所示，采用逐步划分网格的工具，从上到下逐步划分网格。

6）划分后的网格如图 5-38 所示。

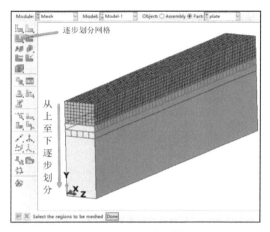

图 5-37　网格划分策略　　　　　　　　图 5-38　网格示意图

（2）刀具网格划分

定义刀具的全局种子尺寸大小为 4，采用默认选项，完成刀具的网格划分。

6. 定义相互作用

（1）定义刀具为刚体

将刀具定义为刚体，不参与应力与应变计算，如图 5-39 所示。

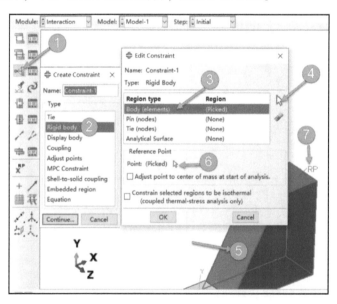

图 5-39　定义刚体

① 单击 Create Constraint 图标。

② 在弹出的对话框中选择 Rigid body，单击 Continue 按钮。

③ 在弹出的对话框中选择 Body（elements）。

④ 单击右侧的箭头，以选取要定义为刚体的部件。

⑤ 在视图中选择刀具。

⑥ 单击 Reference Point 栏的箭头。

⑦ 选择视图中的参考点 RP，单击 OK 按钮完成刚体的定义。

（2）定义接触属性

1）定义刀具与工件模型系数为 0.1。定义路径为 Create Interaction Property→Mechanical→Tangential Behavior→Friction Coeff：0.1。

2）定义刀具与工件法向接触，采用默认设置。定义路径为 Create Interaction Property→Mechanical→Normal Behavior。

（3）定义接触关系

分别建立刀具前刀面和后刀面与工件的接触关系。由于刀具作为刚体，所以前刀面和后刀面都作为主面。从面采用节点方式，选择整个工件，如图 5-40 所示。

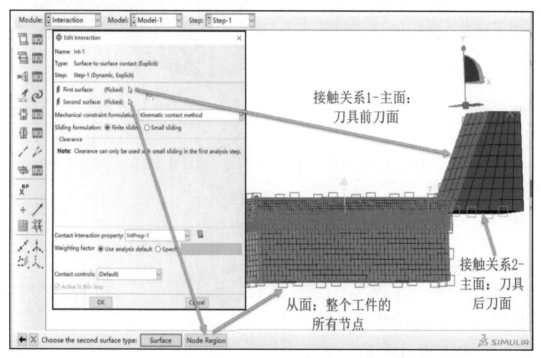

图 5-40　定义接触关系

7. 定义边界条件

（1）定义工件约束

对工件底面施加全约束，定义路径为 Create Boundary Condition→Mechanical→Symmetry/Antisymmetry/Encastre →Region：工件底面→ENCASTRE（U1＝U2＝U3＝UR1＝UR2＝UR3＝0），如图 5-41 所示。

（2）定义刀具载荷

刀具运行速度为 2m/s，运行时间为 0.06 秒，方向为 X 轴负方向。为了更易收敛，采取位移加载方式施加刀具载荷。在显式分析中，由于时间积分的影响，位移必须通过幅值曲线的方法施加。

1）建立幅值曲线。

幅值曲线可以帮助调整载荷的加载速度与加载幅度。例如，当载荷为 F，幅值为 k 时，实际载荷为 kF。常见的幅值曲线有多种，包含表格型幅值曲线（Tabular）、等间距型幅值曲线

（Equally spaced）、周期型幅值曲线（Periodic）、衰减型幅值曲线（Decay）、依赖于解的幅值曲线（Solution dependent）、平滑分析步幅值曲线（Smooth step）、激励器幅值曲线（Actuator）、谱幅值曲线（Spectrum）、PSD 曲线和用户自定义（User）等。篇幅有限，不能详细介绍每个曲线功能，读者可以参考"幻想飞翔 CAE"公众号中的"abaqus 系列技巧 8：什么是幅值曲线"。

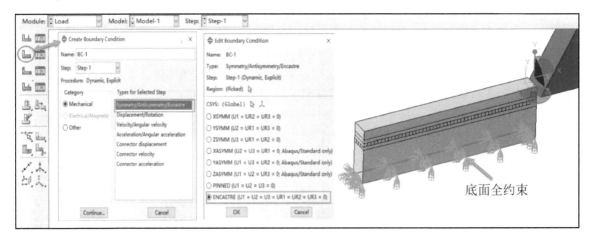

图 5-41　工件固定约束

对于匀速运动的刀具，刀具的位移与时间呈线性关系，因此可采用表格型幅值曲线定义线性幅值。如图 5-42 所示，定义所需幅值曲线。

① 在菜单栏中选择 Tools→Amplitude→Create 命令。

② 在弹出的对话框中选择 Tabular，单击 Continue 按钮。

③ 按照图 5-42 中的数据输入数值，单击 OK 按钮。定义的幅值曲线如图 5-43 所示。

2）定义载荷。

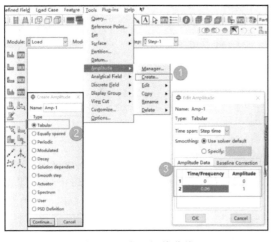

图 5-42　定义幅值曲线

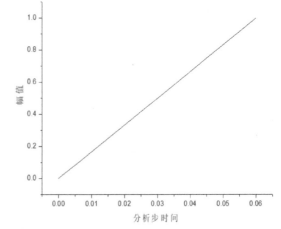

图 5-43　幅值曲线

定义工具的位移载荷，使用刚刚定义的 Amp-1 幅值曲线，如图 5-44 所示，具体路径为 Create Boundary Condition→Mechanical→Displacement/Rotation →Region：刀具参考点；U1：-120，U2 = U3 = UR1 = UR2 = UR3 = 0；Amplitude：Amp-1。

图 5-44　定义位移载荷

8. 计算求解

在 Job 模块，单击快捷工具区的 Create Job 图标，创建 Job，命名为 cutter，单击 Continue 按钮，接受默认设置，单击 OK 按钮。继续单击 Submit 按钮，提交计算任务。

9. 分析结果

等到 Job Manager 对话框中的 Status 显示为 Completed 时，单击 Results 按钮进入后处理界面。

单击 Plot Contours on Deformed Shape（绘制应力云图）图标，绘制工件的应力云图。图 5-45 所示为切削过程中的工件应力云图，图 5-46 为切削完成后的工件应力云图。

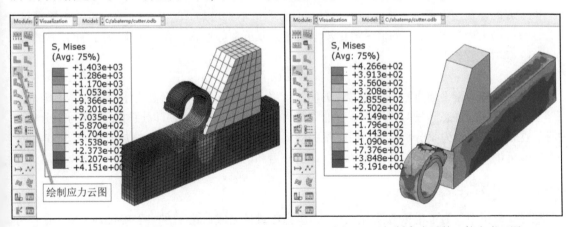

图 5-45　切削过程中的工件应力云图　　　　图 5-46　切削完成后的工件应力云图

在左侧 Results 结构树中打开 cutter.odb 结果文件，找到 RF1、RF2、RF3 三个数据，右击并选择 Plot 命令，绘制支反力曲线，如图 5-47 所示。

该支反力可以表示为三个方向的切削力，根据计算目标的不同，可以对数据进行相应的处理，曲线的波动和单元的尺寸、计算输出步长有关，可以进行针对性的调整。

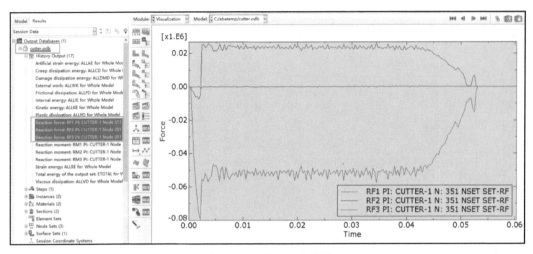

图 5-47　刀具支反力曲线

5.4　准静态分析

5.4.1　准静态分析概述

对于一个动力学问题，总是可以列出动力学方程，图 5-48 所示为一个典型的平移动力学模型，一小块物体在外力 F 的作用下，以速度 v、加速度 a 向左运动，物体与平面的摩擦系数为 μ。

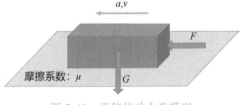

图 5-48　平移的动力学模型

根据动力学相关理论，可以列出如下方程：

$$F - \mu G = ma$$

由于 a 的存在使得系统的速度 v 不断变大，总能量不断增加。这是动力学分析的主要特征。但是在很多种工程实例中，a 的值一般比较小，如金属折弯等过程，在一个很短的时间内近似认为 $a = 0$，这时方程转变为

$$F = \mu G$$

这是一个静力学平衡方程。通过对 a 的简化，将动力学问题简化为静力学问题时，称为准静态问题。在解决准静态问题时，可以通过通用静力学分析步进行，也可以通过显式动力学分析步进行。在使用显式动力学分析步分析时，最关键的问题是如何处理模型中的加速度 a，使其处于一个比较低的水平，不产生过多的惯性力，达到外力和内力近似平衡的状态。

5.4.2　载荷速度

在显式分析中，为了避免惯性力的影响，应当尽量控制载荷速率在一个较低的水平，这样势必增加计算总分析步时间。对于一个特定模型，显式分析的时间增量只和单元尺寸有关，往往在 $10^{-8} \sim 10^{-4}$ 数量级上，如果不控制计算总时间，则会造成较高的计算成本，不利于问题的计算分析。

减少分析总时间的办法是提高载荷速率，但是过高的载荷速率会造成过大的惯性力，进而影响仿真结果的准确性，如何合理确定载荷速率对准静态分析非常重要。

1. 试验法确定载荷速率

以不同的速率多次模拟（比如，工具的速度为 500m/s、50m/s 或 5m/s）。因为以低的载荷速率进行分析的时间比较长，所以以从高到低的载荷速度进行分析。检查结果（变形形状、应力、应变、能量），来分析不同载荷速率对结果的影响。

在显式钣金成型模拟过程中，过大的工具速度将抑制起皱现象，并激起非真实的局部拉伸。

在屈曲成型过程中，过大的工具速度将引起"喷注"效应——水动力学响应，如图 5-49 所示。

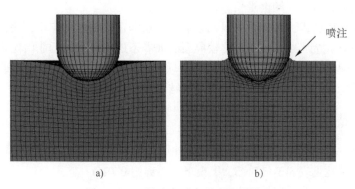

图 5-49　工具速度对变形形状的影响
a) 工具速度 10m/s　b) 工具速度 500m/s

2. 频率法确定载荷速率

此方法的主要步骤是：模态分析、确定一阶频率 f → 确定周期时间 $T=1/f$ → 确定行程 S → 确定加载速率 $v=S/T$ → 验证 $v<1\%v_{波速}$。

以汽车门标准门梁的撞击测试为例，图 5-50 所示为简化模型，圆梁在每个端点固定，刚体圆柱撞击位移为 0.1m。测试过程为准静态。

具体计算过程如下。

① 取梁进行模态分析，获得一阶模态频率 $f=250$Hz。

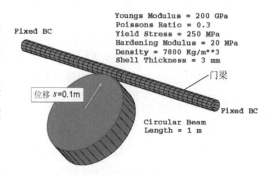

图 5-50　汽车门标准门梁的撞击测试简化模型

② 通过计算，获得周期 $T=1/f=0.004$s。

③ 在此周期内，刚体圆柱被推向梁 $S=0.1$ m。

④ 估计的速度 $v=S/T=0.1/0.004$m/s$=25$ m/s。

⑤ 金属波速为 5000 m/s，所以碰撞速度 25 m/s 为波速的 0.5%，小于 1%。

图 5-51 和图 5-52 分别采用了 25 m/s 和 400m/s 的撞击速度，从结果来看，采用 400m/s 的撞击速度造成了比较明显的局部效应，采用 25 m/s 的撞击速度则取得了比较好的全局结果。

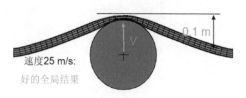 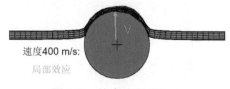

图 5-51　撞击速度 25m/s　　　　　图 5-52　撞击速度 400m/s

5.5 实例：金属冲压成型分析

在车辆生产过程中，存在大量压型结构。压型结构的优点是刚度大、表面平整、自重低、成品美观、制造简单，是一种先进的工艺方案。但冲压成型工艺涉及比较复杂的材料变化，加工过程中的影响因素很多，如模具的形状、材料性能、毛坯板材之间的摩擦和润滑、凹凸模间隙等，在遇到具体问题时，难以立即找到解决办法，以往只能通过反复的试验，但这样又会造成浪费，如果涉及模具的调整，时间周期会更长，存在较大的成本压力。

高速发展的计算机技术，特别是有限元数值模拟技术在该领域的应用，使得成型工艺的设计和缺陷分析更加便捷。金属冲压成型是比较典型的准静态过程，目前行业内比较认可的板材成型判断准则为成型极限理论。借助通用有限元分析软件 Abaqus 可以对成型过程进行显式准静态分析模拟，得到产品的成型极限云图，分析产品的结构安全。

5.5.1 问题描述

图 5-53 所示为一冲压模型，图 5-54 所示为冲压模型尺寸。其中，上下模具为刚体，圆板材料为耐候钢，材料属性见表 5-3~表 5-5，上模下移距离为 0.015m。

通过仿真计算，目标获得以下结果。

1）冲压并回弹后的模型，验证模型回弹后的尺寸。

2）模型成型后的厚度尺寸分布。

3）模型成型后的应力分布。

4）模型成型后的成型极限图，并判断冲压工艺是否会造成工件的损伤。

综上所述，此问题共涉及三个主要过程，第一个过程是一阶频率提取，确定载荷速度，第二个过程是冲压，第三个过程是回弹。频率提取采用频率提取分析步，冲压采用显式动力学分析，回弹采用通用静力学分析。

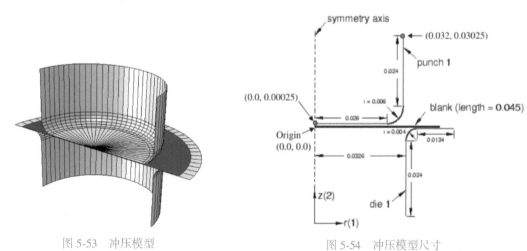

图 5-53　冲压模型　　　　　　　　　　　图 5-54　冲压模型尺寸

由于是典型的回转体，故采用轴对称单元是最为合适的分析方法。

5.5.2 频率提取分析

频率提取主要通过确定工件的一阶固有频率来确定载荷速度。频率提取是模态分析的核心内容，因此也叫模态频率分析。

右击 Model 结构树中的 Models-1，选择 Rename 命令，命名为 frequency。

1. 定义部件

依据图 5-54，分别定义上模（punch1）、工件（blank）、下模（die1）。

1）定义上模（punch1）。上模采用离散刚体建模，如图 5-55 所示。

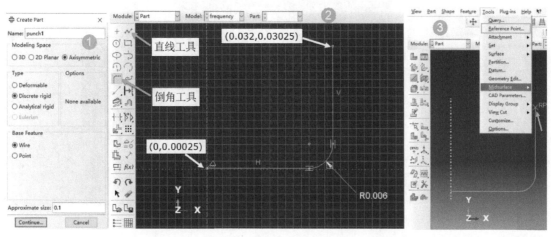

图 5-55　定义上模

① 单击 Create Part 图标，创建部件。Name 设为 punch1，Modeling Space 选择 Axisymmetric（轴对称），Type 选择 Discrete rigid（离散刚体），Base Feature 为 Wire，Approximate size（初始画布尺寸）为 0.1。

② 在草图中使用直线工具和倒角工具绘制零件草图。

③ 在生成的零件图中，通过 Tools→Reference Point 命令创建参考点。选择上模最上侧一点，建立参考点，作为模具的控制点。

2）定义工件（blank）。工件采用可变形体建模，如图 5-56 所示。

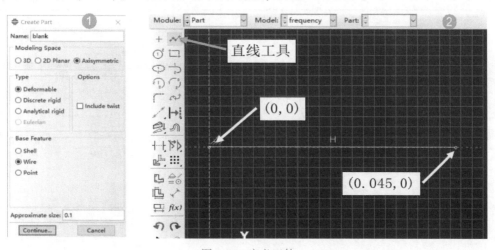

图 5-56　定义工件

① 单击 Create Part 图标，创建部件。Name 设为 blank，Modeling Space 选择 Axisymmetric（轴对称），Type 选择 Deformable（可变形体），Base Feature 为 Wire，Approximate size（初始画布尺

寸）为 0.1。

② 在草图中使用直线工具绘制零件草图。

3）定义下模（die1）。下模采用离散刚体建模，如图 5-57 所示。

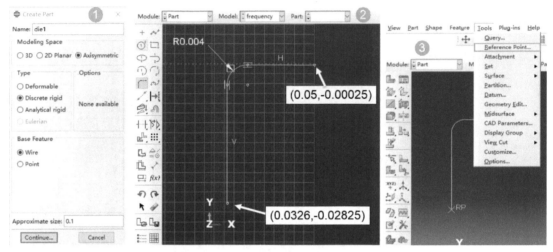

图 5-57　定义下模

① 单击 Create Part 图标，创建部件。Name 设为 die1，Modeling Space 选择 Axisymmetric（轴对称），Type 选择 Discrete rigid（离散刚体），Base Feature 为 Wire，Approximate size（初始画布尺寸）为 0.1。

② 在草图中使用直线工具和倒角工具绘制零件草图中。

③ 在生成的零件图中，通过 Tools→Reference Point 命令创建参考点。选择下模最下侧一点，建立参考点，作为模具的控制点。

2. 定义属性

1）定义材料。根据 5.2.2 节表 5-3~表 5-5 建立材料属性，命名为 steel_stamp_m，如图 5-58 所示。

图 5-58　材料属性定义

2）定义截面属性。定义工件各向同性壳，厚度为 0.0005，如图 5-59 所示。

图 5-59　截面属性定义

3. 定义装配

在频率分析中，只需要对工件进行频率分析。在 Assembly 模块，单击 Create Instance 图标，选择部件 blank，其他选项接受默认值，单击 OK 按钮，完成装配定义。

4. 定义分析步

在 Step 模块中，新建分析步，如图 5-60 所示。

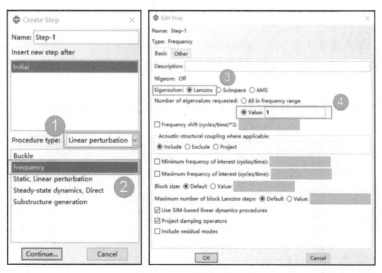

图 5-60　频率提取分析步

① 将 Procedure type 改为 Linear perturbation（线性扰动）。

② 选择 Frequency 类型。

③ 使用 Lanczos（子空间）的特征值提取方法。

④ 设置 Number of eigenvalues requested 的值为 1，即只提取一阶模态。

5. 网格划分

在 Mesh 模块中，定义网格种子（Seed Part）大小为 0.0005，其他选项接受默认值，完成三个部件的网格划分。

6. 定义边界条件

定义工件的边界条件，一端为对称约束，一端为垂向支撑约束，如图 5-61 所示。

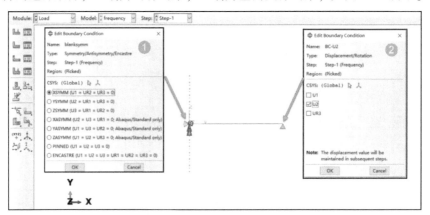

图 5-61　定义约束边界条件

① 单击 Create Boundary Condition 图标，定义边界条件。命名为 blanksymm，选择初始分析步 step-1，在载荷类型中选择 Symmetry/Antisymmetry/Encastre，选择工件对称轴处端点，定义为 XSYMM 约束。

② 单击 Create Boundary Condition 图标，定义边界条件。命名为 BC-U2，选择初始分析步 step-1，在载荷类型中选择 Displacement/Rotation，选择工件右侧端点，定义为 U2 约束。

7. 计算求解

在 Job 模块，单击快捷工具区的 Create Job 图标，创建 Job，命名为 frequency，单击 Continue 按钮，接受默认设置，单击 OK 按钮。继续单击 Submit 按钮，提交计算任务。

8. 分析结果

等到 Job Manager 对话框的 Status 栏显示为 Completed 时，单击 Results 按钮进入后处理界面，如图 5-62 所示。

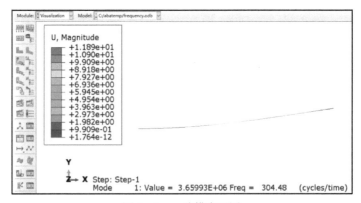

图 5-62　一阶模态云图

由一阶模态云图可知，工件的一阶模态频率为 304.48Hz，则周期时间 T = 1/304.48 = 0.0033s。上模具的行程为 0.015m，载荷速度 v = 4.5m/s。金属波速为 5000 m/s，所以碰撞速度

4.5m/s 为波速的 0.09%，小于 1%，可以作为载荷速度施加，实际中为了保证稳态分析的进行，会将速度扩大 10 倍，取 0.033。

5.5.3　冲压过程分析

右击 Model 结构树中的 Models（1）下的 frequency，选择 copy 命令复制对象，命名为 stamping（冲压），并将工作 Model 定义为 stamping。

1. 修改分析步

1）修改为显式动力分析步。在 Step 模块中，修改分析步为显式动力分析步，具体操作如下。

① 单击 Step Manager 图标，选中 Step-1 分析步，单击 Replace 按钮，在弹出的 Replace Step 对话框中将 New procedure type 切换为 General，选择 Dynamic，Explicit 类型，单击 Continue 按钮，如图 5-63 所示。

② 设置分析步时间为 0.033，如图 5-64 所示。

图 5-63　修改为显式动力学分析步　　　　图 5-64　定义分析步时间

2）定义输出。针对冲压分析，除常规变量外，还需要获得工件的厚度变化和 FLD 曲线，以判断工件的减薄增厚情况和损伤情况。厚度的场变量输出为 STH，FLD 损伤的场变量输出为 DMICRT，具体设置如图 5-65 和图 5-66 所示。

图 5-65　定义 STH 场输出变量　　　　图 5-66　定义 DMICRT 场输出变量

3）定义重启动。后续的回弹分析需要满足重启动分析条件。因此需要建立重启动，具体路径为，在 Step 模块中选择菜单栏中的 Output→Restart Requests 命令，在弹出的对话框中设置 Intervals 值为 1，如图 5-67 所示。

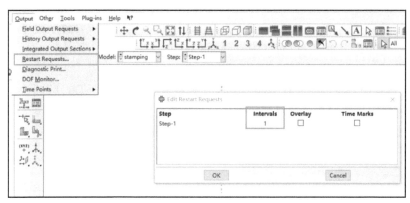

图 5-67　重启动设置

提示：

- Intervals（n）：输出 Restart Data（重启数据）的时间间隔为 t/n，t 为分析步分析时间。当 $n=0$ 时，不输出任何数据。如果设定 n 为 5，分析步时间 t 为 1，则输出 Restart Data 的时间间隔为 1/5，因此在 $t=0.2$、0.4、0.6、0.8、1 所对应的 Increment 下会输出 Restart Data。
- Overlay：勾选此选项时，分析步中每输出一个新的 Restart Data 即会覆盖先前的 Restart Data，只保持当前分析所产生的最新 Restart Data，分析完成后，只会留下每一个分析步的最后一个 Increment 的 Restart Data。此方式可以节省 .res 文件的使用空间。
- Time Marks：使用 Intervals 选项输出条件时，若勾选此项，则 Abaqus 会强制输出固定的时间点。如 $n=5$，Time Period = 1，则输出 Restart Data 的时间间隔为 $t/n=0.2$，因此分析时间于 $t=0.2$、0.4、0.6、0.8、1 时必定产生增量步，该分析将在相应分析时间的增量步输出 Restart Data。

2. 检查网格

检查网格的最小稳定时间增量，如图 5-68 所示。

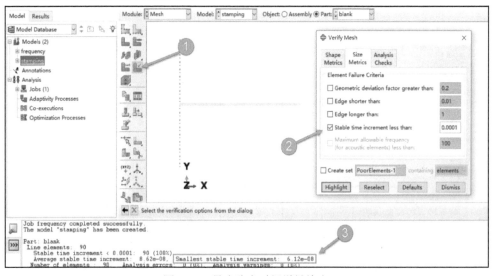

图 5-68　最小稳定时间增量检查

① 在 Mesh 模块中，单击 Verify Mesh 图标。

② 在弹出的对话框中切换至 Size Metrics 选项卡，勾选 Stable time increment less than 复选框，单击 Highlight 按钮。

③ 在信息区找到 Smallest stable time increment，模型的最小稳定时间增量为 6.12e-8。

3. 修改装配

在 Assembly 模块，单击 Create Instance 图标，选择部件 die1、punch1，其他选项接受默认值，单击 OK 按钮，完成装配定义。

4. 修改材料参数

为了减少溶液中的高频噪声（主要由坯料自由端的振动引起），在坯料的材料定义中增加刚度比例阻尼项。最好使用尽可能小的阻尼量来获得所需的解决方案，因为增加刚度比例阻尼会减小稳定时间增量，从而增加计算时间。为避免稳定时间增量急剧下降，刚度比例阻尼系数 β_R 应小于无阻尼的初始稳定时间增量，或与其具有相同数量级。此处选择的阻尼系数为 $\beta_R = 5 \times 10^{-8}$。设置路径为 Mechanical→Damping→Beta：5e-8，如图 5-69 所示。

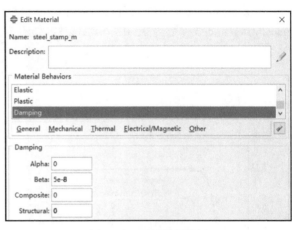

图 5-69 材料阻尼设置

5. 定义相互作用

定义模具和工件之间的摩擦系数为 0.1，建立通用接触，如图 5-70 和图 5-71 所示。

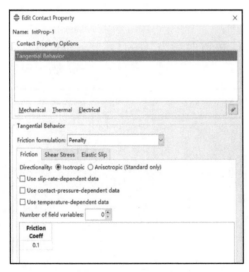

图 5-70 定义摩擦系数

图 5-71 定义通用接触

6. 修改边界条件

（1）修改工件约束

删除 BC-U2 约束，其他保持不变。

（2）增加 Die1 约束

Die1 定义为全约束，路径为 Create Boundary Condition→Mechanical：Symmetry/Antisymmetry/Encastre →Region：die1 参考点 RP→ENCASTRE（U1 = U2 = U3 = UR1 = UR2 = UR3 = 0）。

（3）增加 punch1 约束

punch1 为上模，需完成冲压行程 0.015m。

1）定制幅值曲线。

在显式动力学分析中，幅值曲线除了一般采用表格形式指定外，还可以通过平滑分析步幅值曲线（Smooth step）定义。区别于线性幅值曲线，Smooth step 定义两个幅值之间以 5 阶多项式过渡，比如，在过渡开始和结束时一阶和二阶时间导数为零，使得载荷施加更加平缓，能提高计算的收敛性和准静态解的精度。如图 5-72 所示为典型的 Smooth step 曲线。

定义 Smooth step 曲线 Amp-1，路径为菜单栏 Tools→Amplitude→Create 命令，设置 Type 为 Smooth step，曲线参数为 0，0；0.033，1，如图 5-73 所示。

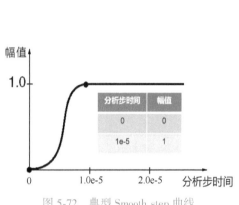

图 5-72　典型 Smooth step 曲线

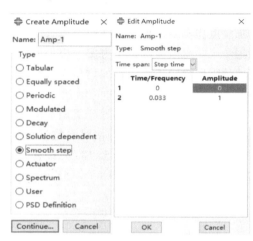

图 5-73　定义 Smooth step 曲线

2）施加冲压位移约束。

在 punch1 的参考点上施加 U2 方向位移−0.015，幅值曲线为 Amp-1。上下模位移约束如图 5-74 所示。

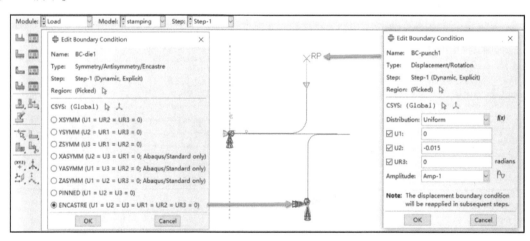

图 5-74　上下模位移约束

7. 计算求解

在 Job 模块，单击快捷工具区的 Create Job 图标，创建 Job，命名为 stamping，单击 Continue 按钮，接受默认设置，单击 OK 按钮。继续单击 Submit 按钮，提交计算任务。

8. 结果后处理

等到 Job Manager 对话框的 Status 栏显示为 Completed 时，单击 Results 按钮进入后处理界面。

（1）工件的三维显示

由于采用的是轴对称单元，故需要通过相应操作显示工件的三维图，便于进行云图分析，如图 5-75 和图 5-76 所示。

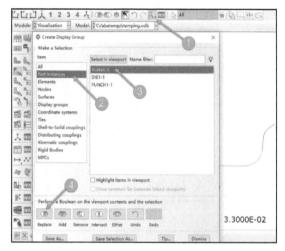

图 5-75　显示组控制单独显示工件

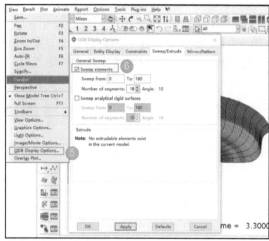

图 5-76　扫掠显示三维部件

① 在工具栏中单击 Create Display Group 图标。

② 在 Item 列表框中选择 Part instances。

③ 选择 BLANK-1。

④ 单击 Replace 按钮，视图中则只显示工件。

⑤ 选择菜单栏中的 View→ODB Display Options 命令。

⑥ 在弹出的对话框中切换至 Sweep/Extrude 选项卡，勾选 Sweep elements 复选框，设置为 Sweep from：0 To：180，Number of segments 为 18，单击 OK 按钮完成工件的三维绘制。

（2）云图绘制

绘制 STH 云图，如图 5-77 所示。云图显示，厚尺寸为度最大减薄尺寸为 0.01mm，最大增厚尺寸为 0.059mm。

绘制 FLDCRT 云图，如图 5-78 所示。FLDCRT 为零部件模拟计算所得 FLD 值与材料参数中定义的 FLD 值之比值，该值越接近 1，证明越容易发生断裂。

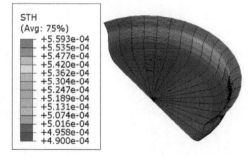

图 5-77　STH 云图绘制

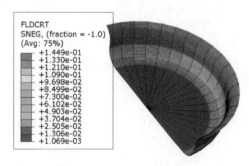

图 5-78　FLDCRT 云图绘制

5.5.4 回弹分析

冲压分析在卸载后面临工件的变形回弹问题。该问题可以在 Abaqus/Standard 和 Abaqus/Explicit 中解决。但是在 Abaqus/Explicit 中，由于惯性力的影响，突然去除工件和模具之间的载荷，将导致工件的低频振动。虽然这些振动最终会消散，但这种方法会导致计算时间过长。而 Abaqus/Standard 对输入的模型状态应用一组人工内应力，然后逐渐消除这些应力，能够有效地抑制工件低频振动问题，快速得到准确的结果。Abaqus 提供了 Abaqus/Standard 和 Abaqus/Explicit 两个处理器之间的结果互导功能，可以方便地处理该类问题。

表 5-8 汇总了不同分析模块之间的导入能力。

表 5-8　不同分析模块之间的导入能力

可以导入的内容	需要重新指定的内容	不能导入的内容
材料状态	边界条件	一些其他材料
节点位置	载荷	
单元、单元集	接触条件	
节点、节点集	输出需求	
温度	多点约束	
	节点的转换	
	幅值定义	

其中，材料状态是指线弹性、超弹性、Mullins 效应、超泡沫、Mises 塑性（包括运动硬化模型）、黏弹性和黏性元素材料模型的损坏，或在用户子程序 UMAT 和 VUMAT 中定义的材料。

运行导入分析需要下列信息。

1）包含模型当前状态的重启动（.res）文件。

2）如果从 Abaqus/Standard 导入到 Abaqus/Explicit，还需要分析的数据库（.mdl 和 .stt）、部件（.prt）和输出数据库（.odb）文件。

3）如果从 Abaqus/Explicit 导入到 Abaqus/Standard，还需要状态（.abq）、分析数据库（.stt）、组装（.pac）、部件（.prt）和输出数据库（.odb）文件。

上面提到的附加文件都会默认生成，在计划执行一个重启动分析前不要删除它们。

1. 导入部件

1）新建 Model。右击 Model 结构树根节点，新建 Model，命名为 springback。

2）导入工件部件。导入已变形的工件，进行回弹分析，如图 5-79 所示。

① 在结构树中打开模型 springback，右击 Parts 节点，单击 Import 按钮。

② 在弹出的对话框中将 File Filter 切换为 Out Put Database（"*.odb"）。

③ 选择生成的 stamping.odb 文件。

④ 在弹出的对话框中选中 BLANK-1 部件，并修改名字为 BLANK。

⑤ 勾选 Import deformed configuration 复选框，选择 Step-1 分析步的最后一个增量步，单击 OK 按钮完成部件的导入。

2. 定义装配

在 Assembly 模块单击 Create Instance 图标，选择部件 blank，其他选项接受默认值，单击 OK 按钮，完成装配定义。

3. 定义分析步

1）定义静力学通用分析步。在 Step 模块中定义 Static General 分析步，接受默认设置。

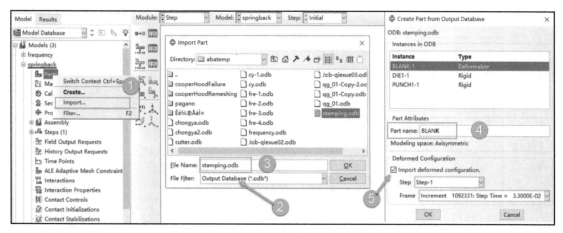

图 5-79　导入变形部件

2）定义场变量输出。定义 STH 和 DMICRT 场变量输出，参照 5.5.3 节。

4. 定义边界条件

1）导入初始状态。将 blank 的初始状态导入，如图 5-80 所示。

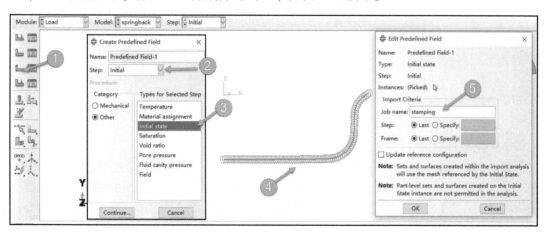

图 5-80　工件初始状态导入

① 单击 Create Predefined Field 图标。

② 在弹出的对话框中，将 Step 切换为 Initial。

③ 在类型中选择 Other→Initial state。

④ 单击 Continue 按钮后，选择整个工件并确认。

⑤ 在弹出的对话框中输入 Job 名称 stamping，其他选项接受默认值，单击 OK 按钮。

2）定义约束。在回弹分析中，约束不能简单地将约束以 U1 = 0 的方式定义，这样会产生一个强制位移，而是需要将固定的点定义在当前位置。如图 5-81 所示，在定义约束时，Method（方法）为 Fixed at Current Position。需要说明的是，只有导入了初始状态，才会出现该选项。

5. 计算求解

在 Job 模块，单击快捷工具区的 Create Job 图标，创建 Job，命名为 Springback，单击 Continue 按钮，接受默认设置，单击 OK 按钮。继续单击 Submit 按钮，提交计算任务。在提交过程中会出现报警提示，如图 5-82 所示。单击 Yes 按钮，继续提交计算。

图 5-81　定义约束

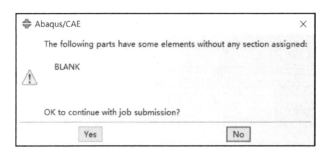

图 5-82　提交计算过程中的报警提示

6. 结果后处理

等到 Job Manager 对话框中的 Status 显示为 Completed 时，单击 Results 按钮进入后处理界面。参照 5.5.3 节的操作，完成结果后处理。除厚度等结果外，图 5-83 和图 5-84 所示云图也是常见的分析结果，分别展示了等效应力分布和等效塑性应变分布，为工程中的实际问题提供重要技术参数。

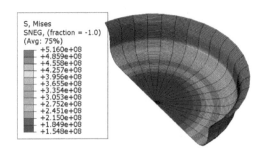

图 5-83　Mises 应力云图

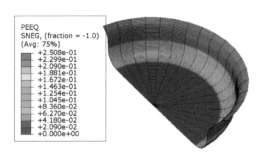

图 5-84　PEEQ 应力云图

第6章

热 学 分 析

知识要点：

- 传热分析简介。
- 热应力分析简介。
- Fortran 子程序简介与格式。
- 焊接分析过程与热源校核。
- 生死单元技术。

本章导读：

　　热学分析在工程中有着广阔的应用场景，如热处理、电池散热等。本章主要对热力传输过程、热应力产生的原理等进行了讲解，并通过焊接分析讲解了 Dflux 子程序在焊接分析中的应用，以及顺序耦合、完全耦合在解决热力耦合问题中的主要步骤。

　　在实例方面，本章重点讲解了平板对接焊、45°角焊缝焊接、平板激光焊、多层多道焊等几种常见焊接的仿真方法和技巧，并提供了相应的子程序供读者研究和学习。

6.1　热学分析介绍

　　热能，是宇宙环境中生命生产的最重要能源，自发现钻木取火等取火方式后，人类对火的使用越来越娴熟，对热能的利用也越来越充分。热能不仅能够加热水和食物，还能改变物体的物理和化学性能，进而获得各种各样的产品。同时热能也是其他形式能量的基础，比如火电和核电都是利用热能产生蒸汽，通过蒸汽产生动能推动发电机转动进而产生了电能。

　　在 Abaqus 中，与热学分析相关的分析如下。
- 顺序耦合的热-应力分析。
- 完全耦合的热-应力分析。
- 完全耦合的热-电-结构分析。
- 绝热分析。
- 耦合的热-电分析。
- 腔辐射。

6.1.1　传热学概述

　　传热学是一门研究热量传递规律的科学。它分析各种具体的传热过程是如何进行的，探求工程及自然现象中热量传递过程的物理本质，发现各种热现象的传输机理，建立能量运输过程的数学模型，分析计算传热系统的温度和热流水平，揭示热量传递的具体规律。在一些较为复杂的场合，可以通过计算机模拟或者采用实验的方法研究热量传递的规律。

自然界存在三种基本的热量传递方式，即热传导、热对流和热辐射。图 6-1 通过一个常见的暖气散热场景描述了三种基本传热方式的区别。

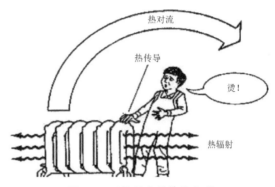

图 6-1　三种基本的传热方式

1. 热传导

当物体内部存在温度差时，热量就会从物体的高温部分传到低温部分。此外，不同温度的物体相互接触的时候，热量也会从高温物体传到低温物体。这种热量传递的方式称为热传导。

热传导过程遵守热传导定律（傅里叶导热定律），其内容是：物体等温面上的热流密度 q，与垂直该处等温面的负温度梯度成正比，比例系数即为热导率 λ。具体表达式为

$$q = -\lambda \frac{\partial T}{\partial n}$$

式中，T 为温度；n 为等温面在此点的法向量，偏导项为温度梯度；λ 为热导率（Conductivity），也称导热系数或者传热系数，单位为 $\{W/m \cdot K\}$，热导率是材料本身的参数，同时也与温度有关；q 为热流密度，即单位面积热流，单位为 W/m^2；负号表示热流密度与温度梯度方向相反，即热量是从高温区域传到低温区域的。

在 Abaqus 中，热导率的定义位于材料参数中 Thermal（热学）选项卡下的第一个，如图 6-2 所示。

如果热导率和温度相关，可以勾选 Use temperature-dependent data 复选框，以表格的方式定义材料在不同温度下的热导率，如图 6-3 所示。但要注意保证数据的单调性。根据经验，如果在不同温度下材料的热导率没有太大的变化，建议不要使用该功能，以提高计算效率。

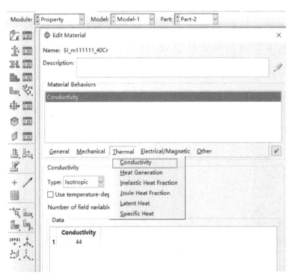

图 6-2　定义材料热导率

图 6-3　定义和温度相关的热导率

2. 热对流

温度不同的各部分流体之间，由于发生相对运动而把热量由一处带到另一处的热现象称为热对流，这是一种借助流体宏观位移而实现的热量传递过程。实际上流体在进行热对流的同时热传导也在同时发生。工程上还经常遇到流体与温度不同的固体壁面接触时热量交换的情况，这种热量传递的过程称为对流换热。单一的热对流是不存在的，因此工程传热学主要讨论的是对流换热过程。

在气体和液体中，热的传播主要借助物质微粒的运动。如果这种运动仅是由于温度不同引起的密度不同而造成时，将产生自然对流换热。如果依靠外力维持这种运动，则产生强制对流换热。描述对流换热过程的基本定律是牛顿提出的"牛顿冷却公式"。

对流换热定律的内容是：对于某一与流动的气体或者液体接触的固体表面微元，其热流密度 q 与固体表面温度 T 和气体或者液体温度 T_0 之差成比例，比例系数为对流换热系数 h（Film coefficient），具体表达式为

$$q = h(T - T_0)$$

对流换热系数表征着固体和流体表面之间的换热能力，其单位为 $\{W/m^2 \cdot K\}$。该定律是牛顿在 1701 年提出的，只能看作对流换热系数的定义式。对流换热过程是一个复杂的热量交换过程，在实际工程计算中，须根据影响对流换热的各种因素，诸如流体流动状态、流体物理性质、传热表面状况等采用一定的方法计算较为准确的对流换热系数，这样才能为温度场的模拟提供可靠的保障。

表 6-1 提供了一些常见传热过程的对流换热系数。除自然对流外，其他传热过程的换热系数范围较大，在具体使用时需要配合相关试验进行测定。

表 6-1　常见对流换热系数

传 热 过 程	$h/(W/m^2 \cdot K)$
自然对流	5~30
气体	20~1000
液体	20~300
强制对流	50~20000
液态金属	5000~50000
相变传热	2000~10000
液体沸腾	5000~10000

在 Abaqus 中，当定义了与温度相关的分析步（如 Heat transfer）时，在 Interaction 模块中使用 Create Interaction 工具，在弹出的对话框中选择对应的分析步（初始步无法定义），在类型中选择 Surface film condition，即可定义对流换热系数，如图 6-4 所示。

接着选择需要设置的面，在弹出的菜单中分别定义对流换热系数和环境温度，如图 6-5 所示。需要注意的是，对流换热系数和单位的选择息息相关，例如，m-kg 单位下该系数为 20，如果改为 mm-t，该系数则应为 0.02。错误的对流换热系数对分析结果影响很大。

2. 热辐射

物质由热运动产生的电磁辐射称为热辐射。凡是高于绝对零度的物体都有向外发射热射线的能力，物体的温度越高，热运动越剧烈，发射的热射线越多，辐射能力越强。温度相同，物体的表面状况和本身的性质不同，辐射能力也不同。

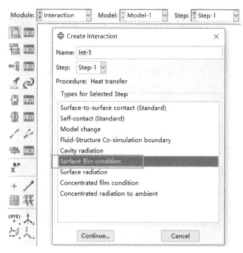
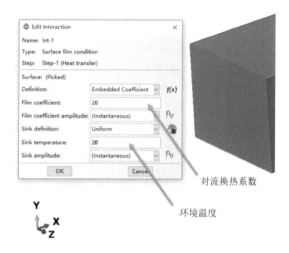

对流换热系数

环境温度

图 6-4　创建对流换热边界条件　　　　图 6-5　定义对流换热系数和环境温度

与前两种热量传递方式不同，热辐射是通过电磁波或者电子流方式传播能量的，它不需要物体的直接接触，也不需要任何中间介质。

描述热辐射的公式为热辐射定律，即斯蒂芬-玻尔兹曼定律，加热体的热辐射是一种空间电磁波的辐射过程，热辐射在一定程度上也会影响物体内部温度场的分布。

热辐射定律的内容是：物体表面热辐射的热流密度 q 与表面温度 T 的 4 次方成正比，比例系数为热辐射系数 εC，具体表达式如下。

$$q = \varepsilon C T^4$$

式中，系数 C 又称玻尔兹曼常数，其值为 $5.67e\text{-}8\ \text{W}/(\text{m}^2 \cdot \text{K}^4)$；$\varepsilon$ 为物体的（Emissivity），对于粗糙被氧化的钢材表面，其值为 0.6~0.9，辐射率与物体的温度、表面和种类有关，差异较大。

部分常见材料的辐射率见表 6-2。

表 6-2　常见材料辐射率

材料名称	辐射率
工业铝板	0.09
严重氧化的铝板	0.2
腐蚀铁板	0.6
抛光后的铁板	0.07
车削后的铸铁	0.44
301 型不锈钢	0.58
红砖	0.93
水	0.95

在自然界中，所有物体都在不断地向周围空间发射辐射能，同时也在不断地吸收周围空间其他物体的辐射能，两者之间的差额就是物体之间的辐射换热量，物体表面之间以辐射方式进行的热交换过程称为辐射换热。此时热量的表达式如下。

$$q = \varepsilon C\ (T^4 - T_0^4)$$

式中，T_0 为环境温度。

可见热辐射的热量与温度强相关，当温度小于 10^2 数量级时，受玻尔兹曼常数中 10^{-8} 数量级控制，q 始终处于一个较小的范围之内，在传热计算中可以不考虑或者近似等效考虑。当温度的数量级上升时，热辐射的 q 将呈指数级上升，热辐射的贡献将不可忽视，例如，太阳的热能主要以热辐射的方式传递到地球上。

在 Abaqus 中，定义热辐射需要分别定义玻尔兹曼常数、绝对零度和具体的辐射率。

- 玻尔兹曼常数和绝对零度的定义：如图 6-6 所示，在结构树中右击 Model 名称，在弹出的快捷菜单中选择 Edit Attributes 命令，在弹出的对话框中勾选 Absolute zero temperature（绝对零度）和 Stefan-Boltzmann constant（斯蒂芬-玻尔兹曼常数），分别输入-273.15 和 5.6e-8。需要注意该玻尔兹曼常数为 m-kg 单位下的常数，其他单位需要换算。

- 辐射率的定义：方法同对流换热系数的定义。如图 6-7 所示，当定义了与温度相关的分析步（如 Heat transfer）时，在 Interaction 模块中使用 Create Interaction 工具，在弹出的对话框中选择对应的分析步（初始步无法定义），在类型中选择 Surface radiation，接下来选择需要设置的面，在弹出的菜单中分别定义辐射率和环境温度。

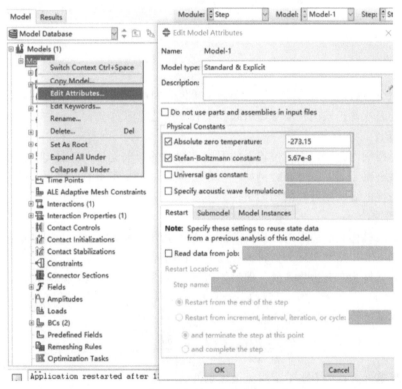

图 6-6　定义玻尔兹曼常数与绝对零度

6.1.2　温度场控制方程

温度场的计算需要根据能量守恒定律和焊件内部的热传导情况建立温度场控制方程。作为三维热传导问题，其控制方程为

$$\rho c \frac{\partial T}{\partial t} = \frac{\partial}{\partial x}\left(k_x \frac{\partial T}{\partial x}\right) + \frac{\partial}{\partial y}\left(k_y \frac{\partial T}{\partial y}\right) + \frac{\partial}{\partial z}\left(k_z \frac{\partial T}{\partial z}\right) + \rho Q$$

式中，c 为材料比热容；t 为时间；ρ 为材料密度；T 为温度场；Q 为热量；k_x，k_y，k_z 为材料沿三个主方向的导热系数。

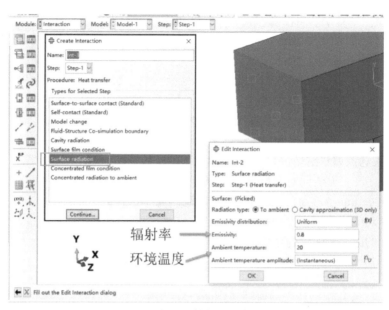

辐射率
环境温度

图 6-7　定义辐射率和环境温度

这是导热微分方程的一般形式：等号左边是单位时间内微元体热力学能的增量，通常称为非稳态项；右边前三项是扩散项，由导热引起；最后一项是源项。

（1）初始条件

初始条件是指周围介质在固定位置上的温度和焊件的焊前温度（或预热温度）。在特殊情况下，也可以是某种确定的温度分布，例如，在多层多道焊的温度场中，前一焊道产生的温度场可以作为下一次焊接前温度场计算的初始条件。

（2）边界条件

边界条件是指结构表面边界的热损失条件，用来说明导热物体边界上的热状态和与周围环境之间的相互作用。在传热学实际分析时，有以下三种边界条件。

第一种边界条件为定温边界条件，即物体边界上的温度分布（或者随时间的变化规律）。

$$T = T_0 \text{ 或 } T = T_{边界}(t)$$

第二种边界条件为在边界上给定热流密度。

$$k_x \frac{\partial T}{\partial x} n_x + k_y \frac{\partial T}{\partial y} n_y + k_z \frac{\partial T}{\partial z} n_z = q$$

第三种边界条件为在边界上给定对流换热条件。

$$k_x \frac{\partial T}{\partial x} n_x + k_y \frac{\partial T}{\partial y} n_y + k_z \frac{\partial T}{\partial z} n_z = h(T_a - T)$$

其中，前两种边界条件称为第一类边界条件（狄利克雷边界条件），第三种边界条件称为第二类边界条件（纽曼边界条件）。

如果将辐射换热考虑进来，那么第三类边界条件的右边将会多出一个辐射项，从而使得原有的线性温度边界条件变成了非线性温度边界条件。

（3）单元选择

热传导单元需要选择"D"开头的热传导单元，如实体单元定义中的实体热传导单元 DC3D8、壳单元定义中的壳热传导单元 DS4，如图 6-8 和图 6-9 所示。区别于普通静力学单元，该类单元会增加一个温度的自由度，用以存放和计算温度场。

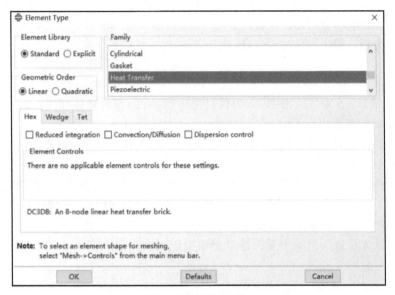

图 6-8　定义实体热传导单元 DC3D8

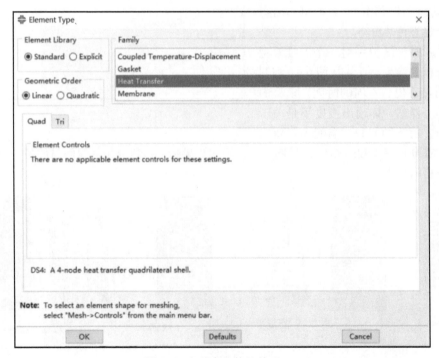

图 6-9　定义壳热传导单元 DS4

6.1.3　瞬态传热与稳态传热

就像茶壶里的水烧开需要一定的时间和过程一样，在有限元中，热量传递过程的分析称为热传导分析。在热传导分析中有两个重要分支，分别是瞬态传热分析和稳态传热分析，分析目标和分析方法有很大差异。

（1）瞬态传热分析

瞬态传热主要解决与时间相关的分析。热传递需要时间，当需要获得任意一个时刻物体的温度分布情况时，使用瞬态分析是比较好的方法。例如，在焊接分析中，使用的就是瞬态传热。类似于显式动力学分析，瞬态传热过程中自动增量的时间通常如下计算：

$$\Delta t > \frac{\rho c}{6k} \Delta l^2$$

式中，Δt 为时间增量；ρ 为材料密度；c 为材料比热容；k 为材料热传导率；Δl 为典型的单元尺寸（如一个单元一个侧面的长度）。

可以看出，如果想提升计算效率、提高单元质量和增大单元尺寸，就要避免出现较小的边。

（2）稳态传热分析

稳态传热分析意味着省略了热传导控制方程中的热内能项（比热项），则问题没有内在物理意义的时间尺度。如一盆水放在太阳底下，水温上升到一定温度后，不会再随着时间的增加继续上升，达到了一个稳定的状态。尽管如此，可以赋予一个初始的时间增量、一个总的时间区段和分析步所允许的最大及最小时间增量，这对于输出识别和指定不同大小的温度和流量通常是方便的。

如图 6-10 所示，当定义一个传热分析步时，默认的是瞬态传热分析（Transient），将其切换成稳态传热分析（Steady-state）则可以进行稳态传热分析。

图 6-11 ~ 图 6-13 分别对一个二维模型进行传热分析的结果对比。从图 6-11 和图 6-12 可以明显看出，不同的时间，模型的温度场是不一样的，体现出温度场是关于时间的变量；对于图 6-13，温度场停留在

图 6-10　定义稳态传热分析

稳态情况，其分布基本和图 6-12 的云图一致，说明如果瞬态传热分析的时间足够长，得到的就是稳态传热分析的结果。

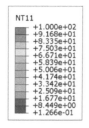
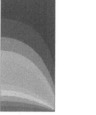
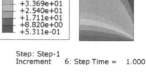

图 6-11　瞬态传热 $t = 5008$s　　　图 6-12　瞬态传热 $t = 15000$s　　　图 6-13　稳态传热

6.2　热应力分析介绍

6.2.1　热应力分析概述

通过传热分析可以得到物体的温度场分布，对于部分问题，温度场分布不是分析目标，由温

度场变化导致的应力场变化更受关注。大多数物体具备热胀冷缩的性质，热膨胀系数 α 用来表示材料膨胀或收缩的程度，因此在温度场下单元的热应变可以描述为

$$\varepsilon_{\text{th}} = \alpha(\theta - \theta_1)$$

式中，θ_1 为初始温度。

由热应变导致的热应力可以描述为

$$\sigma_{\text{th}} = D(\theta)\varepsilon_{\text{th}}$$

式中，$D(\theta)$ 为依赖温度变量的刚度矩阵，在材料参数上一般描述为热应力应变曲线。

6.2.2 热力完全耦合分析

热力完全耦合分析也称直接耦合分析，即在基本方程中考虑耦合项，应力场会对温度场产生影响。它使用的是具有温度和位移自由度的耦合单元，同时运行分析并得到温度场和应力场的分析结果。热与结构的耦合是双向的，热力完全耦合是最符合实际工况的耦合方式，Abaqus 默认采用牛顿法建立耦合方程，其方程可以描述为

$$\begin{pmatrix} K_{uu} & K_{u\theta} \\ K_{\theta u} & K_{\theta\theta} \end{pmatrix} \begin{pmatrix} \Delta u \\ \Delta\theta \end{pmatrix} = \begin{pmatrix} R_u \\ R_\theta \end{pmatrix}$$

式中，Δu 为增量位移修正；$\Delta\theta$ 为温度修正；K_{ij} 为完全耦合的雅可比矩阵的子矩阵；R_u 为力学残差；R_θ 为热学残差。

求解此系统的方程组要求使用非对称矩阵存储和求解方案。进一步，力学和热方程必须同时求解，计算成本高，适用于结构变形对热分析影响较大的情况，如果耦合项的计算成本比较低，或者整体模型比较简单（如网格密度较低等），计算成本和顺序耦合分析没有太大差别。

在 Abaqus 中使用完全耦合的方法如图 6-14 所示，创建分析步时选择 Coupled temp-displacement 类型。在定义分析步属性时，需要指定 Max. Allowable temperature per increment 的值，默认为空，如图 6-15 所示。此项规定了温度变化的最大值，值越小计算结果越精确，但是会增大增量步数，一般建议设置得略大点，以提升计算效率。其余选项根据经验进行调整，不再赘述。

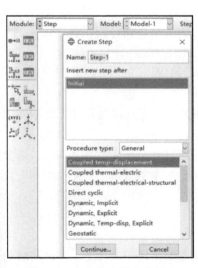

图 6-14 定义完全耦合分析步

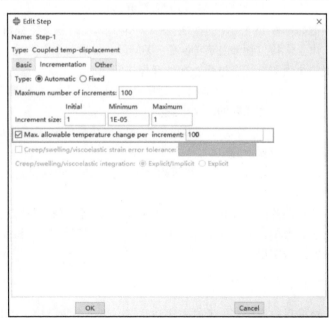

图 6-15 定义完全耦合分析步参数

135

在单元选择中，需要选择温度-位移耦合单元，如实体单元选择 C3D8T。

6.2.3 热力顺序耦合分析

热力顺序耦合分析忽略了基本方程中的耦合项，认为应力场对温度场的作用可以忽略不计，而应力场是由温度场计算出来的。这是有限元软件中最常用的方法，它首先进行的是温度场分析，然后将求得的节点温度作为体载荷施加在结构中。顺序耦合分析数学形式简单，计算成本低，但是在结构变形比较大或者涉及黏塑性问题较多的时候，计算精度会受到影响。顺序耦合的软件操作过程略为复杂，后续将通过实例展示。

6.3 焊接分析介绍

焊接，也称作熔接，是一种以加热、高温或者高压的方式接合金属或其他热塑性材料（如塑料）的制造工艺及技术。材料在焊接的作用下经历了复杂的物理与化学过程，这种过程的结果直接影响了焊接接头的冶金及力学性能，并引发焊接结构的应力和变形。在传统工艺中，常采取反复工艺试验的方法来确定反变形的工装来抵抗焊接变形的影响，费时费力，并且很难达到理想的结果。因此采用有限元方法对焊接过程进行仿真正逐渐被各大生产制造型企业所重视。

焊接的种类针对不同的材质，不同的结构有着较大的差异，例如，采用 MIG（惰性气体保护焊）、MAG（熔化极活性气体保护电弧焊）、TIG（钨极惰性气体保护焊）技术，以建立电弧熔化母材及焊材的电弧熔化焊，以激光作为能源熔化母材的激光焊，以电流生热熔化母材的电阻焊，以搅拌摩擦为能量、使得母材达到熔融状态的搅拌摩擦焊等。其中，电弧焊、激光焊等由于热输入量大，产生变形较为明显，受到了更多的关注，

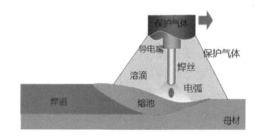

图 6-16 MIG/MAG 焊接示意图

其模型如图 6-16 所示。本章主要针对该类焊接问题进行分析。

由于焊接过程涉及热-机-流三场问题，非常复杂，通常在工程问题中会忽略熔池流场的作用，将其简化为热机耦合过程。在处理焊接问题时，主要考虑以下内容。

1）热源的定义：不同于普通的传热分析，焊接的热源分布大致呈高斯分布，在 Abaqus 中，默认不提供该类热源的定义方式。

2）热源路径的定义：不同于普通的传热分析，焊接的热源不是固定在一个位置，而是随着时间做着比较复杂的运动。

3）计算效率的问题：热机耦合是个复杂的求解过程，如何控制分析过程提升计算效率对工程问题相当重要。

针对热源的定义和热源路径的定义，目前比较通用的方法是通过 Fortran 子程序来实现，部分分析还需要配合 Python 完成主程序的定义。对于计算效率的提升，一般通过改进网格模型和简化算法方式来实现。

6.3.1 热源模型

根据目前焊接工作者的实践和共识，焊接热源模型可以认为是对作用于焊件上、在时间域和空间域的热输入分布特点的一种数学表达。热输入一般可以用温度、热流、生热率或者热流密度

来表示。在焊接数值模拟问题中，焊接热源模型是以一个载荷的形式结合到数值分析模型中去的。

目前为止，用户焊接数值分析中的焊接模型大部分都不随时间变化而变化，也就是在焊接过程中认为热源模型是不发生变化的，即静态热源模型。少部分热源模型是在焊接过程中随时间的变化而变化的，即为动态热源模型。对于后者，在实际焊接数值模拟中不仅需要了解热输入在空间上的变化，还需要了解热输入在时间上的变化，大大增加了计算难度和时间成本，但是更符合焊接的实际过程。本章采用静态热源模型，对于动态热源模型不做详细地介绍。

焊接热源是实现焊接过程数值模拟的基本条件。它具有局部集中、瞬时和快速移动的特点，易形成在时间和空间域内梯度都很大的不均匀温度场，导致焊接过程中和焊后出现较大的焊接应力应变。因此，焊接过程数值模拟中热源模型的研究非常重要，对焊接温度场、流场、应力应变的模拟计算精度，影响较大，特别是在靠近热源的地方。

焊接热源模型主要涉及两个问题：一个是热源的热能有多少作用在工件上，另一个是已经作用在工件上的热量在工件上是如何分布的。热源模型的参数涵盖了以上两个问题，在焊接模拟中，热源的选择和相关模型参数的选取直接影响到模拟分析结果的可靠性。必须选取正确的热源形式，确定合理的热源参数，才能准确地计算焊接温度场和应力场，必要的时候还需要进行热源校核，以便为实际工艺确定正确的模拟方案。

热源校核是基于熔池边界准则的一种在焊接数值模拟中需要进行的技术步骤。熔池边界准则的内容是：在相应的热输入条件下，只要热源模型所模拟的熔池区域边界与实际焊缝熔合线相符，就可以认为该种焊接热源模型是合理的，即可以满足焊接温度场和力学分析的要求。

按照热源作用方式的不同，可以将热源模型分为点热源、面热源和体热源。其中，后两者又可以根据热量分布的数学形式不同而细分为若干种类。下面将对焊接模拟中常用的热源模型进行简单介绍。

1. 常用焊接热源模型

（1）高斯面热源

高斯面热源模型是由 Eager 和 Tsai 提出的，是目前焊接温度场数值仿真计算中应用最为广泛的热源模型。高斯面热源模型的热流密度分布如图 6-17 所示，热流输入分布在一个圆形面内，其中各点热流输入密度符合高斯函数分布，即中心部位热流密度最大，沿径向按高斯函数递减分布。

高斯面热源模型的分布函数具体形式如下。

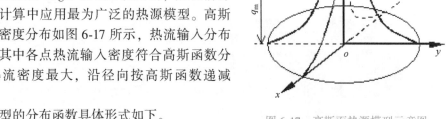

图 6-17　高斯面热源模型示意图

$$q(r) = q_{\mathrm{m}} \exp\left(-\frac{3\,r^2}{R^2}\right)$$

式中，q_{m} 为加热斑点中心最大热流密度；R 为电弧有效加热半径；r 为与电弧加热斑点中心的距离。

高斯面热源模型能够有效地描述电弧焊等电弧挺度较小、对熔池冲击力较小情况下的焊接热过程。在实际焊接仿真中直接使用高斯面热源的情况较少，在高斯分布的基础上，又出现了高斯体热源、双椭球热源等。

（2）高斯体热源

高斯体热源是根据一般激光束能量峰值分布规律，将高斯曲线绕其对称轴旋转形成的体热源。它能够较为准确地反映激光焊接"钉头"焊缝形貌，提高温度场的计算精度。

高斯体热源能量全部分布于旋转高斯曲面内部，如图 6-18 所示。

设高斯体热源激光入射面热源半径为r_0，热源深度为 H，则热流分布函数为

$$q(r,z) = \frac{9Q}{\pi\, r_0^2 H} \cdot \frac{e^3 - 1}{e^3} \exp\left(-\frac{9\, r^2}{r_0^2 \ln\left(\frac{H}{r}\right)}\right)$$

此热源在深度方向的截面均为同心圆，热流分布服从高斯分布，圆心处热流密度最大。同时，在圆心处，沿深度方向热流保持不变，这与实际情况有所偏差，熔宽计算值比实际要大，如图 6-19 所示。

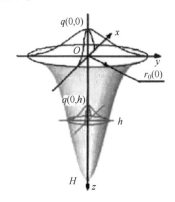

图 6-18　高斯体热源分布区域示意图

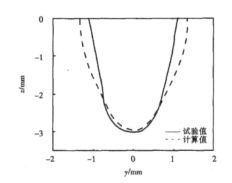

图 6-19　高斯体热源仿真结果与试验值对比

（3）双椭球热源

双椭球热源模型是由 John Goldak 提出的，以电弧中心所在位置为界限分为两部分，分别用 1/4 椭球来描述。双椭球热源能够很好地体现熔池头短尾长的特征，也能反映热源在熔深方向上的能量分布，如图 6-20 和图 6-21 所示。

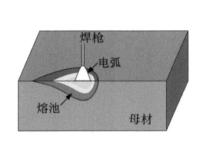

图 6-20　双椭球熔池形貌

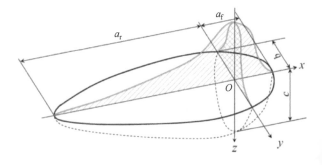

图 6-21　双椭球热源数学模型

双椭球热源分为两部分，设双椭球的半轴为a_f、a_r、b、c，前、后半椭球热输入分配比为f_f、f_r，则前、后半椭球热流分布函数为

$$q_f(x,y,z) = \frac{6\sqrt{3}\,(f_f Q)}{a_f bc\pi\sqrt{\pi}} \exp\left(-\frac{3\,x^2}{a_f^2} - \frac{3\,y^2}{b^2} - \frac{3\,z^2}{c^2}\right),\ x \geqslant 0$$

$$q_r(x,y,z) = \frac{6\sqrt{3}\,(f_r Q)}{a_r bc\pi\sqrt{\pi}} \exp\left(-\frac{3\,x^2}{a_r^2} - \frac{3\,y^2}{b^2} - \frac{3\,z^2}{c^2}\right),\ x < 0$$

并且

$$f_f + f_r = 2, \quad f_f = \frac{2 a_f}{a_f + a_r}, \quad f_r = \frac{2 a_r}{a_f + a_r}$$

式中，Q 为热输入，是焊接电压与焊接电流以及焊接热效率的乘积（或者是焊接功率与热效率的乘积）。

双椭球热源考虑了焊接过程中热流在焊接方向前后分布的不对称性及热流在工件厚度方向的分布，其热流密度峰值和热源作用区域沿厚度力向都呈衰减特性，熔池呈碗状。

（4）半椭球热源

半椭球热源是双椭球热源的简化版，不需要区分前后半球，其形状如图 6-22 所示。

设椭球半轴为 a，b，c，热源中心点的局部坐标为（0，0，0），以此为原点建立坐标系，半椭球内热流分布为

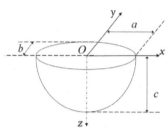

$$q(x, y, z) = \frac{6\sqrt{3}\, Q}{abc\pi\sqrt{\pi}} \exp\left(-\frac{3 x^2}{a^2} - \frac{3 y^2}{b^2} - \frac{3 z^2}{c^2} \right)$$

图 6-22　半椭球热源

式中，Q 为热输入。

虽然相对双椭球热源，半椭球热源在熔池形状描述上略有不足，但是由于其模型简单，在处理角焊缝、复杂焊缝时具有较大优势。

2. 热源模型的选取

针对不同的焊接工艺，以及不同的焊接条件等，要选择不同的焊接热源模型。热源模型的好坏直接影响到最终的结果，适当的热源模型需要较好地反映实际焊接过程的热源分布规律，同时能够在保证计算精度的前提下减少计算量。在选取的时候应当充分考虑焊接方式、焊接工艺、焊件厚度等因素。以下提出几点建议，仅供读者参考。

1）对于电弧冲击不大、熔池不深的焊接方式，如 TIG 焊，采用平面热源得出的热循环曲线和熔池参数与实测值相近。对于 GMAW 等熔池较深的焊接方式，焊接厚度不大时，选用平面热源得到的计算结果与实际吻合较好。

2）体热源模型适用于对焊接温度场计算精度要求较高的情况，比如高能量焊接方式（激光焊、电子束焊等）。对于非高能焊，体热源相对更适用于厚板的焊接，同时也具有计算精度较高的优势，但是计算量大，参数难以确定。

3）对于需要较高计算精度或者较为复杂的高能束焊的模拟，需要选取组合热源模型，以更好地反映实际焊接热源的分布规律。

4）当焊接速度较高时，需要选取双椭球热源或者非对称组合热源。当焊接速度较低时，可以视情况选取高斯面热源。

6.3.2　Fortran 概述

Fortran，是英文"Formula Translator"的缩写，即"公式翻译器"，它是世界上最早出现的计算机高级程序设计语言。Fortran 语言以其特有的功能在数值、科学和工程计算领域发挥着重要作用。Fortran 语言的最大特性是接近数学公式的自然描述，在计算机里具有很高的执行效率。同时它简单易学，语法严谨。它可以直接对矩阵和复数进行运算，这一点类似于 Matlab。自诞生以来，Fortran 积累了大量高效而可靠的源程序，很多专用的大型数值运算计算机针对 Fortran 做了优化，使其广泛应用于并行计算和高性能计算领域。Abaqus 最早的计算程序就是以 Fortran 语言编写的。Fortran 90、Fortran 95、Fortran 2003 的相继推出使 Fortran 语言具备了现代高级编程语言的一些特性。

1. Fortran 与 Abaqus 的关系

Abaqus 目前被广大科技工作者所喜爱的原因是其强大的二次开发功能。其中，丰富的子程序接口为用户提供了更为广泛的应用场景，通过子程序可以定义特殊的材料本构、边界条件等。在焊接分析中，主要应用 Fortran 的热源子程序来实现热源的移动功能。为了便于理解，将其关系整理为图 6-23 所示。

图 6-23 中，Fortran 是运行在 Microsoft Visual Studio 平台上的一个编译器，∗. for 是子程序文件。在每个增量步中，Abaqus 首先通过对应子程序接口，将子程序需要的边界条件、时间、单元坐标等内容传递给 Fortran，然后 Fortran 根据 ∗. for 文件中的公式计算出结果，如相关节点的热流量、温度等，最后将这些结果返回给 Abaqus，由 Abaqus 进行计算求解。

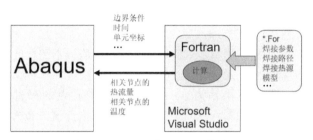

图 6-23　Fortran 与 Abaqus 的关系

2. Fortran 与 Abaqus 的集成

由于 Fortran 必须运行在 Microsoft Visual Studio 上，当使用 Fortran 子程序的时候需要按顺序安装 Microsoft Visual Studio 和 Fortran 编译器。在版本选择上，一般建议 Abaqus 的版本高于 Fortran 编译器，Fortran 编译器版本高于 Microsoft Visual Studio。根据笔者的使用经验，建议版本差在 1~6 之间。比如，Abaqus 2020/2021 可以搭配 2019 版的 Intel Parallel Studio XE 2019/2017 版的 Microsoft Visual Studio 2017。

在安装上，以上述版本的软件为例，必须先安装 Microsoft Visual Studio 2017，再安装 Intel Parallel Studio XE 2019。Abaqus 先安装后安装均可。各软件安装按照相应的安装导引进行，一般接受默认设置即可。

配置 Fortran 和 Abaqus 的集成，不同的版本方法基本一致，本节选择一种常用的方法进行说明，主要分为以下步骤。

（1）配置环境变量

在 Fortran 安装路径下找到 ifortvars. bat 和 ifort. exe 这两个文件，默认路径分别为 "C:\ Program Files（x86）\IntelSWTools\compilers_and_libraries_2019.3.203\windows\bin" 和 "C:\ Program Files（x86）\IntelSWTools\compilers_and_libraries_2019.3.203\windows\bin\intel64"，如图 6-24 和图 6-25 所示。

图 6-24　ifortvars. bat 文件位置

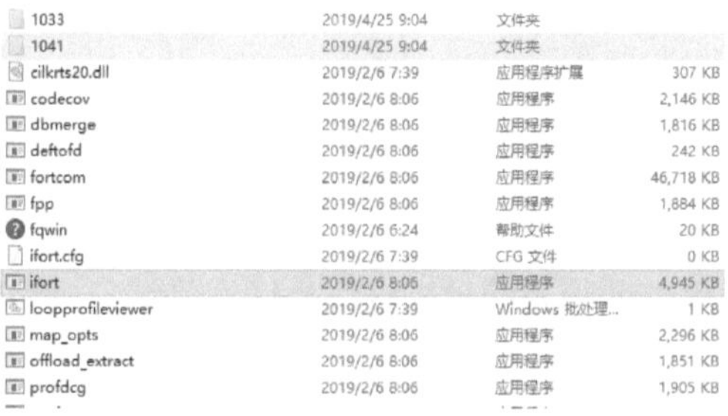

图 6-25　ifort. exe 文件位置

这两个文件是调用 Fortran 进行子程序计算的关键。为了能够让 Abaqus 快速调用，除了在 Abaqus 调用时指定路径外，更常用的方法是将其路径加到环境变量中，这样在 Abaqus 的调用过程中将省略写入文件路径的步骤，如图 6-26 所示。

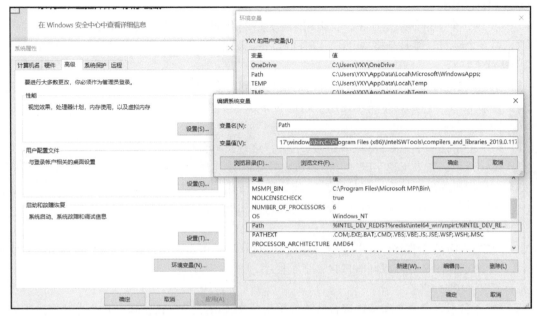

图 6-26　定义环境变量

将其路径添加到环境变量 Path 中，中间用分号 ";" 隔开，如 C：\Program Files（x86）\In-telSWTools\compilers_and_libraries_2019. 3. 203\windows\bin\intel64；C：\Program Files（x86）\In-telSWTools\compilers_and_libraries_2019. 3. 203\windows\bin。

（2）在 Abaqus 中定义集成环境

找到 Commands 路径，默认为 C：\SIMULIA\Commands，找到主程序执行批处理文件 abq 2020. bat（此为 Abaqus 2020 版本，其他版本命名方法一致），用记事本打开文件，在里面添加 @ call ifortvars. bat intel64 vs2017，如图 6-27 和图 6-28 所示，保存后退出。

图 6-27　主程序批处理文件位置

图 6-28　子程序集成定义

（3）验证子程序集成

在"开始"菜单中，打开 Dassault Systemes SIMULIA Established Products 202X 文件夹，找到 Abaqus verification，这个功能主要用来验证 Abaqus 所有模块（含子程序）是否可以正常运行。单击后按照默认提示将进入验证环境。验证结束后，在弹出的日志文件中重点检查 Abaqus/Standard with user subroutines 选项，如果结果为 PASS，说明子程序集成成功，否则集成失败。

如果集成失败，优先检查环境变量及子程序集成定义是否正确。接着检查运行 Microsoft Visual Studio 2017 和 ifortvars. bat、ifort. exe 是否会报错，如果还无法解决问题，尝试更换 Microsoft Visual Studio 和 Fortran 编译器的版本。

3. Fortran 的格式

Fortran 因其被广泛使用，不断发展，而衍生出了不同的格式。Abaqus 默认接受 Fortran 90 固定格式，不支持 Fortran 90 自由格式，因此在编辑子程序时需要注意以下内容。

（1）书写规则

1）第 1~5 个字符如果是数字，就是用来给这一行代码取个代号，不然只能是空格。

2）第 6 个字符只能是空格或"0"以外的字符，如果是"0"以外的任何字符，表示这一行代码会接续上一行。

3）第 7~72 个字符是 Fortran 程序代码的编写区域。

4）自第 73 个字符起的字符不使用，超过的部分会被忽略，有的编译器会发出错误信息。

（2）特定规则

1）第 1 个字符如果是 C、c 或者星号"∗"，这行文本会被当成注释，不会编译。

2）在一行中，如果出现字符"!"，后面的文本都是注释。

3）一行代码的最后如果是符号"&"，代表下一行代码会和这一行连接。

4）如果一行代码的开头是符号"&"，代表它会和上一行代码连接。

（3）程序开头

由于使用的均是子程序，所以开头均为 SUBROUTINE，如移动热源子程序为 SUBROUTINE DFLUX。一个子程序文件可以同时包含多个子程序。

（4）程序文件命名

子程序命名不得有中文和特殊符合，建议采用英文加数字的方式，其中开头为英文。扩展名为 .for。

在编辑子程序时，建议采用专用工具，如采用免费的 Notepad++可以很方便地完成子程序的编辑。一个典型的子程序格式如图 6-29 所示。

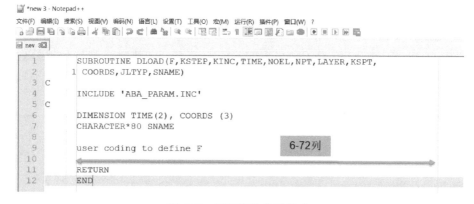

图 6-29　子程序的典型格式

为了直观显示子程序的边界，方式文本溢出，在菜单栏中选择"设置"→"首选项"命令，在弹出的对话框中选择"编辑"，在"列边界设置"中输入"6 72"，如图 6-30 所示，则会在程序编辑界面出现图 6-29 所示的两条边界线。

4. Fortran 的主要语法

Fortran 发展到现在，语法也在不断地更新，最新版本的 Abaqus 也能够识别一些新的语法格式。例如，">"等符号也可以被 Fortran 识别。本节内容基于最基本的语法格式要求和一些最常用的规则编写，一些新的和复杂的语法格式没有包含在内，读者如果想要获得更全面的语法知识，需要参阅和学习相关 Fortran 书籍，如果仅仅是用来阅读和编写简单的子程序文件，可以参照本节内容。

图 6-30　定义列边界

（1）变量类型声明

变量在程序中用于临时储存数据，根据数据类型的不同需要对变量进行相应声明。常见的数据类型有整型（Integer）、实型（Real）、双精度（Double Precision）、复型（Complex）、逻辑型（Logical）和字符型（Character）。

其中，Integer 和 Real 两类最为常用。如定义分析步数，只能为 1、2、3 等整数，所以数据类型必然为 Integer。如果不对变量的数据类型进行声明，则可能报错。Fortran 提供了多种声明方式，为了便于文件读取，建议读者在程序开头对所有变量进行声明，声明格式为"Integer x1，y1，z1"，意为声明 x1、y1、z1 为整型变量。同时为了避免和其他规则冲突，建议变量名只以"英文字母+数字"的方式定义。变量名不区分大小写。

（2）变量的赋值

在程序中，每个变量只能存储一个值，对变量的初始值进行赋值非常重要，其语法为 X1＝4，意为变量 X1 的值为 4。

（3）算术表达式

算术是 Fortran 最核心的功能。算术运算符分为两类：一类是基本运算符，包含加（+）、减（-）、乘（*）、除（/）和乘方（**）；另一类是函数，如 sin（）表示正弦函数。Fortran 内置函数详细见附表 1~附表 8，供读者选用。

- 算术运算的规则为：括号→函数→乘方→乘、除→加、减。
- 同级运算"先左后右"，连续乘方时"先右后左"。

例：$3+5-6.0×8.5÷4^2+\sin x$ 用 Fortran 语句编写则为：3+5-6.0*8.5/4**2+sin（x）。

在写算术表达式时需要注意以下规则。

- 表达式中的各运算元素之间必须用运算符分隔，如 2（x+y）应写成 2*（x+y）。
- 任何运算的表达式只能写在一行，如分式中分子和分母须写在一行。
- 两个运算符不能紧邻，如 a/-b 须写成 a/（-b）。
- 表达式一律用小括号，如 a［x+b（y+c）］须写成 a*（x+b*（y+c））。

（4）关系表达式

关系表达式主要用来对条件或数据进行比较。常用的关系表达式如下。

- .gt.（大于）。

- .ge.（大于等于）。
- .eq.（等于）。
- .lt.（小于）。
- .le.（小于等于）。
- .ne.（不等于）。

同时也可以采用数学符号表达，如 A 大于 B 可以写为 A>B 或 A.gt.B。笔者建议使用后者，以便在不同版本的程序中可以通用。

默认算术表达式的优先级要高于关系表达式，但是更建议使用括号，如：a+b.ne.a-b 等同于（a+b）.ne.（a-b）。

如果需要表达 $5 \leqslant x \leqslant 10$，不建议直接使用该形式，而是使用（x.ge.5）.and.（x.le.10），其中，and. 为逻辑表达。

（5）逻辑表达式

逻辑表达式主要用于对条件的逻辑判断，常用的逻辑运算符如下。

- .and.（逻辑与）。
- .or.（逻辑或）。
- .not.（逻辑非）。
- .eqv.（逻辑等/同或）。
- .neqv.（逻辑不等/异或）。

逻辑运算的结果只有两个：true（真）和 False（假），若 a、b 为两个逻辑量，则：

- a.and.b 表示当 a、b 同时为真时，为真。
- a.or.b 表示当 a、b 中任意一个为真或同时为真时，为真。
- .not.a 表示 a 为真，其值为假；a 为假，其值为真。
- a.eqv.b 表示当 a、b 为同一逻辑常量时，为真。
- a.neqv.b 表示当 a、b 不为同一逻辑常量时，为真。

在运算规则上，顺序为括号→算术运算→关系运算→逻辑运算，不过建议尽量不要记忆该规则，用括号对算式进行分隔更加有效和易懂。

（6）if 条件判断语句

if 条件判断语句是最常用的 Fortran 语句，有以下三种格式。

格式 1：单条件、单结果判断。

```
if (条件)then
    块          (then 块)
  endif
```

格式 2：单条件、双结果判断。

```
if (条件)then
    块 1         (then 块)
    else
    块 2         (else 块)
  endif
```

格式 3：多条件、多结果判断。

```
if (条件 1) then
    块 1
else if (条件 2) then
```

```
    块2              (else if 块)
     ⋮
else if (条件 n) then
    块 n
[else
    块(n+1) ]
    endif
```

if 语句简单易懂，在格式 1 中，当满足条件时，执行块内语句，不满足时退出；在格式 2 中，当满足条件时，执行块 1 内语句，不满足时执行块 2 内语句；在格式 1 中，当满足条件 1 时，执行块 1 内语句，不满条件 1 但满足条件 2 时，执行块 2 内语句，不满条件 1 和条件 2 但满足条件 3 时，执行块 3 内语句，以此类推，当不满足所有条件时退出。

在使用 if 语句的时候，需要注意的是一个 if 必然有一个 endif 用来结尾。在进行多层 if 嵌套时，经常会发生忘记录入 endif 关闭 if 判断的情况，产生语法错误。

（7）do while 循环语句

do while 循环语句也是 Fortran 常用语句，例如，在描述 SLM 激光金属铺粉焊接时，激光需要反复扫描，如果逐一定义路径将会非常复杂，采用循环的方式则会很便捷。

do while 循环语句的格式为

```
do while(条件)
    块    (当条件为真时,一直执行循环体)
end do
```

例：

```
Integer n
    n=1
do while (n.le.10)
    n=n + 1
end do
```

（8）数组结构

数组是 Fortran 中重要的数据存储结构形式。常用的是关于坐标系的一维数组 COORDS（3）。以二维数组为例，说明数组的主要结构。

a（3，4）可以看作一张 3 行 4 列的二维表数据，见表 6-3。

表 6-3   二维数组表格

a（1，1）	a（1，2）	a（1，3）	a（1，4）
a（2，1）	a（2，2）	a（2，3）	a（2，4）
a（3，1）	a（3，2）	a（3，3）	a（3，4）

因此，一个 a（3，4）数组可以存放 12 组数字。对于坐标系数组，COORDS（3）存放 3 组数据，其中，COORDS（1）为 x 坐标，COORDS（2）为 y 坐标，COORDS（3）为 z 坐标。其他数组类推。

5. DFLUX 子程序

DFLUX 子程序是焊接分析中使用的子程序，主要作用为计算并返回热源。其主要格式为：

```
SUBROUTINE DFLUX(FLUX,SOL,KSTEP,KINC,TIME,NOEL,NPT,COORDS,
    JLTYP,TEMP,PRESS,SNAME)
```

```
C
      INCLUDE 'ABA_PARAM.INC'
C
      DIMENSION FLUX(2), TIME(2), COORDS(3)
      CHARACTER* 80 SNAME

      user coding to define FLUX(1) and FLUX(2)

      RETURN
      END
```

其中参数意义如下。

- SOL：该时刻节点求解变量的估计值（如温度）。
- KSTEP：分析步数。
- KINC：增量数。
- TIME（1）：分析步时间的当前值。
- TIME（2）：总时间的当前值。
- NOEL：单元编号。
- NPT：单元或者单元表面的积分点编号。
- COORDS：该点的坐标数组。
- JLYTP：定义通量类型，比如体通量、面通量等。其值为 1 时表示体通量，0 表示面通量。
- TEMP：在此积分点的当前温度值。
- PRESS：在此积分点的当前等效压应力值。
- SNAME：面通量定义下的表面名称。
- FLUX（1）：在该点流入模型的通量值。它的单位会随着通量类型的不同而不同，对于体通量，单位是 $J \cdot s^{-1} \cdot m^{-3}$。如果它的大小没有被定义，则 Abaqus 将其默认为 0。
- FLUX（2）：在该点通量关于温度的变化率值（在热传导分析中）。同样，通量类型不同单位也不同，对于体通量，单位是 $J \cdot s^{-1} \cdot m^{-3}/℃$。

通常对于焊接分析，需要定义 FLUX（1）的函数，如双椭球热源的 FLUX（1）函数可以定义为

```
IF(x.GE.xn) THEN
    heat1=6.0* sqrt(3.0)* q/(af* b* c* PI* sqrt(PI))* f1
    shape1=exp(-3.0* (x-xn)* * 2/af* * 2-3.0* (y-yn)* * 2/b* * 2-3.0* (z-zn)* * 2/c* * 2)
    FLUX(1)=heat1* shape1
ELSE
    heat2=6.0* sqrt(3.0)* q/(ar* b* c* PI* sqrt(PI))* (2.0-f1)
    shape2=exp(-3.0* (x-xn)* * 2/ar* * 2-3.0* (y-yn)* * 2/b* * 2-3.0* (z-zn)* * 2/c* * 2)
    FLUX(1)=heat2* shape2
ENDIF
```

其中，af、ar、b、c 为热源模型参数，如图 6-19 所示；（xn，yn，zn）为热源中心坐标，焊接路径为 x 轴正方向。

当该节点 x 坐标 x ≥xn 时，使用前半球计算公式；当该节点 x 坐标 x<xn 时，使用后半球计算公式。详细公式为

$$q_{\mathrm{f}}(x,y,z)=\frac{6\sqrt{3}\,(f_{\mathrm{f}}Q)}{a_{\mathrm{f}}bc\pi\sqrt{\pi}}\exp\left(-\frac{3\,x^2}{a_{\mathrm{f}}^2}-\frac{3\,y^2}{b^2}-\frac{3\,z^2}{z^2}\right),\ x\geq 0$$

$$q_{\mathrm{r}}(x,y,z)=\frac{6\sqrt{3}\,(f_{\mathrm{r}}Q)}{a_{\mathrm{r}}bc\pi\sqrt{\pi}}\exp\left(-\frac{3\,x^2}{a_{\mathrm{r}}^2}-\frac{3\,y^2}{b^2}-\frac{3\,z^2}{z^2}\right),\ x<0$$

$$f_{\mathrm{f}}+f_{\mathrm{r}}=2,\ f_{\mathrm{f}}=\frac{2\,a_{\mathrm{f}}}{a_{\mathrm{f}}+a_{\mathrm{r}}},f_{\mathrm{r}}=\frac{2\,a_{\mathrm{r}}}{a_{\mathrm{f}}+a_{\mathrm{r}}}$$

6.3.3 焊接分析的一般流程

焊接分析属于热力分析的一种，其基本流程与其他热力分析一致，特点在于热源的施加需要借助子程序实现，所以在焊接分析之前必须确保 Abaqus 和 Fortran 完成集成。

焊接分析通常分为两种技术路线：一种为完全耦合，完全耦合更贴近实际工况，但是计算成本较高；另外一种为顺序耦合，计算精度略差，但计算成本较低。根据模型的大小和计算需求进行选择。本节对两种方式的流程进行简述。

1. 完全耦合的焊接分析

完全耦合的焊接分析流程如图 6-31 所示。

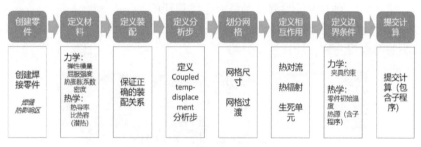

图 6-31 完全耦合的焊接分析流程

相比其他类型的分析，此流程的特点是将划分网格步骤提前，最主要的原因是焊接分析非常耗费计算资源，为了兼顾计算效率会对网格的尺寸和过渡进行调整，调整过程中会造成一些面的切分，因此放在前面可以减少工作量。

2. 顺序耦合的焊接分析

顺序耦合需要进行两次分析，首先进行温度场分析，如图 6-32 所示。

图 6-32 顺序耦合中的温度场分析

接下来进行应力分析，如图 6-33 所示。

从顺序耦合中可以看到，在单独分析温度场时，其流程与完全耦合相似。与完全耦合的区别在于，顺序耦合在得到温度场后，还需要利用同样的模型，利用之前获得的温度场结果，再进行一次应力场的求解。虽然步骤烦琐，但是由于忽略了应力和位移对温度场的影响，简化了求解难度，提高了计算速度。

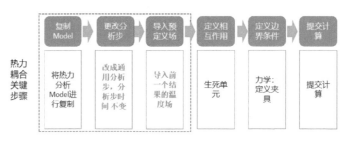

图 6-33　顺序耦合中的应力分析

6.3.4　焊接分析的一些常见难点

1. 熔池校核

焊接是较为复杂的热力耦合过程，如何判断温度场是否合理，是焊接分析的关键。在工程实践中，通常使用熔池校核的方法校核焊缝处的温度场，设置熔点温度为温度场边界，如果该边界与实际中的熔合线一致，则近似认为温度场结果是可信任的。

图 6-34 为对铝合金地铁车辆中部分接头的校核结果，可以看到，有限元的熔点温度边界基本与实际焊接接头的熔合线一致。

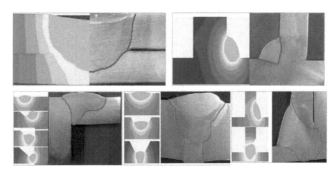

图 6-34　部分接头的熔池校核

如果熔池校核得不到满意的结果，可通过调整焊接能量、熔池边界等进行改善。在此过程中，单元尺寸也影响较大，合理的单元尺寸才能保证温度场的正确性。

2. 焊缝单元尺寸的选择

焊接分析的复杂性常常导致计算成本剧增。为了加快计算速度，最直接有效的办法就是减少单元数量，但是如果单元尺寸过大，就会导致不正确的温度场分布。根据经验，单元的边长大致为熔池特征尺寸的三分之一。

如在图 6-35 中，当采用双椭球热源时，焊缝处单元 y 方向的尺寸不大于 $b/3$，z 方向的尺寸不大于 $c/3$。在前后半区方向的单元尺寸可以略为放宽，x 方向的尺寸不大于 $a_1/2$。绝对不可以出现单元尺寸大于热源特征参数的情况，此时会导致熔池的温度始终维持在一个较低的

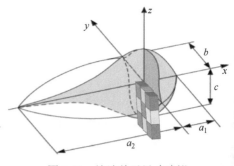

图 6-35　熔池单元尺寸建议

水平内。

3. 网格过渡

一般来说，对于有限元法，网格划分越细密，计算的精度就越高，但是相应的计算时间就会延长。因此，在保证计算精度的情况下，一般希望减少网格数量，提高计算效率。在焊接模拟仿真过程中，高温区集中在焊缝附近，远离焊缝部分的材料温度较低，温度变化较为平缓，因此一般在焊缝附近采用较密的网格划分，远离焊缝处采用较大的网格。在这种情况下，过渡网格技术就能发挥重要作用了。

过渡网格划分不仅可以保证焊缝及其热影响区的网格密度，又能降低整个复杂构件的网格数量，对于保证焊接过程数值模拟的精度和效率意义重大。一般采用的过渡网格控制比例有 1∶2 过渡和 1∶3 过渡，如图 6-36 所示。

在一些复杂结构中，仅单方向过渡往往不能满足要求，还需要在厚度方向进行网格过渡，如图 6-37 所示，通过多方向的过渡，将整体的网格规模控制在一定范围内。对于 Abaqus 而言，这个规模尽量不要超过 10 万，最好控制在 1 万以内。网格过渡实例见 6.4.2 节划分网格部分。

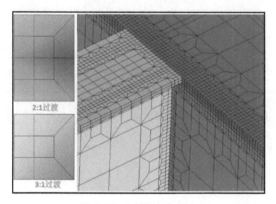

图 6-36　网格过渡方法

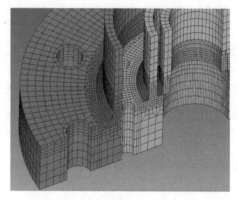

图 6-37　法兰网格过渡实例

上述的网格过渡往往需要多种网格划分技巧，需要读者认真思考，并考虑使用 Hypermesh 等专用软件完成网格划分。

6.4　实例：平板焊接分析

6.4.1　问题描述

两块试验钢板进行对接 TIG 焊，尺寸分别为 30mm×15mm×3mm（为了方便计算，尺寸进行了缩放），焊接方向如图 6-38 所示。

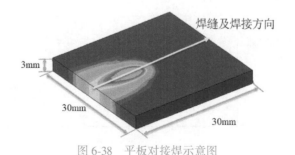

图 6-38　平板对接焊示意图

其中，焊接电流 100A，焊接电压 11V，焊接速度 30cm/min，材料主要参数见表 6-4 和表 6-5。

表 6-4　材料参数 1

温度 /℃	热导率 /W·m⁻¹·K⁻¹	比热容 /J·kg⁻¹·K⁻¹	密度 /(kg/m³)	弹性模量 /Pa	泊松比	屈服强度 /Pa	塑性应变	热膨胀系数
20	16.3	500	7800	195E09	0.3	205E06 300E06 450E06	0 0.06 0.1	1.72E-05
500	21.5	500	7800	175E09	0.3	120E06	0	1.84E-05
1000	23.5	500	7800	150E09	0.3	50E06 200E06 350E06	0 0.06 0.1	1.95E-05
2000	25	500	7800	100E09	0.3	3E06 80E06 100E06	0 0.06 0.1	2.1E-05

表 6-5　材料参数 2

潜热/(J/kg)	固相温度/℃	液相温度/℃
260000	1398	1420

焊接中平板两端均处于夹具作用下保持固定，求焊接后的温度场分布和夹具释放后的残余应力和变形。本例采用完全耦合法。

6.4.2　求解过程

1. 创建零件

焊接分析涉及大量的材料参数，因此建议采用 kg-m 单位，可以避免因为单位转化造成的分析错误。在建模的时候，最好把焊缝放在坐标轴上，将焊缝起点放在原点，这样能简化子程序的编辑和网格的划分过程。本例采用 3D 实体单元，通过拉伸的方法建模，由于最大尺寸是 0.03，所以 Approximate size 设置为 0.1，如图 6-39 所示。

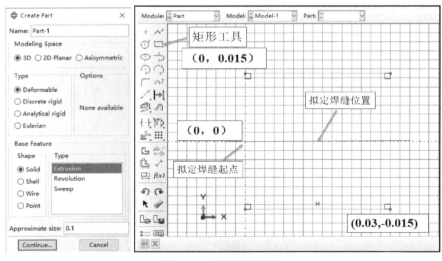

图 6-39　绘制零件草图

采用矩形工具绘制草图，依次输入坐标（0，0.015）和（0.03，-0.015），完成草图绘制，设定拉伸深度为 0.003，完成部件建模。

2. 定义材料

根据表 6-4 和表 6-5 定义材料参数。由于两个表都是基于 kg-m 单位的数据，在使用的时候直接录入就可以。在三个选项卡中分别定义通用属性、机械属性和热学属性，如图 6-40 ~ 图 6-42 所示。

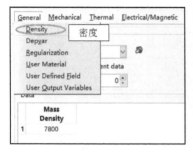

图 6-40　通用属性

图 6-41　机械属性

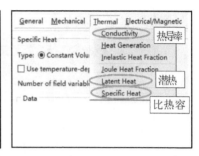

图 6-42　热学属性

其中，弹性模量、屈服强度、热膨胀系数、热导率都与温度相关，因此在定义时需勾选 Use temperature-dependent date 选项卡，定义关于时间的变量。部分参数的定义如图 6-43 所示。

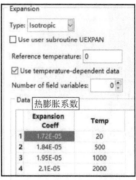
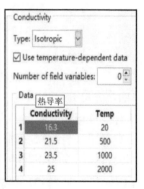

图 6-43　弹性模量、屈服强度、热膨胀系数和热导率参数定义

潜热是指部件在相变时额外吸收或放出的热量。通过设置潜热，可以有效控制熔池中心温度过高的情况。潜热的定义如图 6-44 所示。

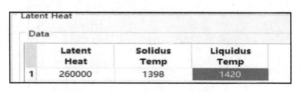

图 6-44　潜热的定义

在焊接分析时不可避免地需要对部件进行切分，切分会影响部件特征，因此先不赋予部件截面信息。

3. 定义装配

在 Assembly 模块，单击 Create Instance 图标，选择所有部件，接受默认设置，单击 OK 按钮，完成装配定义。

4. 定义分析步

焊接过程一般包括焊接、冷却和夹具释放三个步骤，因此需要定义三个分析步，并需要确定三个分析步的时间。焊接的速度为 30cm/min，即 5mm/s，焊缝长度为 30mm，不考虑起弧和收弧，计算得到焊接时间为 6s。第一个焊接分析步（weld）为热力耦合分析步，时间为 6s。对于焊缝的冷却，一般降温到室温就可以了，时间定义为 2000s，即认为 2000s 时部件基本冷却到室温，因此第二个冷却分析步（cold）为热力耦合分析步、时间为 2000s。第三个分析步是夹具释放（release），不涉及温度场变化，因此既可以使用通用分析步，也可以继续采用热力耦合分析步，时间设定为 1s。其他相关设置如图 6-45 所示。

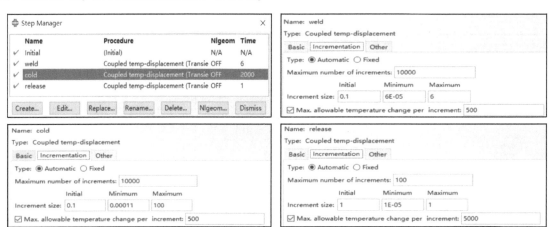

图 6-45　分析步及增量步的设置

5. 划分网格

（1）区域切分

焊接分析中网格的作用非常大，错误的网格会导致完全不合理的温度场。焊缝处的网格尺寸（即单元尺寸）选择在 6.3.4 节已经说明，需要先确定热源参数。热源参数一般根据焊接实际的熔合线进行初步确定，为了便于分析，此处取 $b = c = 0.003mm$，$a_r = 0.006mm$，$a_f = 0.003mm$（此参数仅用于显示），因此焊缝处的网格尺寸定义为 1mm 比较合适。依据此原则先将焊缝中心进行切分，如图 6-46 和图 6-47 所示。

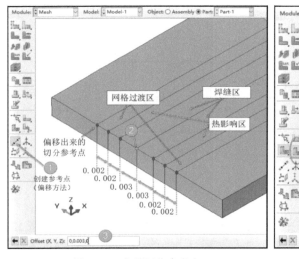

图 6-46　定义切分参考点

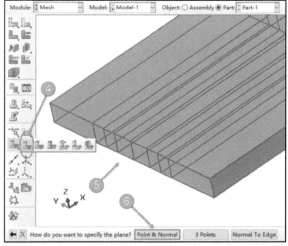

图 6-47　依据参考点进行部件切分

① 单击 Create Datum Point→Offset From Point 图标，通过偏移点的方式创建参考点。

② 在视图中选择图 6-46 所示中点（默认中点是最容易选择的点，所以在建模的时候就将焊

缝布置在中点)。

③ 输入偏移坐标。重复①~③步，创建图 6-46 所示所有参考点。

说明：在焊接分析中，至少要规划三个区域，即焊缝区、热影响区和网格过渡区。焊缝区要保证熔池范围内全覆盖；热影响区要留有一定的宽度，保证温度的热传导效果；网格过渡区要保证网格过渡效果。其中，在网格过渡区的单元长度上，可以参照前面网格尺寸的 2~3 倍来定义，例如，本例中已经定义好焊缝处的网格尺寸为 1mm，所以网格过渡区的尺寸可以定义为 2mm，其他区域的尺寸如图 6-46 所示。定义焊缝区的边界时，需要偏移 0.003m 的距离，可在操作提示区的输入（0，0.003，0），再输入（0，-0.003，0）完成焊缝区 Y 轴负方向的参考点建立，其他参考点依据此原理完成。

④ 单击 Partition Cell→Define Cutting Plane 图标。

⑤ 在视图中框选所有部件，单击 Done 按钮。

⑥ 在操作提示区单击 Point & Normal 按钮，依次选择步骤③中的点，完成部件的区域切分，如图 6-47 所示。

（2）过渡区域网格

网格过渡方案有 1:3 和 1:2 两种（见 6.3.4 节）。其中，1:3 的过渡方式能够快速减少网格规模，应用较为广泛。同时在热力耦合分析中，六面体的计算效率和计算精度都优于四面体，因此采用扫掠方法绘制过渡网格是最常用的。

扫掠方法的原理如图 6-48 所示，包括四个要素：源面网格、源面、路径和目标面，其中，源面网格是关键部分。

图 6-48　扫掠方法原理

在 Hypermesh 等软件中，提供了多种工具，绘制 1:3 过渡的源面网格较为简单，本例的过渡网格绘制如图 6-49 和 6-50 所示。

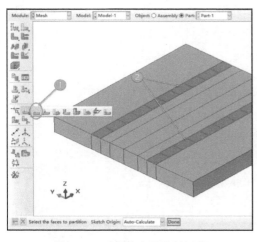

图 6-49　对部件表面进行切分

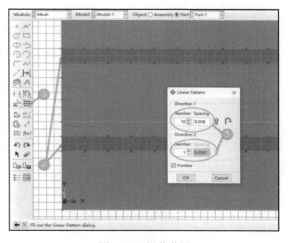

图 6-50　切分草图

① 单击 Partition Faces→Sketch 图标。

② 选择网格过渡区的上表面，单击 Done 按钮。

③ 在草图绘制界面，单击 Linear Pattern 图标，绘制矩阵。

④ 按住〈Shift〉键，依次单击图 6-50 中的两个线段。

⑤ 在弹出的对话框中按照图 6-50 录入相关数据（根据 1:3 的比例，焊缝处单元尺寸为 1mm，过渡处的单元尺寸为 3mm，因此 Direction1 中的 Spacing 为 0.003，部件长度为 0.03mm，即

部件长度方向分为 10 个单元，Number 值为 10），单击 OK 按钮，完成过渡区域的表面切分，切分后的结果如图 6-49 所示。

（3）定义扫掠

依据图 6-48 所示扫掠方法原理，需要定义网格划分策略为扫掠并定义扫掠方向，如图 6-51 所示。

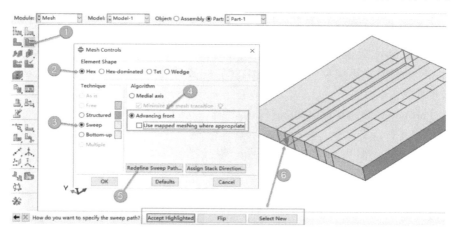

图 6-51　定义扫掠

① 单击 Assign Mesh Control 图标，然后在视图中框选所有部件，单击 Done 按钮。

② 在弹出的 Mesh Controls 对话框中选择 Element Shape 为 Hex，即六面体网格。

③ 在 Technique 中选择 Sweep，即使用扫掠方法划分网格。

④ 在算法中选择 Advancing front，不勾选 Use mapped meshing where appropriate 复选框。

⑤ 单击 Redefine Sweep Path 按钮，定义扫掠方向。

⑥ 检查视图中部件的箭头（扫掠方向）是否如图 6-51 所示，如果相同，则单击 Accept High-lighted（接受高亮显示），如果方向相反，则单击 Flip 按钮调换方向，如果完全不一致，则单击 Select New 按钮，选择侧边，完成所有扫掠方向的定义。

（4）定义种子大小

焊缝核心区域定义种子大小为 0.001，其他区域定义为 0.003，如图 6-52 所示。

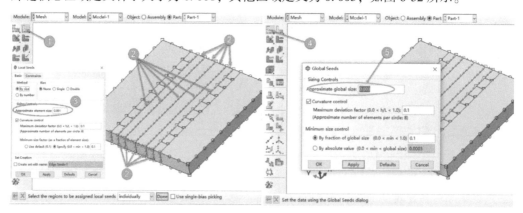

图 6-52　定义种子大小

① 单击 Seed Edges 图标。

② 按住〈Shift〉键，依据图 6-52 所示选择焊缝区域及热影响区域的边，单击 Done 按钮完成选择。

③ 在弹出的 Local Seeds 对话框中，定义 Approximate element size 为 0.001，单击 OK 按钮完成局部种子定义。

④ 单击 Seed Part 图标。

⑤ 在弹出的 Global Seeds 对话框中，定义 Approximate global size 为 0.003，单击 OK 按钮完成全局种子定义。

（5）划分网格

单击 Mesh Part 图标，接受默认选项完成部件网格划分，并定义单元类型为 C3D8T，如图 6-53 所示。

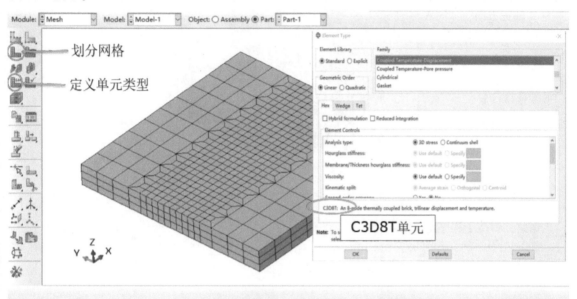

图 6-53　划分网格

6. 定义相互作用

在焊接过程中，只有熔池的温度较高，大部分区域的温度都不高，因此辐射散热不是主要散热方式，在处理上通常与边界换热合并考虑，即适当增加薄膜（film）换热系数。边界换热的设置如图 6-54 所示。

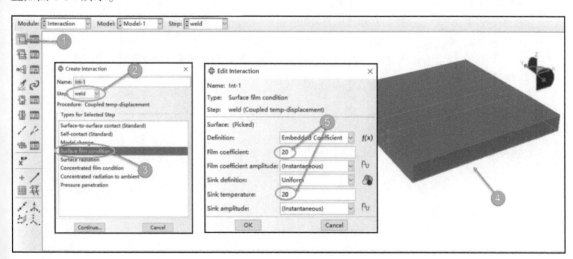

图 6-54　边界换热设置

① 单击 Create Interaction 图标。

② 在 Step 中选择第一个分析步 weld。

③ 在 Types for Selected Step 中选择 Surface film condition。

④ 在视图中框选整个部件，即选择所有外表面。

⑤ 设置薄膜换热系数 Film coefficient 为 20，环境温度 Sink temperature 为 20。

7. 定义边界条件

1）编辑子程序。焊接分析中的热源需要以焊接子程序的方式添加。在编辑子程序前，必须确定焊接路径。通过菜单栏的 Query 工具，可以获得焊接起点坐标（0，0，0.003），焊接前进方向为 X 轴正方向，如图 6-55 所示。

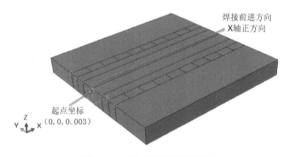

图 6-55　焊接路径示意图

据此，焊接子程序定义为：

```
SUBROUTINE DFLUX(FLUX,SOL,JSTEP,JINC,TIME,NOEL,NPT,COORDS,JLTYP,
   1                TEMP,PRESS,SNAME)
C
     INCLUDE'ABA_PARAM.INC'
     DIMENSION COORDS(3),FLUX(2),TIME(2)
     CHARACTER* 80 SNAME
c    焊接参数
     wu=11.0              ! 焊接电压 11V
     wi=100.0             ! 焊接电压 100A
     effi=0.8             ! 热效率 0.8
     v=0.005              ! 焊接速度 0.005m/s
     q=wu* wi* effi       ! 能量=电压* 电流* 热效率
     d=v* TIME(2)         ! TIME(2)为总时间的当前值,d 为在当前分析时间时前进距离
c    焊接起点位置
     x0=0.0
     y0=0.0
     z0=0.003
c    热源中心坐标
     xn=x0+d
     yn=y0
     zn=z0
c    热源参数
     af=0.003
```

```
ar=0.006
b=0.003
c=0.003
f1=0.7
PI=3.1415926
```

c 获取系统坐标

```
x=COORDS(1)
y=COORDS(2)
z=COORDS(3)
```

C JLTYP=1,表示热源为体热源,当 x.GE.xn 为真时,取热源前半区公式,x.LT.xn 为真时(ELSE),取
热源后半区公式

```
JLTYP=1
IF(x.GE.xn) THEN
  heat1=6.0* sqrt(3.0)* q/(af* b* c* PI* sqrt(PI))* f1
  shape1=exp(-3.0* (x-xn)* * 2/af* * 2-3.0* (y-yn)* * 2/b* * 2-3.0* (z-zn)* * 2/c* * 2)
  FLUX(1)=heat1* shape1
ELSE
  heat2=6.0* sqrt(3.0)* q/(ar* b* c* PI* sqrt(PI))* (2.0-f1)
  shape2=exp(-3.0* (x-xn)* * 2/ar* * 2-3.0* (y-yn)* * 2/b* * 2-3.0* (z-zn)* * 2/c* * 2)
  FLUX(1)=heat2* shape2
ENDIF
RETURN                    ! 返回给当前积分点 FLUX(1)值
END
```

将文件命名为 shuangtuoqiu.for，供后续分析调用。

2）定义热源载荷。具体操作步骤如图 6-56 所示。

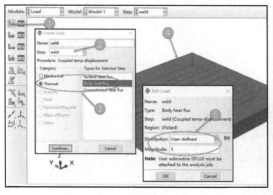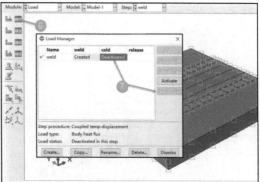

图 6-56 定义热源载荷

① 单击 Create Load 图标。

② 将载荷命名为 weld，在 Step 中选择第一个分析步 weld。

③ 类型选择 Thermal 里的 Body heat flux。

④ 在视图中框选整个部件。

⑤ 在 Distribution 中选择 User-defined，意为使用 DFLUX 子程序。在 Magnitude 中输入 1。

⑥ 单击 Load Manager 图标。

⑦ 选中 cold 列的内容，单击 Deactivate 按钮，将热源载荷抑制，意为在冷却分析步时热源载荷不再起作用。

3）定义部件初始温度。定义部件的初始温度为 20℃，如图 6-57 所示。

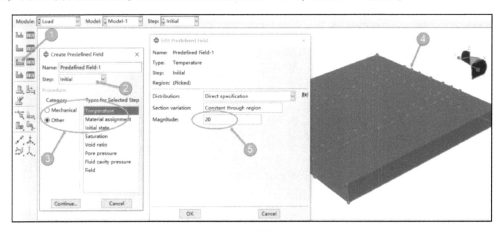

图 6-57　定义零件初始温度

① 单击 Create Predefined Field 图标。

② 在 Step 中选择初始分析步 Initial。

③ 类型选择 Other 里的 Temperature。

④ 在视图中框选整个部件。

⑤ 在 Magnitude 中输入 20。

4）定义夹具约束。在焊接和冷却分析步中，平板左右两侧受夹具夹持，因此将左右两侧定义为全约束。在 release 分析步释放此约束，如图 6-58 所示。

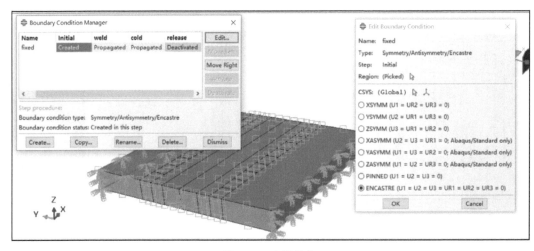

图 6-58　夹具约束

5）定义自由约束。在释放分析步中，夹具要释放，为了避免部件的刚体位移，采用三点法进行自由约束，如图 6-59 所示。

8. 补充属性定义

在材料定义中，为了避免后面由于部件切分造成区域属性丢失，并没有完成截面属性定义。

在此进行补充。在 Property 模块中单击 Creat Section 图标，截面属性选择 Solid-Homogeneous（实体-均匀），接受默认设置。然后单击 Assign Section 图标，将所有部件均赋予同一截面属性。

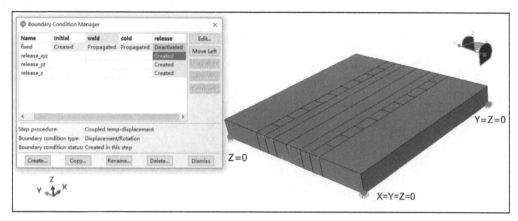

图 6-59　自由约束

9. 提交计算

在 Job 模块，单击 Create Job 图标，新建 Job，命名为 PB_weld，单击 Continue 按钮，切换至 General 选项卡，单击 User subroutine file 右侧的文件夹图标，选中编辑好的 shuangtuoqiu. for 文件，单击 OK 按钮，返回 Edit Job 对话框，其他选项接受默认设置，单击 OK 按钮。继续单击 Submit 按钮，提交计算任务，部分设置如图 6-60 所示。

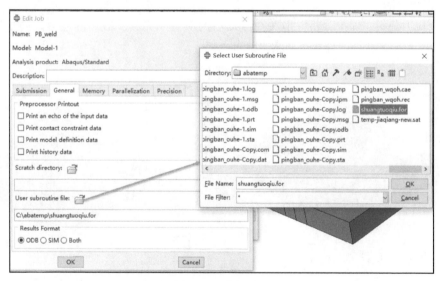

图 6-60　求解设置

10. 热源校核与结果分析

Job Manager 对话框的 Status 栏显示为 Completed 时，单击 Results 按钮进入后处理界面。

1) 热源校核。打开温度场云图 NT11，调整显示帧到完全显示热源校核的具体步骤如图 6-61 所示。

① 单击 Contour Plot Options 图标。

② 单击软件右上角的 ▶ 图标，调整到 209 增量步。

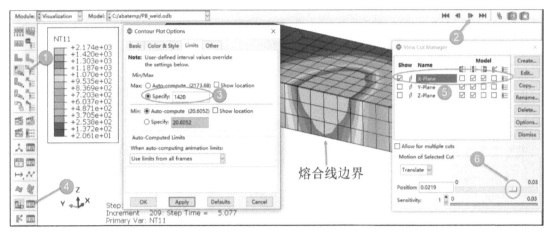

图 6-61　热源校核

③ 切换至 Limits 选项卡，将 Max 值指定为材料熔点温度值 1420。

④ 单击图标打开 View Cut Manager 对话框。

⑤ 勾选 X-Plane 行。

⑥ 拖动滑块，使得云图中熔池位于最大位置。

此时可以将云图中的熔合线边界和实际焊接样件的熔合线进行对比，如果大致相同，则认为温度场是可以接受的。

2）残余应力分析。焊接分析一般关注冷却后的应力和夹具释放后的应力。调整显示帧数，如图 6-62 和图 6-63，获得两种状态的应力分布云图。

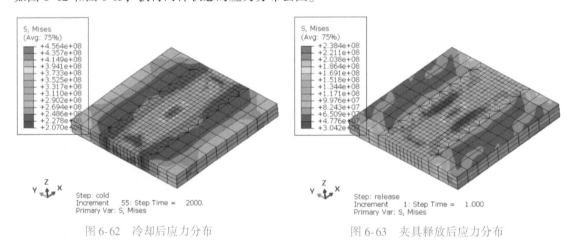

图 6-62　冷却后应力分布　　　　　　　　图 6-63　夹具释放后应力分布

3）焊接变形分析。焊接变形比较复杂，一般比较关心主要方向的变形并做放大显示。如图 6-64 所示，垂直方向的变形是主要关心对象，因此显示 U3 方向的位移。通过 Common Plot Options 对话框的 Deformation Scale Factor 调整变形显示比例。

【小结】本例演示了采用完全耦合法进行焊缝仿真的全过程，并对材料设置、网格划分、子程序应用等做了比较详细的讲解，希望读者能够理解相关的逻辑过程。对于实例中的具体参数，以示范为主，需要根据实际情况进行调整。

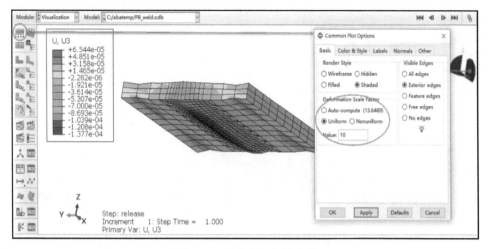

图 6-64　垂直方向焊接变形

6.5　实例：T 型接头焊接分析

6.5.1　问题描述

两块试验钢板进行对接 MAG 焊，焊接接头呈 T 型，相关零部件尺寸如图 6-65 所示。

其中，焊接电流 100A，焊接电压 11V，焊接速度 30cm/min，材料主要参数见表 6-4 和表 6-5。

在本例中，需要解决两个问题。

1）焊接方向不再是 X 轴，而是 Z 轴，原有热源公式要予以调整。

2）焊接角度为 45°，不是垂直，需要进行角度转换。

以上两个问题在子程序编辑时进行解决。本例采用顺序耦合的方法进行仿真计算。

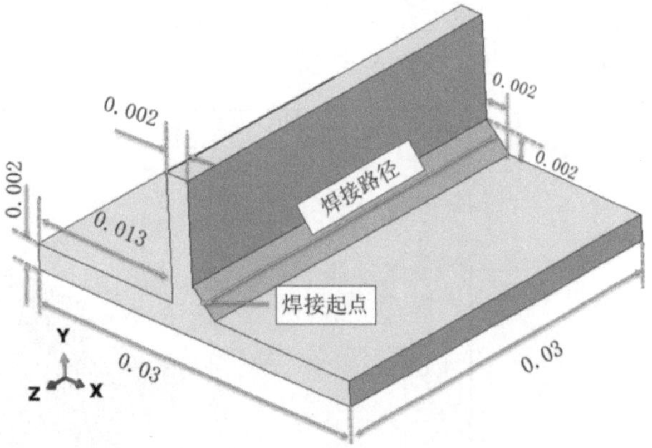

图 6-65　T 型接头示意图

6.5.2　温度场计算

1. 创建零件

采用 kg-m 单位，通过 3D 实体单元，通过拉伸的方法建模。由于最大尺寸是 0.03，所以 Approximate size 设置为 0.1。

使用草图工具绘制草图，并标注尺寸，如图 6-66 所示。设定拉伸深度为 0.03，完成部件的创建。

2. 定义材料

参考 6.4.2 节内容，完成材料定义。

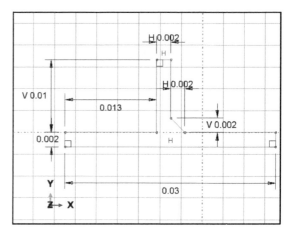

图 6-66　绘制零件草图

3. 定义装配

在 Assembly 模块，单击 Create Instance 图标，选择所有部件，接受默认设置，单击 OK 按钮，完成装配定义。

由于在创建零件的时候没有考虑焊接起点的位置，为了便于子程序的编写，现将焊接起点移动到坐标原点，如图 6-67 所示。

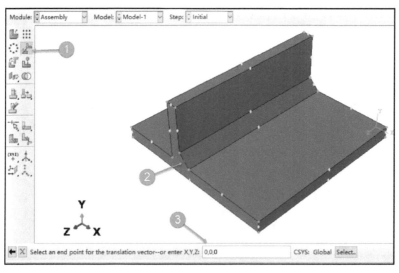

图 6-67　移动部件

① 单击 Translate Instance 图标。

② 在视图中选择部件焊缝中点。

③ 在操作提示区输入终点坐标（0，0，0），按<Enter>键，依据提示完成部件的空间位置调整。

4. 定义分析步

顺序耦合第一个阶段是温度场计算，需要仿真整个焊接过程，因此需要定义焊接、冷却和夹具释放三个步骤，共三个传热分析步，并需要确定三个分析步的时间。焊接的速度为 30cm/min，即 5mm/s，焊缝长度为 30mm，不考虑起弧和收弧，计算得到焊接时间为 6s。

- 焊接分析步：weld。分析步类型为热传导分析（Heat transfer），时间（Time）为 6，最大增量步数量（Maximun number of increments）为 1000，初始时间增量（Intial）为 0.01，最小增量（Minimum）为 6E-05，最大增量（Maximum）为 1，每个增量步允许的最大温度变化（Max. allowable temperature change per increment）为 500。
- 冷却分析步：cold。分析步类型为热传导分析（Heat transfer），时间（Time）为 2000，最大增量步数量（Maximun number of increments）为 1000，初始时间增量（Intial）为 0.01，最小增量（Minimum）为 1E-05，最大增量（Maximum）为 2000，每个增量步允许的最大温度变化（Max. allowable temperature change per increment）为 100。
- 夹具释放分析步：release。分析步类型为热传导分析（Heat transfer），时间（Time）为 1，最大增量步数量（Maximun number of increments）为 100，初始时间增量（Intial）为 1，最小增量（Minimum）为 1E-05，最大增量（Maximum）为 1，每个增量步允许的最大温度变化（Max. allowable temperature change per increment）为 200。

具体设置如图 6-68 所示。

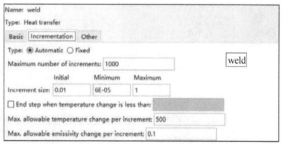
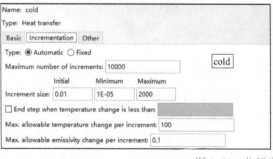

图 6-68　分析步及增量步的设置

5. 划分网格

1）区域切分。依据图 6-69 所示的三个切分面，将焊缝单独切分出来。

2）定义扫掠。将整个部件定义扫掠，扫掠方向如图 6-69 所示。

3）定义局部种子大小。选中焊道的斜边，定义 Method 为 By number，数量为 4。

4）定义局部全局种子。定义全局种子大小为 0.0007。

5）划分网格。单击 Mesh Part 图标，接受默认设置，完成部件网格划分，并定义单元类型为 DC3D8，如图 6-70 所示。

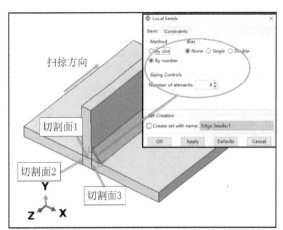

图 6-69　部件区域切分与扫掠设置　　　　图 6-70　部件网格划分与单元类型设置

6. 定义相互作用

在焊接过程中，只有熔池的温度较高，大部分区域的温度都不高，因此辐射散热不是主要散热方式，在处理上通常与边界换热合并考虑，即适当增加薄膜换热系数。边界换热设置如图 6-71 所示。其中，薄膜换热系数设置为 20，环境温度设置为 20。

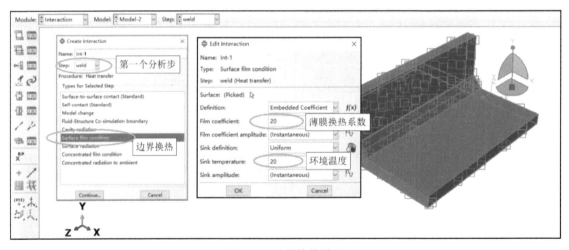

图 6-71　边界换热设置

7. 定义边界条件

（1）热源方向

图 6-72 所示为默认双椭球热源模型。在该模型中，x 轴为热源前进方向，热源公式也是在 x 轴为前进方向工况下的数学模型表达。

此时，双椭球热源分为两部分，设双椭球体的半轴为 a_f、a_r、b、c，前、后半椭球体热输入分配比为 f_f、f_r，则前、后半球热流分布函数为

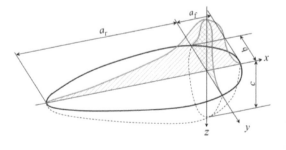

图 6-72　x 轴为前进轴时的双椭球热源数学模型

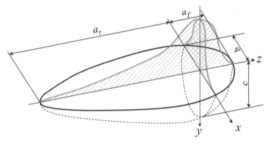

$$\begin{cases} q_{\mathrm{f}}(x,y,z) = \dfrac{6\sqrt{3}\,(f_{\mathrm{f}}Q)}{a_{\mathrm{f}}bc\pi\sqrt{\pi}}\exp\left(-\dfrac{3\,x^2}{a_{\mathrm{f}}^2}-\dfrac{3\,y^2}{b^2}-\dfrac{3\,z^2}{c^2}\right),\ x\geqslant 0 \\[4mm] q_{\mathrm{r}}(x,y,z) = \dfrac{6\sqrt{3}\,(f_{\mathrm{r}}Q)}{a_{\mathrm{r}}bc\pi\sqrt{\pi}}\exp\left(-\dfrac{3\,x^2}{a_{\mathrm{r}}^2}-\dfrac{3\,y^2}{b^2}-\dfrac{3\,z^2}{c^2}\right),\ x<0 \end{cases}$$

并且

$$f_{\mathrm{f}}+f_{\mathrm{r}}=2,\ f_{\mathrm{f}}=\frac{2\,a_{\mathrm{f}}}{a_{\mathrm{f}}+a_{\mathrm{r}}},f_{\mathrm{r}}=\frac{2\,a_{\mathrm{r}}}{a_{\mathrm{f}}+a_{\mathrm{r}}}$$

如图 6-73 所示，当 z 轴为前进轴时，前后半球热流分布函数则为

$$\begin{cases} q_{\mathrm{f}}(x,y,z) = \dfrac{6\sqrt{3}\,(f_{\mathrm{f}}Q)}{a_{\mathrm{f}}bc\pi\sqrt{\pi}}\exp\left(-\dfrac{3\,z^2}{a_{\mathrm{f}}^2}-\dfrac{3\,x^2}{b^2}-\dfrac{3\,y^2}{c^2}\right),\ z\geqslant 0 \\[4mm] q_{\mathrm{r}}(x,y,z) = \dfrac{6\sqrt{3}\,(f_{\mathrm{r}}Q)}{a_{\mathrm{r}}bc\pi\sqrt{\pi}}\exp\left(-\dfrac{3\,z^2}{a_{\mathrm{r}}^2}-\dfrac{3\,x^2}{b^2}-\dfrac{3\,y^2}{c^2}\right),\ z<0 \end{cases}$$

（2）热源角度

图 6-72 和图 6-73 中热源模型的坐标系均与 x，y，z 轴重合，无法真实体现 6-65 中 T 型焊接接头

图 6-73　z 轴为前进轴时的双椭球热源数学模型

熔池形貌，故需要对热源模型进行坐标转换。以 z 轴为前进轴，x 轴为水平方向为例，图 6-74 所示为平板对接焊时的热源原理图，图 6-75 所示为图 6-65 中所表示的旋转（$\theta=45°$）时的热源原理图。

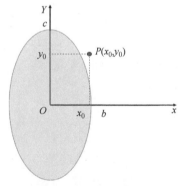

图 6-74　平板对接焊时的热源原理图

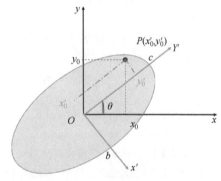

图 6-75　旋转 $\theta=45°$ 时的热源原理图

双椭球热源公式大体可以分为两部分，一部分是能量公式，另一部分是形状公式。

能量公式部分：$\dfrac{6\sqrt{3}\,(f_{\mathrm{f}}Q)}{a_{\mathrm{f}}bc\pi\sqrt{\pi}}$

形状公式部分：$\exp\left(-\dfrac{3\,z^2}{a_{\mathrm{f}}^2}-\dfrac{3\,x^2}{b^2}-\dfrac{3\,y^2}{c^2}\right)$

其中，能量公式部分与坐标系无关，只有形状公式部分受坐标系旋转影响。例如，在 6-73 中，P 点处于热源边界包络线外，但是在 6-74 中，P 点处于热源边界包络线内，如果不考虑坐标系旋转，对结果有较大影响。

在图 6-74 中，P 点坐标为 $(x_0,\ y_0)$，令 z 坐标为 0，则形状公式部分可以表达为 $\exp\left(\dfrac{3\,x_0^2}{b^2}-\dfrac{3\,y_0^2}{c^2}\right)$。

在图 6-75 中，P 点位置不变，但形状公式部分基于椭圆长短轴 b、c 值进行计算，无法直接使用坐标 (x_0, y_0) 进行计算，因此需要将 P 点坐标转化为 (x'_0, y'_0)，则形状公式部分可以表达为 $\exp\left(-\dfrac{3x'^2_0}{b^2}-\dfrac{3y'^2_0}{c^2}\right)$。

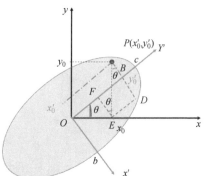

图 6-76　热源模型坐标系转换示意图

其中，(x'_0, y'_0) 并不是系统坐标，需要进行转化。

如图 6-75 所示，添加辅助线 EF、ED 和 PD。令 PE 和旋转后的坐标系 y' 轴相交于 B 点。

利用三角函数关系，可以获得

$$\begin{cases} \angle FEA = \angle EPD = \theta \\ |x'_0| = PB = PD-BD = PD-EF = y_0\cos\theta-x_0\sin\theta \\ |y'_0| = OB = OF+FB = OF+DE = x_0\cos\theta+y_0\sin\theta \end{cases}$$

形状公式部分可以表达为

$$\exp\left(-\frac{3(y_0\cos\theta-x_0\sin\theta)^2}{b^2}-\frac{3(x_0\cos\theta+y_0\sin\theta)^2}{c^2}\right)$$

将其代入热源模型，则可以表达为

$$\begin{cases} q_f(x,y,z) = \dfrac{6\sqrt{3}(f_f Q)}{a_f bc\pi\sqrt{\pi}}\exp\left(-\dfrac{3z^2}{a_f^2}-\dfrac{3(y_0\cos\theta-x_0\sin\theta)^2}{b^2}-\dfrac{3(x_0\cos\theta+y_0\sin\theta)^2}{c^2}\right), & z\geq0 \\[4mm] q_r(x,y,z) = \dfrac{6\sqrt{3}(f_r Q)}{a_r bc\pi\sqrt{\pi}}\exp\left(-\dfrac{3z^2}{a_r^2}-\dfrac{3(y_0\cos\theta-x_0\sin\theta)^2}{b^2}-\dfrac{3(x_0\cos\theta+y_0\sin\theta)^2}{c^2}\right), & z<0 \end{cases}$$

（3）焊接子程序

定义移动热源子程序，命名为 T-shuangtuoqiu-jiaodu.for。

```
SUBROUTINE DFLUX(FLUX,SOL,JSTEP,JINC,TIME,NOEL,NPT,COORDS,JLTYP,
1               TEMP,PRESS,SNAME)
C
      INCLUDE 'ABA_PARAM.INC'

C     定义基本数组,坐标,热通量值,时间
      DIMENSION COORDS(3),FLUX(2),TIME(2)
      CHARACTER* 80 SNAME
C     定义热源参数,注意单位统一
      u=10.0                    ! 电压
      i=110.0                   ! 电流
      effi=0.8                  ! 焊接效率
      v=0.005                   ! 焊接速度
      q=u* i* effi              ! 热输入大小
      d=v* TIME(2)              ! 热源中心移动距离
C     定义坐标
      x=COORDS(1)
      y=COORDS(2)
      z=COORDS(3)
```

```
C      定义焊接起点
       x0=0
       y0=0
       z0=0
C      定义热源参数
       af=0.002
       b=0.002
       c=0.003
       ar=0.004
       f1=0.8                          ! 前半球份额
       PI=3.1415926

       beta=45.0                       ! 旋转角度
       betahudu=beta/180.0* PI   ! 将角度转换为弧度

       heat1=6.0* sqrt(3.0)* q/(af* b* c* PI* sqrt(PI))* f1          ! 前半部分热输入
       heat2=6.0* sqrt(3.0)* q/(ar* b* c* PI* sqrt(PI))* (2.0-f1)  ! 后半部分热输入

       shape1=exp(-3.0* ((x-x0)* cos(betahudu)+(y-y0)* sin(betahudu))* * 2/c* * 2-
3.0* ((y-y0)* cos(betahudu)-
       $    (x-x0)* sin(betahudu))* * 2/b* * 2-3.0* ((z-z0+d))* * 2/af* * 2)
       shape2=exp(-3.0* ((x-x0)* cos(betahudu)+(y-y0)* sin(betahudu))* * 2/c* * 2-
3.0* ((y-y0)* cos(betahudu)-
       $    (x-x0)* sin(betahudu))* * 2/b* * 2-3.0* ((z-z0+d))* * 2/ar* * 2)

C      JLTYP=1,表示为体热源
       JLTYP=1
       IF(z.GE.(z0-d)) THEN        ! 热源移动方向为 z 轴负方向
       FLUX(1)=heat2* shape2       ! 前半部分热通量
       ELSE
       FLUX(1)=heat1* shape1       ! 后半部分热通量
       ENDIF
       RETURN
       END
```

（4）定义焊接热源

具体操作步骤如图 6-77 所示。

① 单击 Create Load 图标。

② 将 Load 命名为 weld，在 Step 中选择第一个分析步 weld。

③ 类型选择 Thermal 里的 Body heat flux。

④ 在视图中框选整个部件。

⑤ 在 Distribution 中选择 User-defined，意为使用 DFLUX 子程序。在 Magnitude 中输入 1。

⑥ 单击 Load Manager 图标。

⑦ 选中 cold 列的内容，单击 Deactivate 按钮，将热源载荷抑制，意为在冷却分析步时热源载荷不再起作用。

167

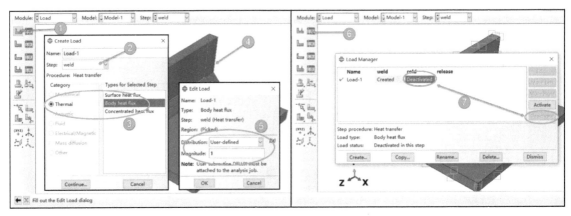

图 6-77　定义热源载荷

（5）定义部件初始温度

定义部件的初始温度为 20°，如图 6-78 所示。

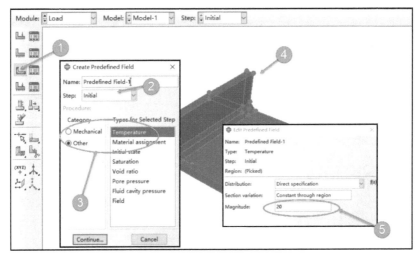

图 6-78　定义部件初始温度

① 单击 Create Predefined Field 图标。

② 在 Step 中选择初始分析步 Initial。

③ 类型选择 Other 里的 Temperature。

④ 在视图中框选整个部件。

⑤ 在 Magnitude 中输入 20。

8. 补充属性定义

在定义材料时，为了避免后面由于部件切分造成区域属性丢失，并没有完成截面属性定义。在此进行补充。在 Property 模块中单击 Creat Section 图标，截面属性选择 Solid-Homogeneous，其他选项接受默认设置。然后单击 Assign Section 图标，将所有部件均赋予同一截面属性。

9. 提交计算

在 Job 模块，单击 Create Job 图标，新建 Job，命名为 T_joint，单击 Continue 按钮，切换至 General 选项卡，单击 User subroutine file 右侧的文件夹图标，选中编辑好的 T-shuangtuoqiu-jiaodu. for 文件，单击 OK 按钮，返回 Edit Job 对话框，其他选项接受默认设置，单击 OK 按钮。继续单击 Submit 按钮，提交计算任务，部分设置如图 6-79 所示。

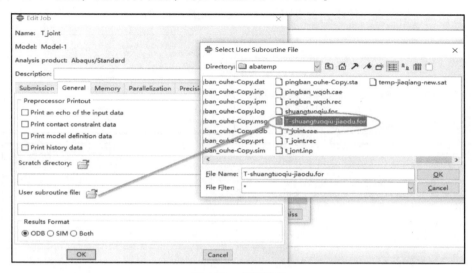

图 6-79　求解设置

10. 熔池校核

Job Manager 对话框的 Status 栏显示为 Completed 时，单击 Results 按钮进入后处理界面。打开温度场云图 NT11，使用 View Cut Manager 获得熔池断面温度场分布云图，进行熔池校核。图 6-80所示为调整到 245 增量步时的熔池边界情况。

熔池校核结果显示，温度场正常，可以进行应力场分析。

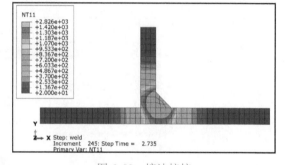

图 6-80　熔池校核

6.5.3　应力场计算

1. 复制模型

进行顺序耦合，最好使用同样的模型，这样能够最大化地简化分析步骤和提高计算精度。最直接的方法是采用温度场分析的模型进行计算。在结构树中右击并复制温度场计算模型 Model-1，在弹出的对话框中输入用于计算应力场的模型"Model-1-dis"，如图 6-81 所示。

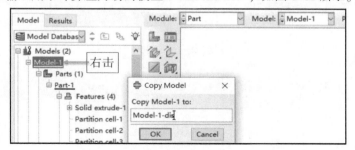

图 6-81　复制模型

2. 更改分析步

应力场分析采用通用分析步。将上一小节定义的三个传热分析步全部删除，重新定义三个通用分析步，相关增量设置与传热分析步中保持一致，如图 6-82 所示。

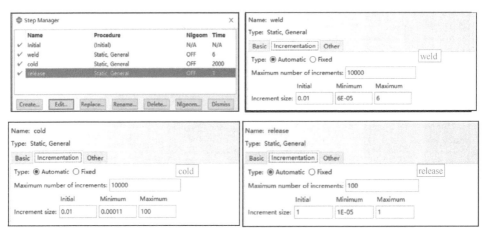

图 6-82　通用分析步设置

由于分析步更改，单元类型改为 C3D8R。

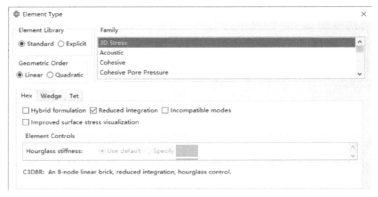

图 6-83　单元类型设置

3. 导入预定义场

温度场的温度载荷需要通过预定义场的方式导入，在导入前，需要获得温度场分析时的分析步与增量步相关信息。以记事本或者用 note pad++ 打开工作目录下的 T_joint.sta 文件，如图 6-84 所示。

```
SUMMARY OF JOB INFORMATION:
STEP   INC ATT SEVERE EQUIL TOTAL  TOTAL    STEP       INC OF     DOF     IF
               DISCON ITERS ITERS  TIME/    TIME/LPF   TIME/LPF   MONITOR RIKS
               ITERS               FREQ
  1     1   1    0      3     3    0.0100   0.0100     0.01000
  1     2   1    0      2     2    0.0200   0.0200     0.01000

      ......

  1    562  1    0      3     3    6.00     6.00       0.01378
  2     1   1U   0      4     4    6.00     0.00       0.01000

      ......

  2    83   1    0      1     1    2.01e+03 2.00e+03   383.8
  3     1   1    0      1     1    2.01e+03 1.00       1.000

THE ANALYSIS HAS COMPLETED SUCCESSFULLY
```

图 6-84　.sta 文件

.sta 文件记录了求解过程中的增量步迭代信息。从文件中重点获取每个增量步的起止增量步。

进入 Load 模块,对模型的预定义场进行设置,如图 6-85 所示。

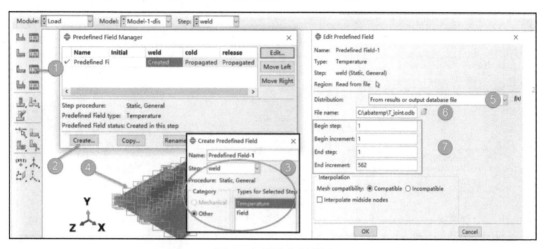

图 6-85 预定义场设置

① 单击 Predefined Field Manager 图标。

② 删除已有 Predefined Field -1,单击 Create 按钮,创建新的预定义场。

③ 在 Step 中选择第一个分析步 weld,在类型中选择 Other 中的 Temperature。

④ 框选视图中所有部件。

⑤ 在 Distribution 中选择 From results or output database file(从结果或输出的数据文件)。

⑥ 在 File name 中选择已经完成的结果文件 T_joint. odb。

⑦ 依据图 6-84 中的信息,依次设置开始分析步为 1,开始增量步为 1,结束分析步为 1,结束增量步为 562。

⑧ 依次选中 cold 和 release 列的内容,单击 Edit 按钮,设置对应的预定义场,如图 6-86 和图 6-87 所示。

图 6-86 cold 分析步预定义场设置

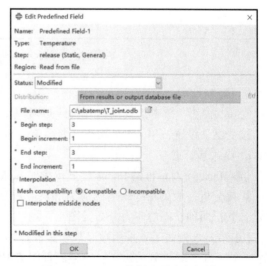

图 6-87 release 分析步预定义场设置

171

4. 定义边界条件

1）定义夹具约束。在 weld 和 cold 分析步中，平板左右两侧和上侧立板受夹具夹持，因此将左右两侧和上侧定义为全约束。在 release 分析步释放这些约束，如图 6-88 所示。

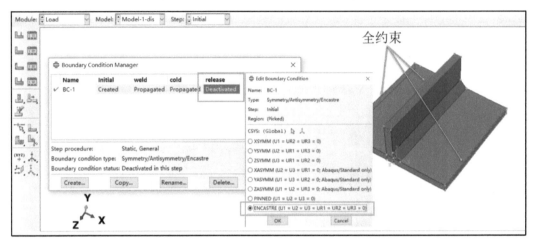

图 6-88　夹具固定约束

2）定义自由约束。在释放分析步中，夹具要释放，为了避免部件的刚体位移，采用三点法进行自由约束，如图 6-89 所示。

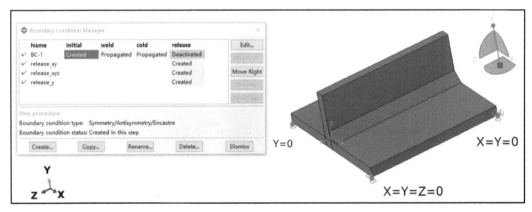

图 6-89　自由约束

5. 提交计算

在 Job 模块，单击工具区的 Create Job 图标，新建 Job，命名为 T_joint_dis，单击 Continue 按钮，接受默认设置，单击 OK 按钮。继续单击 Submit 按钮，提交计算任务。

6. 结果后处理

Job Manager 对话框的 Status 栏显示为 Completed 时，单击 Results 按钮进入后处理界面。

焊接分析一般关注冷却后的应力和夹具释放后的应力。调整显示帧数，如图 6-90 和图 6-91 所示，获得两种状态的应力分布云图。

【小结】本例演示了采用顺序耦合法进行焊缝仿真的全过程，并对热源方向调整、焊接角度调整等进行了比较详细的讲解，希望读者能够理解相关的逻辑过程。对于实例中的具体参数，以示范为主，需要根据实际情况进行调整。

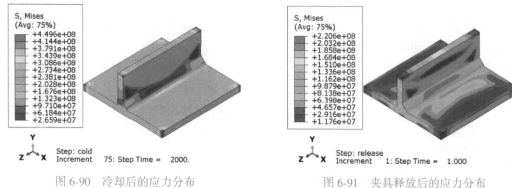

图 6-90　冷却后的应力分布　　　　　　　　　图 6-91　夹具释放后的应力分布

6.6　实例：平板激光焊焊接分析

6.6.1　问题描述

对两块试验钢板进行对接激光焊，计算温度场分布，模型如图 6-92 所示。

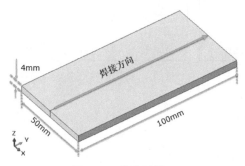

图 6-92　激光焊模型

其中，激光功率为 1200W，焊接速度为 30cm/min，材料热参数见表 6-6。

表 6-6　材料参数

温度/℃	热导率/[W/(m·K)]	比热容/[J/(kg·K)]	密度/(kg/m³)
20	39.6	451	7850
100	38.1	496	7850
600	33.6	778	7850
2000	33.6	778	7850

6.6.2　求解过程

不同的焊接过程，无论是完全耦合还是顺序耦合，主要区别是温度场的求解过程。限于篇幅，本例及本章后续实例将只讲解温度场的求解过程，若想以完全耦合方法计算，请参照例 6.4 节；若想以顺序耦合方法计算，请参照例 6.5 节。

本例将采用 t-mm 单位进行计算，并采用 1/2 模型。1/2 模型能大幅减少网格单元，在工程实例中经常采用，读者需要掌握该方法并灵活使用。

1. 创建零件

采用 t-mm 单位、3D 实体单元，通过拉伸的方法建模。最大尺寸是 100，因此 Approximate size 设置为 200，其他选项接受默认设置。

使用草图工具绘制草图。选择矩形工具，依次输入坐标（0，0）、（-25，100），完成草图绘制，如图 6-66 所示。设定拉伸深度为 4，完成部件 V_2 模型的创建。

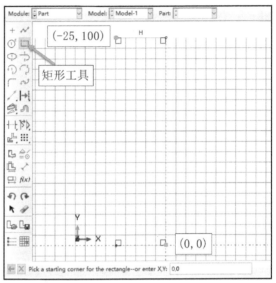

图 6-93　绘制零件草图

2. 定义材料

表 6-7 中所示参数均为标准 kg-m 单位下的数值，因此需要转化成 t-mm 单位。转化后见表 6-7。

表 6-8　基于 t-mm 单位

温度/℃	热导率/［mW/(mm·K)］	比热容/［mJ/(t·K)］	密度/(t/mm³)
20	39.6	451000000	7850e-12
100	38.1	496000000	7850e-12
600	33.6	778000000	7850e-12
2000	33.6	778000000	7850e-12

定义材料名称为 steel_01，相关设置如图 6-94 所示。

在 Property 模块中单击 Creat section 图标，截面属性选择 Solid-Homogeneous，其他选项接受默认设置。然后单击 Assign Section 图标，将所有部件均赋予同一截面属性。

3. 定义装配

在 Assembly 模块，单击 Create Instance 图标，选择所有部件，接受默认设置，单击 OK 按钮，完成装配定义。

4. 定义分析步

顺序耦合第一个阶段是温度场计算，需要仿真整个焊接过程，因此需要定义焊接、冷却和夹具释放三个步骤，共三个传热分析步，并需要确定三个分析步的时间。焊接速度为 30cm/min，即

5mm/s，焊缝长度为 100mm，不考虑起弧和收弧，计算得到焊接时间为 20s。第一个焊接分析步时间为 20s，第二个冷却分析步时间为 2000s，第三个分析步是夹具释放，分析步时间为 1s。其他相关设置如图 6-95 所示。

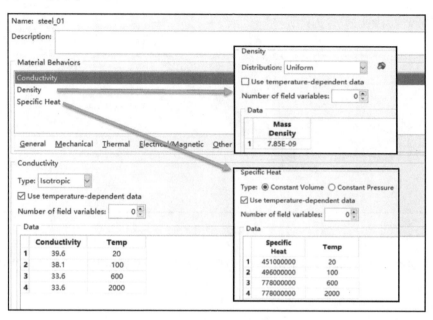

图 6-94　材料参数设置

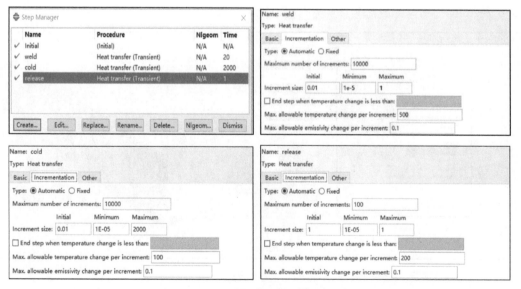

图 6-95　分析步及增量步设置

5. 划分网格

1）定义扫掠。对整个部件定义扫掠，扫掠方向如图 6-69 所示。

2）定义局部种子大小。选中钢板的四条侧边，定义网格单边偏置为 Single，在 Sizing controls 中输入最小尺寸 0.8、最大尺寸 2，单击 OK 按钮完成局部种子大小定义。

3）定义全局种子大小。定义全局种子大小为 1。

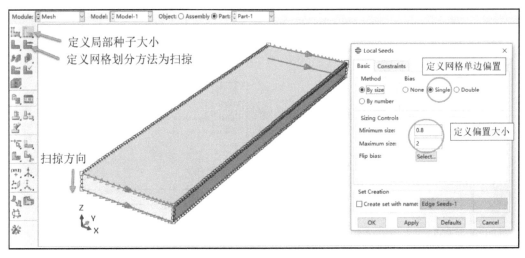

图 6-96　网格定义

4）划分网格。单击 Mesh Part 图标，接受默认设置，完成部件网格划分，并定义单元类型为 DC3D8。

6. 定义相互作用

在焊接过程中，只有熔池的温度较高，大部分区域的温度都不高，因此辐射散热不是主要散热方式，在处理上通常与边界换热合并考虑，即适当增加薄膜换热系数。边界换热的设置如图 6-97 所示。

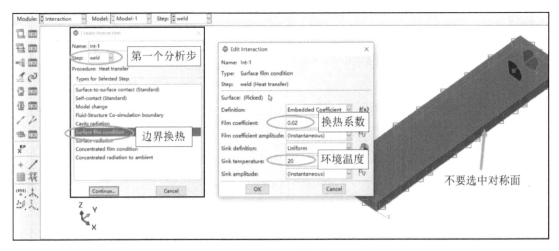

图 6-97　边界换热设置

其中，薄膜换热系数设置为 0.02，环境温度设置为 20，并且不要选中作为对称面的焊缝面。

7. 定义边界条件

（1）热源模型

由于激光的能量集中和高穿透性，激光焊所形成的熔池形貌如图 6-98 所示。

传统双椭球热源无法描述激光焊熔池形貌，在学术上，常采用组合热源的方式进行描述。图 6-99 所示为一种常见的组合热源模型。其中，下面是一个圆柱体热源，用以描述激光焊的穿透

性，上面是一个高斯面热源，用以描述焊件表面的熔池分布。对应的热源公式为

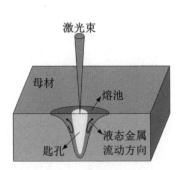

图 6-98　激光焊熔池形貌

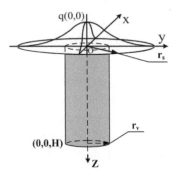

图 6-99　激光焊组合热源

高斯面热源：
$$q_s(x,y)=\frac{a\,Q_s}{\pi\,r_s^2}\exp\left[-\frac{a(x^2+y^2)}{r_s^2}\right]$$

圆柱体热源：
$$q_v(x,y,z)=\frac{6\,Q_v(H-bz)}{\pi\,r_v^2H^2(2-b)}\exp\left(\frac{-3(x^2+y^2)}{r_v^2}\right)$$

式中，Q_s 为面热源功率；a 为面热源能量集中系数；r_s 为面热源作用范围；Q_v 为体热源功率；H 为体热源深度；b 为体热源能量衰减系数；r_v 为体热源有效作用半径。

（2）子程序编辑

Abaqus 的载荷加载中提供了面热源和体热源两种载荷，它们可以同时加载在模型上，但是子程序只能引用一个子程序，因此在具体的设置上需要遵守 Abaqus 的规定。在 DFLUX 子程序中，Abaqus 提供了 JLYTP 参数，用来识别载荷类型，其值为 1 时表示体通量，为 0 时表示面通量。

通过菜单栏的 Query 工具，可以快捷地查出焊接起点坐标是（0，0，4）。定义移动热源子程序，命名为 fuhereyuan.for。

```
SUBROUTINE DFLUX(FLUX,SOL,JSTEP,JINC,TIME,NOEL,NPT,COORDS,JLTYP,
1               TEMP,PRESS,SNAME)
C
INCLUDE'ABA_PARAM.INC'


DIMENSION COORDS(3),FLUX(2),TIME(2)
CHARACTER* 80 SNAME

real a,Qs,rs,pi,Qv,H,b,rv,Q,aa,x0,y0,z0
C    Qs 为面热源功率,a 为面热源能量集中系数,rs 为面热源作用范围
C    Qv 为体热源功率,H 为体热源深度,b 为体热源能量衰减系数,rv 为体热源有效作用半径
C    Q 为热源功率,aa 为热源有效吸收系数,(x0,y0,z0)为当前热源中心位置
     Q=1200000;aa=0.99;Qs=Q* aa* 0.2;Qv=Q-Qs
     a=0.3;rs=2
     H=2.8;b=0.15;rv=1
     x0=0;y0=5* TIME(1);z0=0
     pi=3.14
C    JLTYP=1,表示为体热源
```

```
      IF(JLTYP.EQ.1) THEN
          FLUX(1)=(6* Qv* (H-b* (z0-COORDS(3)))/(pi* rv* rv* H* H* (2-b)))
  $       * exp((-3)* sqrt((COORDS(1)-x0)* * 2+
  $       (COORDS(2)-y0)* * 2)/(rv* rv))
      END IF
C     JLTYP=0,表示为面热源
      IF(JLTYP.EQ.0) THEN
          FLUX(1)=(a* Qs/(pi* rs* rs))* exp(-1* a* ((COORDS(1)-x0)* * 2+
  $       (COORDS(2)-y0)* * 2)/(rs* * 2))
      ENDIF
      RETURN
      END
```

（3）定义焊接热源

对于组合热源，需要依次定义体热源（Body heat flux）和面热源（Surface heat flux），如图 6-100 和图 6-101 所示。

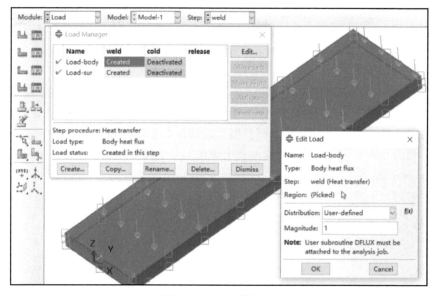

图 6-100　定义体热源

体热源定义步骤如下。

① 单击 Create Load 图标。

② 将 Load 命名为 weld，在 Step 中选择第一个分析步 weld。

③ 类型选择 Thermal 里的 Body heat flux。

④ 在视图中框选整个部件。

⑤ 在 Distribution 中选择 User-defined，意为使用 DFLUX 子程序。在 Magnitude 中输入 1。

⑥ 单击 Load Manager 图标。

⑦ 选中 cold 列的内容，单击 Deactivate 按钮，将热源载荷抑制，意为在冷却分析步时热源载荷不再起作用。

面热源定义步骤如下。

① 单击 Create Load 图标。

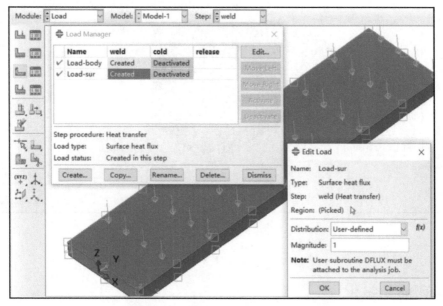

图 6-101　定义面热源

② 将 Load 命名为 weld，在 Step 中选择第一个分析步 weld。

③ 类型选择 Thermal 里的 Surface heat flux。

④ 在视图中选择焊件上表面。

⑤ 在 Distribution 中选择 User-defined，意为使用 DFLUX 子程序。在 Magnitude 中输入 1。

⑥ 单击 Load Manager 图标。

⑦ 选中 cold 列的内容，单击 Deactivate 按钮，将热源载荷抑制，意为在冷却分析步时热源载荷不再起作用。

（4）定义部件初始温度

定义部件的初始温度为 20℃，具体操作步骤如下。

① 单击 Create Predefined Field 图标。

② 在 Step 中选择初始分析步 Initial。

③ 类型选择 Other 里的 Temperature。

④ 在视图中框选整个部件。

⑤ 在 Magnitude 中输入 20。

8. 提交计算

在 Job 模块，单击 Create Job 图标，新建 Job，命名为 jiguang，单击 Continue 按钮，切换至 General 选项卡，单击 User subroutine file 右侧的文件夹图标，选中编辑好的 fuhereyuan. for 文件，单击 OK 按钮，返回 Edit Job 对话框，其他选项接受默认设置，单击 OK 按钮。继续单击 Submit 按钮，提交计算任务。

9. 熔池校核

Job Manager 对话框的 Status 栏显示为 Completed 时，单击 Results 按钮进入后处理界面。打开温度场云图 NT11，使用 View Cut Manager 获得熔池断面温度场分布云图，进行熔池校核。温度场结果如图 6-102 所示，熔池为比较明显的钉头形状，符合激光焊的特征。在实际工作中还需要再和真实熔池边界进行比对，确认无误后可以进行应力分析。

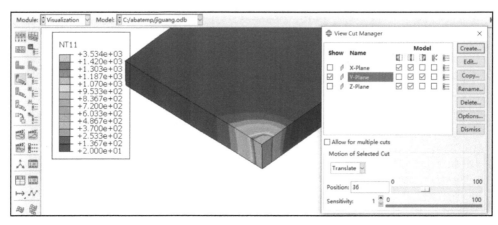

图 6-102　熔池校核

6.7　生死单元技术

生死单元技术一般是指在有限元分析中人为地对单元状态进行控制，通过技术手段使得单元在某一分析步中不存在，而在另外的分析步再度出现。在 Abaqus 中，相关技术为相互作用（Interaction）模块中的 Model change 功能。

Model change 具有两种功能，即单元/接触对的删除和再激活。它们的主要应用场景如下。

1）可以用来仿真模型部分区域的删除，用于临时的或者剩余模型的分析。

2）允许单元进行无应变或者有应变的再激活。

3）可以用来在不需要一个接触对时节省计算时间。

4）只能用于通用分析步、热传导、热力耦合等分析步，不是所有的分析步都可以使用。

5）只有在原始分析中使用或者再激活时，才能用于重启动分析。

6.7.1　单元的删除

Abaqus 可以使用 Model change 功能在通用分析步中从模型删除指定的单元。在删除之前，Abaqus/Standard 保存所删除区域的力/热通量，将其施加在剩余模型与删除区域之间的节点上，这些力在删除步中线性降低到零，这样，删除区域对剩余模型的影响仅在删除步结束时才完全不存在。力逐渐线性降低，能确保单元删除对模型具有一个平顺的影响。同时，对被删除的单元不再做进一步的计算，被删除的单元在后续分析步中保持无效，直到它们被重新激活。

单元删除对应的 inp 语法为 * MODEL CHANGE，TYPE = ELEMENT，REMOVE。

在瞬态过程中删除单元时必须谨慎，被删除的单元施加在剩余模型边界上的节点通量应在分析步中线性下降。在瞬态热传导中，对于完全耦合的温度-位移，或者完全耦合的热-电-结构分析，如果通量高并且计算步很长，则线性下降对剩下的物体有冷却或者加热作用。在动态分析中，如果力很大并且计算步很长，动能可能传递给模型的剩余部分，此时可以在剩下的分析之前通过在一个非常短的瞬态步中删除单元来避免此问题，在一个单独的增量步中完成即可。

6.7.2　单元的再激活

对于应力/位移单元有两种不同类型的再激活（包括子结构）方式：无应变再激活和有应变

再激活。无应变再激活可以重构初始构型，有应变再激活不能重置构型。本章涉及的都是无应变再激活，因此只讨论无应变再激活下的情况。

当在一个无应变的状态中再激活应力/位移单元时，它们在再激活的一瞬（再激活它们的分析步开始时刻）立刻变得完全有效。再激活步的开始时刻，在包含再激活单元的分析步中，将它们重置成"退火"状态（零应力、零应变、零塑性应变等）。

单元再激活对应的 inp 语法为 ∗ MODEL CHANGE，ADD＝STRAIN FREE（default）。

6.7.3 完整的 inp 语法结构

完整的 inp 语法结构如下。

```
Input file template
* HEADING
...
* STEP
* STATIC
...
* * Remove all elements in element set SIDE
* MODEL CHANGE, REMOVE
SIDE,
* * Remove contact pair (SLAVE1, MASTER1)
* MODEL CHANGE,TYPE=CONTACT PAIR, REMOVE
SLAVE1, MASTER1
...
* END STEP
* *
* STEP
* STATIC
...
* * Reactivate elements in element set SIDE
* MODEL CHANGE, ADD=STRAIN FREE
SIDE,
* * Reactivate contact pair (SLAVE1, MASTER1)
* MODEL CHANGE,TYPE=CONTACT PAIR, ADD
SLAVE1, MASTER1
...
* END STEP
```

6.8 实例：平板接头两层两道焊温度场

6.8.1 问题描述

对两块试验钢板进行对接 MAG 焊，图 6-103 所示为焊接的简化示意图，板件长度为 0.03m。在该焊接实例中，采用了两道焊，焊缝的深度分别为 2mm 和 1mm，材料参数见表 6-4 和表 6-5。焊接参数：焊接电流 100A，焊接电压 15V，焊接速度 30cm/min（两道焊缝一样）。

前面的实例中，均是在 Abacus 中完成建模至分析的所有流程，这在实际的工程实例中往往是不太现实的，主要原因在于 Abaqus 的建模和网格划分功能在应对复杂模型并需要复杂的网格过渡时存在很大的不足，此时一般需要应用其他软件进行网格划分等前处理工作。常用的软件包括

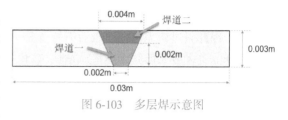

图 6-103　多层焊示意图

Hypermesh、ANSA 等，输出 *.inp 文件。在输出的文件中，需要以下要素。

1）所有命名（如部件、材料和截面等）不要以数字开头，例如，不可以命名为 1plate，而要命名为 plate1。

2）所有命名不要包含中文及特殊符号，建议使用英文加数字的格式，必要时可以使用下画线 "_"，如命名为 plate_1。

3）在一个部件中，必须检查网格的维度是否统一，不要同时存在三维实体单元和二维面单元。

4）输出前必须检查是否有重复网格。

5）输出前必须检查网格质量，处理掉质量极差的单元。

6）输出的 .inp 文件名建议仍然采用英文加数字的格式，如 Part1。

6.8.2　求解过程

1. 导入部件信息

当 .inp 文件只包含部件信息时，可以在结构树的 Part 中导入。当 .inp 文件还包含材料等信息时，则需要以 Model 的形式导入，路径为 File→Import→Model，如图 6-104 所示。

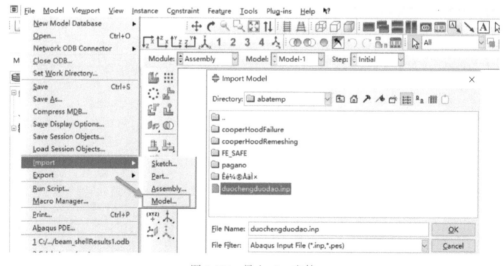

图 6-104　导入 .inp 文件

2. 定义装配

在 Assembly 模块，单击 Create Instance 图标，选择所有部件，接受默认设置，单击 OK 按钮，完成装配定义。

3. 定义分析步

此例只进行温度场分析，因此只需要定义传热分析步。五个分析步分别如下。

- Step-1：所有焊缝单元被删除（杀死）的分析步。可以取一个很短的时间，如 1e-8。
- Step-2：第一道焊缝的焊接分析步。焊接速度为 30cm/min，即 5mm/s，焊缝长度为 30mm，不考虑起弧和收弧，计算得到焊接时间为 6s。
- Step-3：第一道焊缝的冷却分析步，也就是层间冷却分析步。时间取 60s。
- Step-4：第二道焊缝的焊接分析步。焊接速度为 30cm/min，即 5mm/s，焊缝长度为 30mm，不考虑起弧和收弧，计算得到焊接时间为 6s。
- Step-5：第二道焊缝的冷却分析步。时间取 3600s。

分析步的设置如图 6-105 所示。

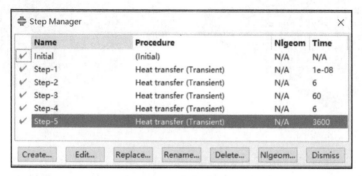

图 6-105　分析步设置

定义每个分析步的增量。

- Maximum number of increments：均设置为 1000。
- Max. allowable temperature change per increment：均设置为 500。
- Increment size（Intial）：Step-1 设置为 1E-8，其余均设置为 0.1。
- Increment size（Maximun）：Step-2 和 Step-4 设置为 0.1，其余选项均接受默认设置，如图 6-106 所示。

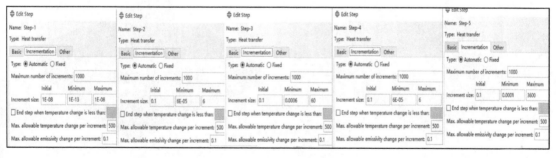

图 6-106　分析步增量设置

4. 定义相互作用

本例涉及多道焊，没有焊接的焊道不应存在，因此需要采用生死单元技术对单元的状态进行控制。

（1）定义单元集合

需要定义两个焊缝的集合 weld1 和 weld2，定义路径为 Tools→Set→Create，Name 分别为 weld1 和 weld2，Type 为 element，分别选择第一道焊缝和第二道焊缝的单元。还需定义全部焊缝单元的集合 ALL（weld1+weld2），如图 6-107 所示。

（2）定义面集合

需要定义两个面集合，用于不同的热交换边界。如图 6-108 所示，定义整体外表面集合 Surf-all，定义路径为 Tools→Surface→Create，Name 为 suf-all，框选部件整体外表面。

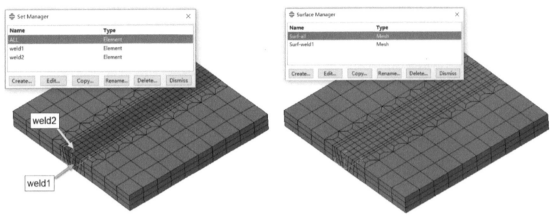

图 6-107　定义单元集合　　　　　　　　　图 6-108　定义整体外表面集合

如图6-109 所示，通过 Display Group 工具隐藏 weld2 集合，定义 weld1 焊接时的表面集合。定义路径为 Tools→Surface→Create，Name 为 Surf-weld1。注意，此时如果框选部件，则不会选中图 6-110 中的三个面，因为 Abaqus 默认只会选中部件外表面。此时需要将选取过滤器切换为 　Select From Interior Entities，选择图 6-110 中的三个面，然后再将选取过滤器切换为 　Select From All Entities，再选择其他的面。

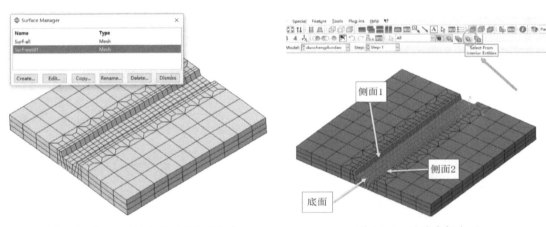

图 6-109　定义 weld1 焊接时的表面集合　　　　图 6-110　选取内部表面

（3）定义生死单元

定义在 Step-1 分析步杀死 weld1 单元，在 Step-2 分析步予以激活；在 Step-1 分析步杀死 weld2 单元，在 Step-4 分析步予以激活。

1）定义 weld1 单元杀死操作的步骤如图 6-111 所示。

① 在 Interaction 模块中单击 Create Interaction 图标。

② 定义 Name 为 weld1。

③ 定义 Step 为 Step-1，在第一个分析步杀死单元。

④ 选择 Types for Selected Step 为 Model change。

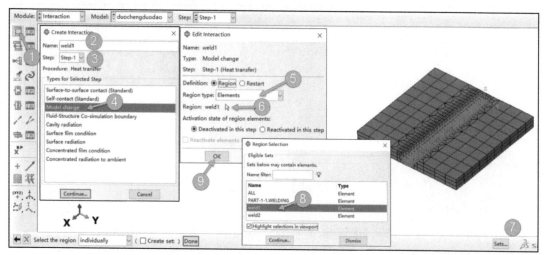

图 6-111　定义 weld1 单元杀死操作

⑤ 在弹出的 Edit Interaction 对话框中，将 Region type 切换为 Elements（此例为导入网格，没有几何信息）。

⑥ 单击 Region：weld1 右侧的箭头。

⑦ 单击界面右下角的 Sets 按钮。

⑧ 在弹出的 Region Selection 对话框中选择 weld1，勾选 Highlight selections in viewport，在视图中会将选中的单元高亮显示。

⑨ 在 Edit Interaction 对话框中，单击 OK 按钮完成杀死 weld1 单元的步骤。

2）定义 weld2 单元杀死操作的步骤如图 6-112 所示。

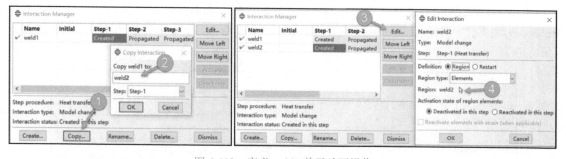

图 6-112　定义 weld2 单元杀死操作

① 已经定义了 weld1 单元的杀死操作，此时可以通过复制的方法快速完成 weld2 单元杀死操作。单击 Interaction Manager 图标，在弹出的对话框中选择 weld1，单击 Copy 按钮。

② Name 更改为 weld2。

③ 选中 weld2 行，单击 Edit 按钮。

④ 在弹出的 Edit Interaction 对话框中，单击 Region：weld1 右侧的箭头，将 weld1 单元切换为 weld2 单元，单击 OK 按钮，完成 weld2 单元的杀死操作定义。

3）定义 weld1 单元再激活的步骤如图 6-113 所示。

① 在 Interaction Manager 对话框中，选择 weld1 中 Step-2 分析步对应的 Propagated。

② 单击 Edit 按钮。

③ 将 Activation state of region elements 切换为 Reactivated in this step，即在该分析步中激活。

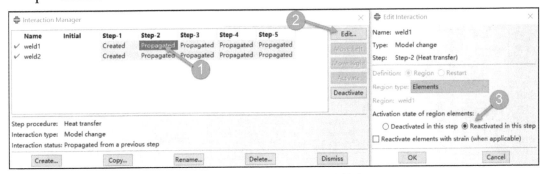

图 6-113　定义 weld1 单元的再激活

单击 OK 按钮完成操作。

参考上述步骤①~③，在 weld2 的 Step-4 中将单元激活，如图 6-114 所示。

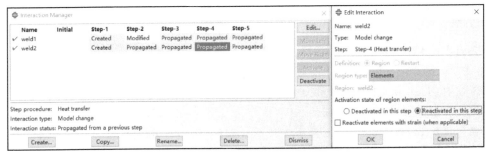

图 6-114　定义 weld2 单元的再激活

（4）定义边界换热条件

在 Step-1 中定义边界换热条件（Surface film condition），命名为 transfer_weld1，选择定义好的 Surf-weld1 面集合，并定义 Film coefficient 为 20，Sink temperature 为 20，如图 6-115 所示。在 step4 中取消激活。

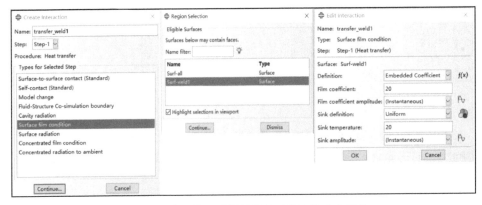

图 6-115　定义第一道焊缝焊接时的边界换热条件

重复上述操作，在 Step-4 中定义边界换热条件，命名为 transfer_all，面集合选择 Surf-all。

5. 定义边界条件

（1）定义热流载荷

在 Step-1 分析步定义热流载荷（Body heat flux），选择单元集合 ALL，Distribution 选择 User-defined，如图 6-116 所示。

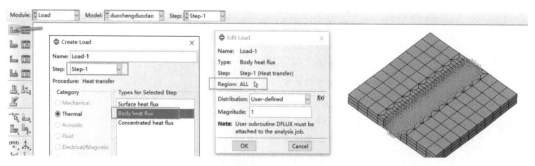

图 6-116　定义热流载荷

单击 Load Manager 图标，在 Step-5 分析步不激活 Load-1，如图 6-117 所示。

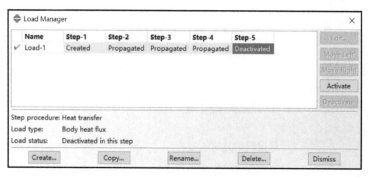

图 6-117　定义热源的有效性

说明：这里之所以不选择整个模型，而选择焊接单元定义热输入，是考虑到热源分布的影响。

（2）定义焊接子程序

子程序如下。

```
SUBROUTINE DFLUX(FLUX,SOL,JSTEP,JINC,TIME,NOEL,NPT,COORDS,JLTYP,
1                 TEMP,PRESS,SNAME)
C
INCLUDE 'ABA_PARAM.INC'
DIMENSION COORDS(3), FLUX(2), TIME(2)
CHARACTER*80 SNAME
x=COORDS(1)
y=COORDS(2)
z=COORDS(3)
PI=3.1415926
C   第一条焊缝焊接参数
wu1=15
wi1=100
effi1=0.85
v1=0.005
q1=wu1* wi1* effi1
```

```
      t1=0                     ! 焊接起始时间（相对总时间）
      d1=v1*（TIME（2）-t1）
      x1=0.0                   ! 焊接起始时的 x 坐标
      y1=0.0                   ! 焊接起始时的 y 坐标
      z1=0.002                 ! 焊接起始时的 z 坐标
      af1=0.003                ! 熔池前半轴长度
      b1=0.003                 ! 熔池宽度
      c1=0.002                 ! 熔池深度
      ar1=0.0045               ! 熔池后半轴长度
      ff1=0.7                  ! 熔池前半区热流量分配比例
C     第一、二条焊缝焊接层间的冷却时间
      t12=60
C     第二条焊缝焊接参数
      wu2=15
      wi2=100
      effi2=0.8
      v2=0.005
      q2=wu2* wi2* effi2
      t2=66                    ! 焊接起始时间（相对总时间）
      d2=v2*（TIME（2）-t2）
      x2=0.0                   ! 焊接起始时的 x 坐标
      y2=0.0                   ! 焊接起始时的 y 坐标
      z2=0.003                 ! 焊接起始时的 z 坐标
      af2=0.003                ! 熔池前半轴长度
      b2=0.003                 ! 熔池宽度
      c2=0.003                 ! 熔池深度
      ar2=0.0045               ! 熔池后半轴长度
      ff2=0.7                  ! 熔池前半区热流量分配比例
C     第一道焊缝焊接
      if（TIME（2）.lt.（t2-t12））then
        q=q1
        d=d1
        x0=x1
        y0=y1
        z0=z1
        af=af1
        b=b1
        c=c1
        ar=ar1
        ff=ff1
C     第一、二道焊缝层间的冷却
      else if（TIME（2）.lt.t2.and.TIME（2）.ge.（t2-t12））then
        q=0                    ! 冷却时热输入为 0
        d=d1
```

```
      x0=x1
      y0=y1
      z0=z1
      af=af1
      b=b1
      c=c1
      ar=ar1
      ff=ff1
C    第二道焊缝焊接
      else if（TIME（2）.ge.t2）then
      q=q2
      d=d2
      x0=x2
      y0=y2
      z0=z2
      af=af2
      b=b2
      c=c2
      ar=ar2
      ff=ff2
      end if
C    JLTYP=1，表示为体热源
      JLTYP=1
      heat1=6.0*sqrt（3.0）*q/（af*b*c*PI*sqrt（PI））*ff
      heat2=6.0*sqrt（3.0）*q/（ar*b*c*PI*sqrt（PI））*（2.0-ff）
      shape1=exp（-3.0*（x-x0-d）**2/af**2-3.0*（y-y0）**2/b**2
     $-3.0*（z-z0）**2/c**2）
      shape2=exp（-3.0*（x-x0-d）**2/ar**2-3.0*（y-y0）**2/b**2
     $-3.0*（z-z0）**2/c**2）
      IF（x.GE.（x0+d））THEN
      FLUX（1）=heat1*shape1
      ELSE
      FLUX（1）=heat2*shape2
      ENDIF
      RETURN
```

注意：为了便于使用更多工况，该子程序将每一条焊缝的所有参数均进行了单独声明和定义，使得子程序更易读。如果不同焊道采用同样的焊接参数，则可以对子程序进行相应的简化。

（3）定义部件初始温度

定义部件初始温度为 20℃ ，单击 Create Predefined Field 图标，创建预定义场，Step 为 Initial，Category 为 Other，Types for Selected Step 为 Temperature，单击 Continue 按钮后，框选整个部件，Magnitude 设为 20，如图 6-118 所示。

6. 定义网格

导入网格后必须调整单元类型以满足分析需要。在 Mesh 模块中，单击 Assign Element Type 图标，将单元类型修改为 Heat Transfer，如图 6-119 所示。

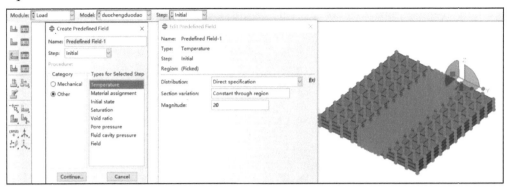

图 6-118　定义部件初始温度

图 6-119　更改单元类型

7. 提交计算

在 Job 模块，单击 Create Job 图标，新建 Job，命名为 duodaohan，单击 Continue 按钮，切换至 General 选项卡，单击 User subroutine file 右侧的文件夹图标，选中编辑好的 shuangtuoqiu_ duodao. for 文件，单击 OK 按钮，其他选项接受默认设置，返回 Edit Job 对话框，单击 OK 按钮。继续单击 Submit 按钮，提交计算任务。

8. 熔池校核

Job Manager 对话框的 Status 栏显示为 Completed 时，单击 Results 按钮进入后处理界面。打开温度场云图 NT11，使用 View Cut Manager 获得熔池断面温度场分布云图，进行熔池校核。第一道焊缝和第二道焊缝的焊接温度场如图 6-120 和图 6-121 所示。

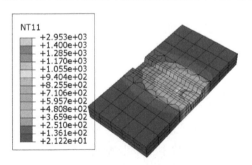

图 6-120　第一道焊缝的焊接温度场

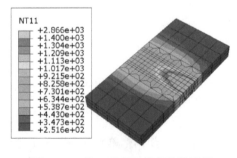

图 6-121　第二道焊缝的焊接温度场

6.9 焊接分析常见问题与解决思路

6.9.1 没有温度场分布

该类问题主要表现为在结果后处理中查看温度场分布时，发现其中均为统一温度，在各个增量步也没有任何变化，如图 6-122 所示。

问题分析与思路：这种情况主要是由热源未成功加载而导致的。其中的极少数原因是没有使用子程序，此时的解决方法为按照本章内容使用子程序重新仿真；大多数原因是子程序设置错误，主要体现在初始坐标等设置不合理，导致热源无法有效地加载到模型上，其解决思路为认真检查子程序，保证逻辑正确。

图 6-122 单一温度场分布

6.9.2 温度场分布不合理

该类问题主要表现为在结果后处理中查看温度场分布时，发现温度场分布不合理，且正常调整焊接参数后，温度场仍然没有有效改善。

- 问题分析和思路 1：图 6-123 所示的温度场分布不合理是由于网格尺寸不合理而造成的。网格尺寸过大导致热源无法有效地分布到单元高斯积分点，造成热流分布不合理，进而造成温度场分布不合理。解决方法为重新划分网格，保证熔池区域的单元尺寸至少为热源参数的 1/2，然后重新提交计算。
- 问题分析和思路 2：图 6-124 所示的温度场分布不合理也是常见情况，该类问题表现在整个温度场的温度无法上升，且中间的温度明显要高于边缘温度。造成此问题的原因一般在以 mm 为单位的焊接分析中，因为相对于 m，mm 单位中的薄膜交换系数要缩小 10^3，如果没有更改，就会造成表面的薄膜换热量过大，造成温度场分布异常。解决办法为，重点检查薄膜交换系数的单位。同时也要注意，如果使用了热辐射，也要检查热辐射中斯蒂芬-玻尔兹曼常数的单位是否正确。还有一个需要重点检查的是子程序中热量的单位，在 mm 单位中，需要扩大 10^3，如果没有注意到数量级上的变化，仅调整数值，温度场也是没有明显变化的。

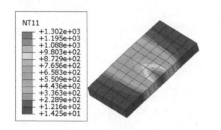

图 6-123 由网格因素造成的温度场分布不合理

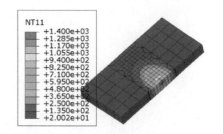

图 6-124 由薄膜交换系数造成的温度场分布不合理

6.9.3 熔池中心温度过高但熔合线基本正确

该类问题主要表现在查看温度场云图时，发现熔池中心温度超过预期，但是熔合线基本正确。如果调整热输入的话，熔池中心温度虽然下降了，但是熔合线又不正确了，这就陷入了两难选择。

问题分析和思路：造成此类问题的一般原因为未考虑金属在熔化过程中的相变吸热。图 6-125 和图 6-126 所示分别为不考虑潜热和考虑潜热两种情况的温度场分布。可以看到，如果不考虑潜热，热源的中心温度要高于考虑潜热，但是也要注意到，同样的焊接时间，不考虑潜热时只用了 36 个增量步，而考虑潜热时用了 119 个增量步。因此是否考虑潜热需要读者在工作中根据实际情况进行选择。

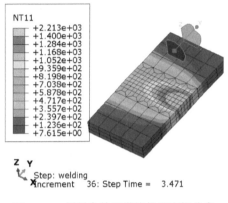

图 6-125　材料参数无潜热的温度场分布

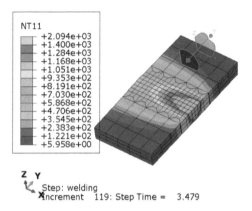

图 6-126　材料参数有潜热的温度场分布

## 第 7 章

复合材料仿真分析

知识要点：

- 复合材料分析简介。
- 与复合材料相关的各向异性材料简介。
- 复合材料分析的一般过程。
- CMA 复合材料工具的应用。

本章导读：

在当今机械工程领域中，常用的工程材料有金属材料、陶瓷材料、高分子材料、复合材料。传统工程材料有着较好的理化性能，经过一定的处理与加工便能满足大多数场合的应用，但是也存在一定的局限性。如传统金属材料不如高分子材料有弹性，而高分子材料也不像金属材料那样有良好的耐温性；陶瓷材料不如金属材料有塑性，特别是在产品的轻量化上，传统材料很难达到要求。传统材料越来越难以胜任越来越苛刻的工况条件。而复合材料的出现相当程度上解决了上述问题，材料的复合化也是材料发展的必然趋势。通常复合材料具有轻质高强的特性，且可设计性好，有着良好的抗疲劳和抗腐蚀性能。

随着现代国防军事技术、航空航天技术的迅速发展，对特种车辆和航天飞机的强度、刚度、稳定性也提出了更高的标准，不仅需要具备优良的性能，更要求其具有轻质化、高机动性、高强度和耐腐蚀性等多方面的特性。轻量化意义重大，汽车每减少 100kg 的重量，行驶 100km 就能大约节省 0.3L 油。轻量化对于飞机来说更加重要，每减少 1kg 的重量，每小时就能大约节省 100kg 的燃料。

本章对复合材料分析的理论基础进行了讲解，并通过帕加诺板对复合材料分析的主要过程进行了说明。Abaqus 还提供了用于复合材料建模和分析的 CMA 工具，本章结合具体实例对该工具进行了讲解，便于读者尽快掌握。

7.1 复合材料分析介绍

复合材料通常由一种或几种加强材料与基体材料混合而成。由于材料的复杂性，复合材料在力学性能上差异性很大。如采用碳纤维和玻璃钢纤维的复合材料，力学性能差异巨大。即使同样采用玻璃纤维，不同的铺层顺序也会对力学性能造成较大影响，并且该影响无法通过公式进行理论计算。采用有限元的方法对复合材料进行铺层，进而计算结构在载荷下的力学性能，逐渐被广大工程师所接受和认可。

7.2 各向异性材料本构

复合材料是典型的各向异性材料，因此定义复合材料需要先了解各向异性本构。

7.2.1 完全各向异性材料

对于一个完全各向异性材料，其本构方程可以写为

$$\sigma_i = C_{ij}\varepsilon_j \ (i,j = 1,2,3,4,5,6)$$

式中，σ_i 为应力；ε_j 为应变；C_{ij} 为刚度系数。

将上式展开，则有

$$
\begin{pmatrix} \sigma_1 \\ \sigma_2 \\ \sigma_3 \\ \sigma_4 \\ \sigma_5 \\ \sigma_6 \end{pmatrix} =
\begin{bmatrix} C_{11} & \cdots & C_{16} \\ \vdots & \ddots & \vdots \\ C_{61} & \cdots & C_{66} \end{bmatrix}
\begin{pmatrix} \varepsilon_1 \\ \varepsilon_2 \\ \varepsilon_3 \\ \varepsilon_4 \\ \varepsilon_5 \\ \varepsilon_6 \end{pmatrix}
$$

式中，C_{ij} 共计 36 个。

可以从数学上证明，$C_{ij} = C_{ji}$，因此在描述完全各向异性材料时，实际上需要 21 个常数。

将上述矩阵方程进行转化，则可写为

$$
\begin{pmatrix} \sigma_{11} \\ \sigma_{22} \\ \sigma_{33} \\ \sigma_{12} \\ \sigma_{13} \\ \sigma_{23} \end{pmatrix} =
\begin{bmatrix}
D_{1111} & D_{1122} & D_{1133} & D_{1112} & D_{1113} & D_{1123} \\
 & D_{2222} & D_{2233} & D_{2212} & D_{2213} & D_{2223} \\
 & & D_{3333} & D_{3312} & D_{3313} & D_{3323} \\
 & & & D_{1212} & D_{1213} & D_{1223} \\
 & sym & & & D_{1313} & D_{1323} \\
 & & & & & D_{2323}
\end{bmatrix}
\begin{pmatrix} \varepsilon_{11} \\ \varepsilon_{22} \\ \varepsilon_{33} \\ \gamma_{12} \\ \gamma_{13} \\ \gamma_{23} \end{pmatrix}
= \boldsymbol{D}^{el}
\begin{pmatrix} \varepsilon_{11} \\ \varepsilon_{22} \\ \varepsilon_{33} \\ \gamma_{12} \\ \gamma_{13} \\ \gamma_{23} \end{pmatrix}
$$

在 Abaqus 中，可以将刚度矩阵常数作为材料参数直接录入。在 Elastic（弹性模量）中将 Type 选为 Anisotropic（各向异性），依次录入 21 个常数的值，如图 7-1 所示。

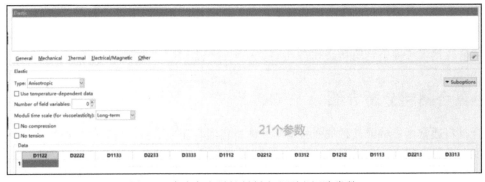

图 7-1　完全各向异性材料定义刚度矩阵常数

7.2.2 正交各向异性材料

完全各向异性材料实际上很难遇到，当前应用于工程领域的大部分材料，其结构内部均存在

弹性对称面。所谓弹性对称面是指内部任意一点，该点的应力状态可以用六个应力分量来表示，变形状态可以用六个应变分量来表示。如图 7-2 和图 7-3 所示，假设 Oxy 面为弹性对称面，当 z 轴的正负方向发生转换时，τ_{yz}、τ_{zx} 以及 γ_{yz}、γ_{zx} 的正负均发生转换，但正应力的正负均保持不变。由于 x，y 都在弹性对称面内，所以与 x 和 y 相关的项不改变弹性关系，这种材料被称为正交各向异性材料。

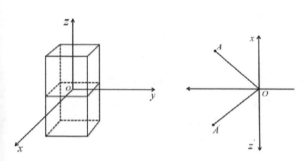

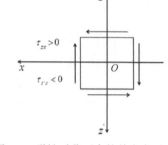

图 7-2　弹性对称面示意图　　　　　图 7-3　弹性对称面中的剪应力示意图

因此，正交各向异性体可以理解为存在三个互相垂直的弹性对称面，即存在三个互相垂直的材料主方向，再结合弹性应变能不随弹性主轴方向改变而改变的特性，可以证明

$$C_{14} = C_{24} = C_{34} = C_{46} = 0$$
$$C_{15} = C_{25} = C_{35} = C_{56} = 0$$
$$C_{16} = C_{26} = C_{36} = C_{45} = 0$$

则可以将材料刚度矩阵写为

$$
\begin{pmatrix}
\sigma_{11} \\
\sigma_{22} \\
\sigma_{33} \\
\sigma_{12} \\
\sigma_{13} \\
\sigma_{23}
\end{pmatrix}
=
\begin{bmatrix}
D_{1111} & D_{1122} & D_{1133} & 0 & 0 & 0 \\
 & D_{2222} & D_{2233} & 0 & 0 & 0 \\
 & & D_{3333} & 0 & 0 & 0 \\
 & & & D_{1212} & 0 & 0 \\
 & sym & & & D_{1313} & 0 \\
 & & & & & D_{2323}
\end{bmatrix}
\begin{pmatrix}
\varepsilon_{11} \\
\varepsilon_{22} \\
\varepsilon_{33} \\
\gamma_{12} \\
\gamma_{13} \\
\gamma_{23}
\end{pmatrix}
= \boldsymbol{D}^{\mathrm{el}}
\begin{pmatrix}
\varepsilon_{11} \\
\varepsilon_{22} \\
\varepsilon_{33} \\
\gamma_{12} \\
\gamma_{13} \\
\gamma_{23}
\end{pmatrix}
$$

此时用来描述正交刚度矩阵的参数减至 9 个，在 Elastic 中将 Type 选为 Orthotropic（正交各向异性），依次录入 9 个值，如图 7-4 所示。

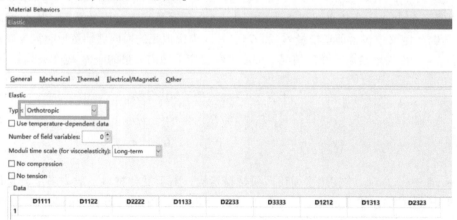

图 7-4　正交刚度矩阵材料参数定义

不过在工程中，上述值是无法直接获得的，更容易获得的是三个方向的弹性模量 E_1、E_2、E_3，泊松比 ν_{12}、ν_{13}、ν_{23}，剪切模量 G_{12}、G_{13}、G_{23}。将本构方程进行转化，则可以得到以工程实数表达的柔度矩阵：

$$\begin{pmatrix} \varepsilon_{11} \\ \varepsilon_{22} \\ \varepsilon_{33} \\ \gamma_{12} \\ \gamma_{13} \\ \gamma_{23} \end{pmatrix} = \begin{bmatrix} 1/E_1 & -\nu_{21}/E_2 & -\nu_{31}/E_3 & 0 & 0 & 0 \\ -\nu_{12}/E_1 & 1/E_2 & -\nu_{32}/E_3 & 0 & 0 & 0 \\ -\nu_{13}/E_1 & -\nu_{23}/E_2 & 1/E_3 & 0 & 0 & 0 \\ 0 & 0 & 0 & 1/G_{12} & 0 & 0 \\ 0 & 0 & 0 & 0 & 1/G_{13} & 0 \\ 0 & 0 & 0 & 0 & 0 & 1/G_{23} \end{bmatrix} \begin{pmatrix} \sigma_{11} \\ \sigma_{22} \\ \sigma_{33} \\ \sigma_{12} \\ \sigma_{13} \\ \sigma_{23} \end{pmatrix}$$

$$\nu_{21}/E_2 = \nu_{12}/E_1 ; \quad \nu_{31}/E_3 = \nu_{13}/E_1 ; \quad \nu_{32}/E_2 = \nu_{23}/E_2$$

在 Elastic 中将 Type 选为 Engineering Constants，依次录入 E_1 等 9 个的值，如图 7-5 所示。

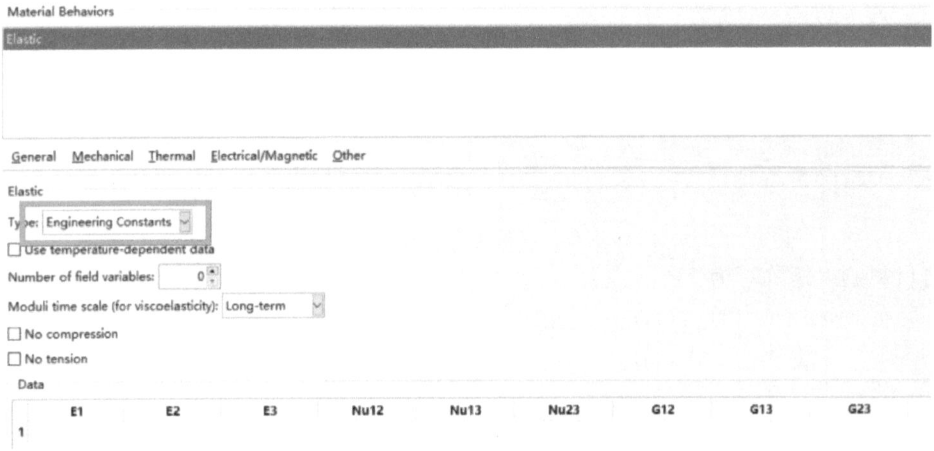

图 7-5　定义工程常数

7.2.3　平面应力的正交各向异性材料

在平面应力下，例如在壳单元中，定义一个正交各向异性材料只需要 E_1、E_2、ν_{12}、G_{12}、G_{13}、G_{23} 的值（在 Abaqus 所有的平面应力单元中，1-2 平面是平面应力的平面，因此平面应力的条件是 $\sigma_{33}=0$）。定义中包含剪切模量 G_{13} 和 G_{23}，是因为模拟壳的横向剪切变形时需要它们。泊松比 ν_{21} 通过 $\nu_{21}=\nu_{12}$ 隐性地给出。在此情况下，应力和应变平面内分量的应力-应变关系如下。

$$\begin{pmatrix} \varepsilon_1 \\ \varepsilon_2 \\ \gamma_{12} \end{pmatrix} = \begin{bmatrix} 1/E_1 & -\nu_{12}/E_1 & 0 \\ -\nu_{12}/E_1 & 1/E_2 & 0 \\ 0 & 0 & 1/G_{12} \end{bmatrix} \begin{pmatrix} \sigma_{11} \\ \sigma_{22} \\ \tau_2 \end{pmatrix}$$

在 Abaqus 中，Lamina 本构用来描述该项材料本构，由于复合材料一般为多层复合结构，针对每一层的材料属性，用 Lamina 本构表述最为合适。定义方式为在 Elastic 中将 Type 选为 Lamina，依次录入 E_1 等 6 个值，如图 7-6 所示。

Material Behaviors

Elastic

General   Mechanical   Thermal   Electrical/Magnetic   Other

Elastic

Type: Lamina

☐ Use temperature-dependent data
Number of field variables: 0
Moduli time scale (for viscoelasticity): Long-term
☐ No compression
☐ No tension

Data

	E1	E2	Nu12	G12	G13	G23
1						

图 7-6   定义 Lamina 本构

7.3 复合材料分析的一般流程

复合材料分析的一般流程如图 7-7 所示。

图 7-7   流程图

其分析主要流程和静力学、动力学差异不大，主要差别在于属性定义和分析输出，尤其是属性中的铺层设计是复合材料分析的核心内容，需要对铺层的层数、每层的材料、厚度、铺层方向等进行设计，以满足设计需求。铺层是模型的截面属性，因此在定义输出时，需要完成相应的场变量输出。下面结合实例了解复合材料分析的完整过程。

7.4 实例：帕加诺板受力分析

7.4.1 问题描述

帕加诺（Pagano）板问题是复合材料分析中的经典问题，其中，简支复合材料层合板承受沿其长度正弦变化的向下压力载荷。几何结构和载荷详情如图 7-8 和图 7-9 所示。几何结构和载荷沿 y 方向是均匀的，因此，利用应用于纵向边缘的对称边界条件对宽度部分进行建模就足够了。这里将使用板的单位宽度 0.025m。

复合材料为三层板结构，每层厚度为 0.02m，材料参数见表 7-1。

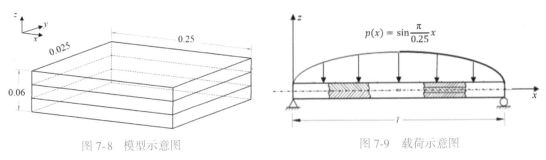

图 7-8　模型示意图　　　　　　　　　　　　　　图 7-9　载荷示意图

$$p(x) = \sin\frac{\pi}{0.25}x$$

表 7-1　材料参数

E_1/Pa	E_2/Pa	ν_{12}	G_{12}/Pa	G_{13}/Pa	G_{23}/Pa
1.72e6	6.9e4	0.25	3.45e4	3.45e4	1.38e4

7.4.2　求解过程

1. 创建部件

Abaqus 可以通过三种方式定义复合材料，分别是常规壳单元（Conventional Shell）、连续壳单元（Continuum Shell）和实体单元（Solid）。其中，常规壳单元（Conventional Shell）较为常见，本例以此进行建模和分析，其他方式请读者参照本例。根据图 7-8 和表 7-1，模型采取 kg-m 单位建模，构建 0.25×0.025 的三维壳，如图 7-10 所示。

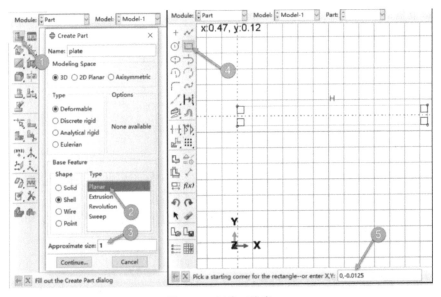

图 7-10　创建三维壳

① 单击 Create Part 图标。

② 在弹出的对话框中，输入名字 plate，在 Shape 中选择 Shell，Type 中选择 Planar（平面的）。

③ 在 Approximate size 中将数字改成 1（因为模型的最大尺寸为 0.25），单击 Continue 按钮。

④ 进入草图绘制界面，单击矩形绘制图标。

⑤ 在文本框内输入矩形两个对角点的坐标：（0，−0.0125），（0.25，0.0125），完成矩形绘制，退出草图编辑界面。

2. 定义属性

1）定义材料。根据表 7-1，定义材料。将材料命名为 lamina，定义 Lamina 本构，依次填入 E_1 等 6 个值，如图 7-11 所示。

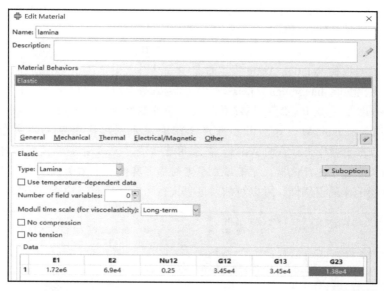

图 7-11　材料本构定义

2）定义铺层。共需要定义三层，每层厚度为 0.02mm，材料均为 lamina，定义方法如图 7-12 所示。

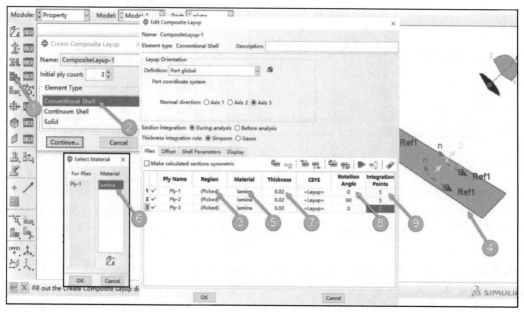

图 7-12　铺层定义

① 单击 Create Composite Layup 图标。

② 在弹出的 Create Composite Layup 对话框中选择 Conventional Shell，Initial play count 设为 3，单击 Continue 按钮。

③ 在弹出的 Edit Composite Layup 对话框中，双击 Ply-1 层对应的 Region 列空白格。

④ 选择视图中的壳，单击 Done 按钮，回到 Edit Composite Layup 对话框。

⑤ 双击 Ply-1 层对应的 Material 列空白格。

⑥ 在弹出的 Select Material 对话框中选择对应材料。由于只定义了一种材料，选中 lamina 即可，单击 OK 按钮回到 Edit Composite Layup 对话框。

⑦ 在 Ply-1 层对应的 Thickness 列空白格输入厚度 0.02。

⑧ 在 Ply-1 层对应的 Rotation Angle 列空白格输入材料方向角度 0°。

⑨ 在 Ply-1 层对应的 Integration Points 列空白格输入每层材料的积分点数量 5。

⑩ 重复③~⑩步，完成 Ply-2 和 Ply-3 的定义，相关参数详见图 7-12。

注意：Normal direction 的选择。由于采用三维壳单元，默认壳单元的法向是 z 轴，所以 Normal direction 为基于部件坐标系的 Axis3。在采用连续壳单元或者实体模型的时候，Normal direction 需要根据实际情况进行选择，并根据右手定则确定其他两个方向。

为了保证铺层定义的正确性，可以对铺层信息进行可视化检查，检查方法如图 7-13 所示。

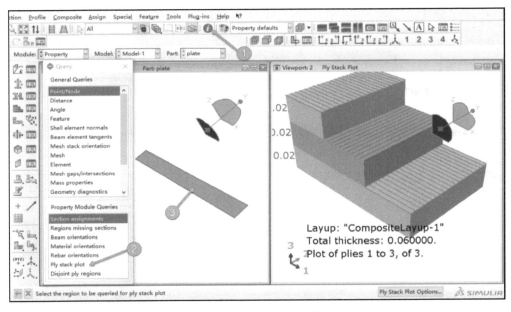

图 7-13　铺层信息可视化检查

① 单击工具栏中的 Query information 图标。

② 在弹出的 Query 对话框中选择 Ply stack plot，Abaqus 会自动弹出一个复材分层显示窗口。

③ 在视图中单击部件，Abaqus 会自动在复材分层显示窗口中显示复材的分层设置结果。

3. 定义装配

在 Assembly 模块，单击 Create Instance 图标，选择部件 plate，其他选项接受默认值，单击 OK 按钮，完成装配定义。

4. 定义分析步

1）定义通用分析步。在 Step 模块中定义 Static General 分析步，接受默认设置，如图 7-14 所示。

2）定义场变量输出。由于复合材料分析定义了铺层信息，故默认的场变量输出不能满足其输出需求。如图 7-15 所示，新建场变量输出，在 Domain 中选择 Composite layup，进入复材定制输出界面。选择 S（应力分量和变量）和 TSHR（横向剪切应力）为场变量输出项，在下方 Output at Section Points 栏选择 All section points in all plies，意为输出所有层所有积分点的值，这是最完整的输出，也可以根据实际情况选择相应的层或积分点。

图 7-14　定义通用分析步

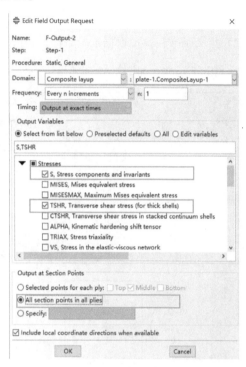

图 7-15　定义输出

5. 定义边界条件

1）定义位移约束。根据工况条件定义部件的位移约束，如图 7-16 所示。

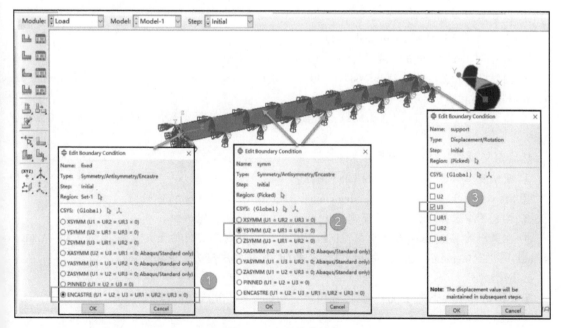

图 7-16　定义位移约束

① 定义部件左侧为全约束，约束类型为 ENCASTRE。

② 定义部件两个长边为对称约束（对象部件为单位长度部件），约束类型为 YSYMM（对称面的法向为 Y 轴）。

③ 定义部件右侧为 U3 方向约束。

2）定义函数载荷。根据工况条件，载荷以函数 $p(x) = \sin\dfrac{\pi}{0.25}x$ 分布。

首先定义函数，如图 7-17 所示。

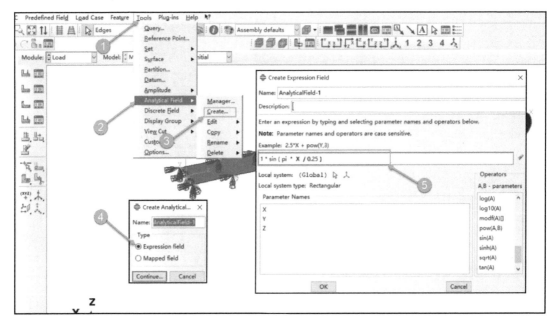

图 7-17　定义函数

① 在菜单栏中选择 Tools。

② 在下拉菜单中选择 Analytical Field。

③ 在 Analytical Field 的子菜单中选择 Create，定义解析场。

④ 接受默认设置，选择 Expression field，单击 Continue 按钮，进入函数编辑界面 Create Expression Field 对话框。

⑤ 输入函数 1 * sin（pi * X/0.25），除数字外，其他尽量以点选的方式完成，单击 OK 按钮退出。

然后定义载荷，如图 7-18 所示。

① 在快捷工具区中单击 Create Load 图标。

② Step 选择 Step-1，类型选择 Mechanical→Pressure，单击 Continue 按钮。

③ 在视图中选择壳，根据提示选择上表面，单击 Done 按钮。

④ 在弹出的 Edit Load 对话框中，Distribution 选择刚刚定义好的预定义解析场（A）AnalyticalField-1，在 Magnitude 文本框中输入 1，单击 OK 按钮完成载荷的定义。

6. 网格划分

定义网格种子大小为 0.005，其他选项接受默认设置，完成网格划分。

7. 提交求解

创建新的 Job，命名为 Pagano，其他选项接受默认设置，提交计算。

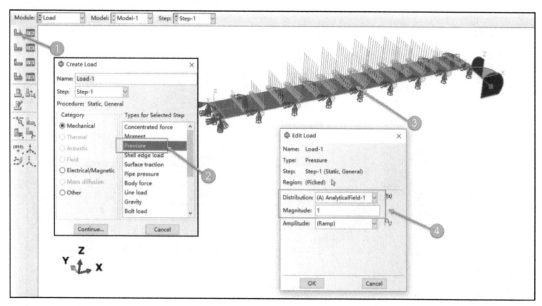

图 7-18　定义载荷

8. 结果后处理

1）分层显示应力云图。

计算完成后，单击 Results 按钮进入结果后处理界面。选择 S-S11 变量输出，此时默认只显示一层的应力，通常不能满足需要，而工程师须了解每一层应力的分布，进而得到最大应力。分层显示应力云图获取方法如图 7-19 所示。

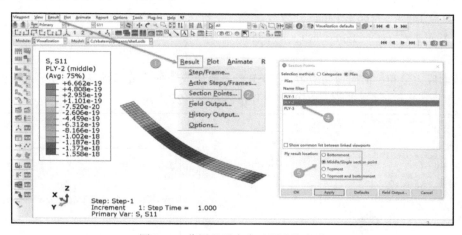

图 7-19　分层显示应力云图获取方法

① 在菜单栏中选择 Result。

② 在下拉菜单中选择 Section Points。

③ 在弹出的对话框中选择 Plies。

④ 在 Plies 栏会列出所有的层，根据需要选择相应的层。

⑤ 在 Ply result location 中选择该层需要显示的面，包含 Bottommost（最底层）、Middle/Single section point（中间层/单个截面点）、Topmost（最上层）、Topmost and bottommost（最顶层和最底

层中数值较大的）。

当每层积分点数量比较多，又需要精确获得每个积分点处的应力时，选择 Categories，如图 7-20 所示。

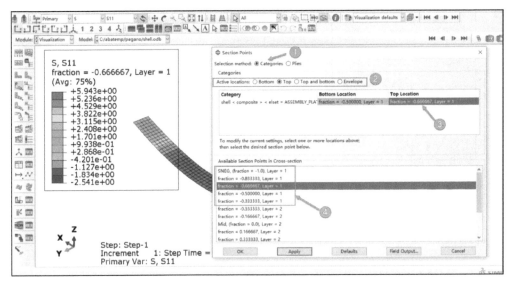

图 7-20　分积分点显示应力云图

① Selection method 选择 Categories。

② 由于每个积分点对应顶面和底面两个值，所以需要进行定义，在 Active location 中进行选择，如选择 Top。

③ 当选择 Top 时，Top Location 列为可选项，单击该处。

④ 在 Available Section Points in Cross-section 中选择相应的层和积分点，单击 OK 或 Apply 按钮完成选择。

2）截面应力分布。横向剪切应力（TSHR）是截面应力的主要指标。通过 XY data 的方法可以获得任意一个单元截面方向的 TSHR 应力分布，如图 7-21 所示。

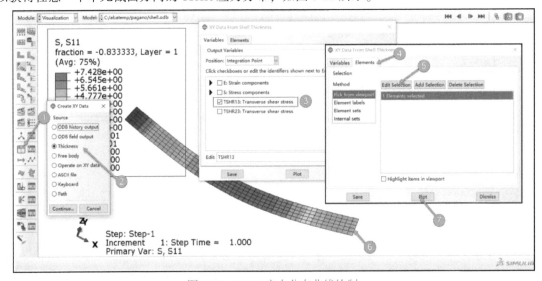

图 7-21　TSHR 应力分布曲线绘制

① 单击 Create XY Data 图标。

② 选择 Thickness，单击 Continue 按钮。

③ 选择 TSHR13（13 方向横向剪切应力），其他选项接受默认值。

④ 切换到 Elements 选项卡。

⑤ 单击 Edit Selection 按钮，进入单元选择操作。

⑥ 依据提示选择对应单元，单击 Done 按钮完成选择操作。

⑦ 单击 Plot 按钮，绘制截面尺寸与 13 方向横向剪切应力曲线，如图 7-22 所示。也可以单击 Save 按钮，将数据进行保存，以做他用。

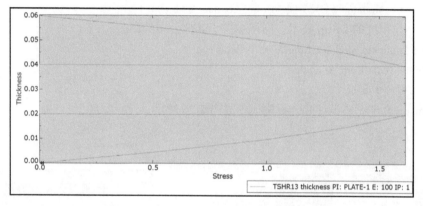

图 7-22　截面尺寸与 13 横向剪切应力曲线

7.5　CMA 工具

CMA 是 Abaqus 推出的复合材料分析模板，在 2018 版本（含）以前需要单独安装，自 2019 版本起已经集成在 Abaqus 程序中。在菜单栏中的 Plug-ins 下拉菜单里选择 Composites Modeler→ Show Modeling Tab 命令，在 Property 模块中结构树的位置会增加一个 CM 选项卡，该选项卡就是 CMA 工具，如图 7-23 所示。

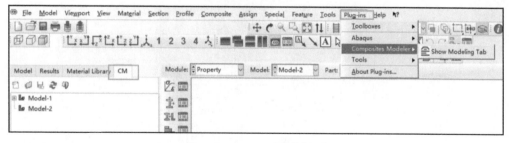

图 7-23　CMA 工具调用方法

CMA 工具主要有以下特点。

（1）复合材料建模功能

1）考虑复合材料结构选择的制造工艺。

2）考虑由于制造工艺引起的各个位置的纤维方向差异。

3）允许快速属性生成和验证，包括实体模型。

4）设计端和制造端的联系。

（2）达索系统 Layup 技术

1）专注于复合材料结构的设计、分析和制造。

2）在多个行业得到验证。

3）从 1992 年开始商业化应用（Simulayt 3DS）。

4）支持的达索系统产品如下。

- Advanced Fiber Modeler（AFM 模块）for CATIA V5。
- Composites Link（复合材料接口）for CATIA V5。
- Composites Modeler（CMA 模块）for Abaqus/CAE。

5）部分达索系统的 Layup 技术，同样被用于其他公司的产品。

- Patran Laminate Modeler from MSC Software。
- Laminate Tools from Anaglyph。

（3）设计和分析集成

通过 .Layup 文件完成设计和分析集成，如图 7-24 所示。

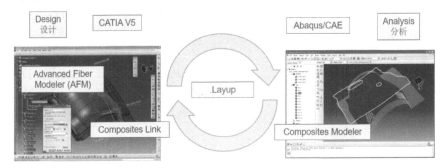

图 7-24   .Layup 文件

（4）设计和分析数据传输

数据传输示意图如图 7-25 所示。

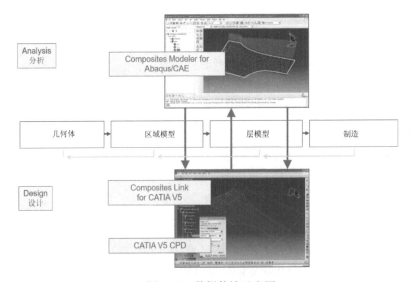

图 7-25   数据传输示意图

7.6 实例：基于 CMA 的构件铺层设计

图 7-26 所示为一个构件，该构件采用复合材料工艺，由于其存在多个曲面，所以需要研究合理的铺设工艺，以保证材料铺设效果。材料铺层表已经通过其他设计软件完成，并生成了 .layup 文件。

7.6.1 导入铺层信息

进入结构树中的 CM 模块，右击 Model-1，在弹出的快捷菜单中选择 Import 命令，弹出 Import Layup 对话框，选择 drape_order.Layup 文件（在本书附带的文件中获取），如图 7-27 所示。

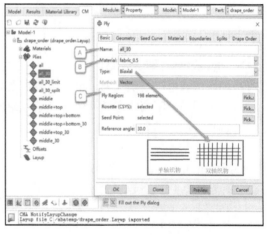

图 7-26　构件模型示意图

在导入的信息中，包含 Materials（材料）、Plies（层）、Offsets（偏移）、Layup（铺层设计）等信息，如图 7-28 所示。双击任意一个层，弹出 Ply 对话框。在 Basic 选项卡中主要包含以下信息。

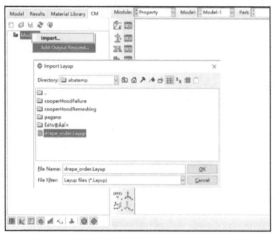

图 7-27　导入 .Layup 文件

图 7-28　查看层的信息

A：Name（名称）

层的名称。此例中，可以通过名称看出层的位置和参考角度，例如，middle_30 为中间层，主方向的参考角度为 30°。

B：Material（材料）

材料名称。需要注意，此材料非传统材料含义，其包含材料本构、类型（单轴、双轴、投影）、厚度、最大应变、经纬线夹角等信息，如图 7-29 所示。所有内容可以在结构树的 Materials 子树对应的材料中双击查看。

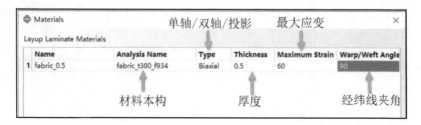

图 7-29　材料信息

- Type（类型）：包含 Uniaxial（单轴）、Biaxial（双轴）和 Projected（投影）三种。其中，单轴和双轴的区别如图 7-28 所示。单轴为单方向平行，如纤维丝；双轴为经纬两个方向交叉分布，如常见的玻璃纤维网格布。
- Warp/Weft Angle（经纬线夹角）：只有在类型为双轴时才生效。经线和纬线的夹角如图 7-30所示，默认为 90°。

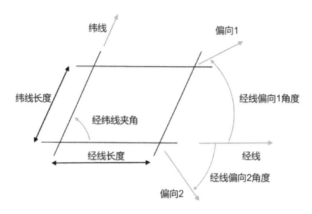

图 7-30　经纬线夹角示意图

C：PlyRegion（铺层区域）

1）铺层区域可以基于几何、单元类型或之前预定义的集合进行选择。

2）每个铺层有不同的方向和长度（单元组成）。

3）选择区域要求如下。

- 必须是连续的。
- 当铺覆成形时，不允许出现内部空洞。
- 不能包含 T 形分支。

7.6.2　新建铺层

1）右击结构树中的 Plies 节点，选择 Create 命令，创建新的铺层，命名为 new_all_30_with_split。材料选择 fabric_0.5，铺层区域设置的具体步骤如图 7-31 所示。

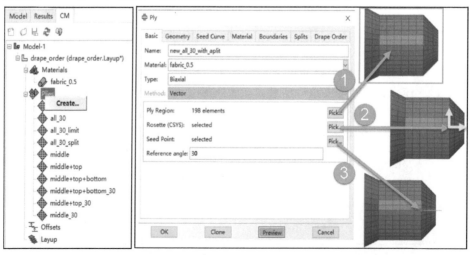

图 7-31　新建铺层

① 单击 Ply Region 右侧的 Pick 按钮，选择 Elements，框选整个模型。

② 单击 Rosette（CSYS）右侧的 Pick 按钮，选择 Screen，选择已存在的坐标系。

③ 单击 Seed Point 右侧的 Pick 按钮，选择位于坐标系原点位置的节点。

2）在 Geometry 选项卡中，将 Extension Type 设置为 Principle，铺覆完成后，检查铺层铺覆状态，具体步骤如图 7-32 所示。

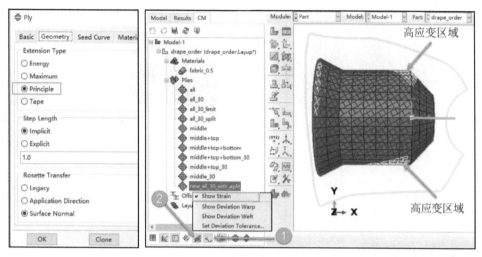

图 7-32　铺覆状态检查

① 选中 new_all_30_with_split 铺层，单击下侧工具栏中的 Show Ply Flat Pattern 图标，视图中显示的黄色线框为铺层展开图。

② 单击下侧工具栏中的 Show Ply Draped Pattern 图标，在弹出的菜单中勾选 Show Strain，视图中显示铺层的应变情况。由图 7-32 可以看到，远离铺层初始点的位置存在高应变区域。

7.6.3　铺层优化设计

如果直接铺覆，因为圆柱的织物收缩太严重，容易局部起皱，所以通过分割（Split）来避免该问题，如图 7-33 所示。

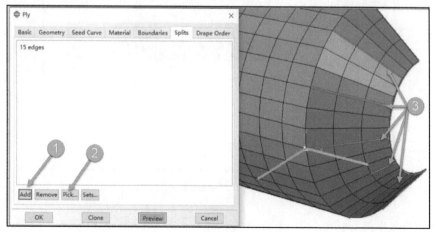

图 7-33　铺层的分割

① 再次双击 new_all_30_with_split 铺层，在弹出的对话框中打开 Splits 选项卡，单击 Add 按钮。

② 单击 Pick 按钮。

③ 按住〈Shift〉键，依次选中图 7-33 所示的单元的边，单击 OK 按钮完成铺层的分割。

参照 7.6.2 节步骤，检查铺层铺覆状态，如图 7-34 所示。

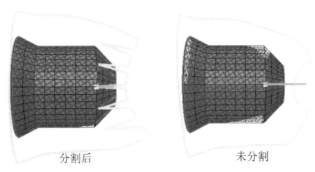

分割后　　　　　　　　　　　　未分割

图 7-34　分割前后铺覆状态对比

通过图 7-34 可以看到，经过剪裁后，铺层的铺覆状态得到了明显的改善，这对实际工作有重要的指导意义。

7.6.4　Layup 定义

将所有铺层按照一定的顺序铺覆，则完成了 Layup 的定义。如图 7-35 所示，双击结构树中的 Layup 节点，则弹出 Layup 定义对话框。按住〈Shift〉键，依次单击首尾两个铺层，即选中所有铺层，然后单击绿色箭头图标，完成 Layup 铺层，单击 OK 按钮完成该工件的所有铺层铺覆。只有将 Layup 信息作为截面属性赋值到工件上，才可以进行力学分析，如图 7-36 所示。

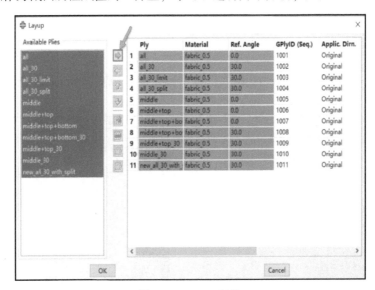

图 7-35　Layup 定义

① 右击结构树中的 Layup 节点，在弹出的快捷菜单中选择 Create Properties 命令。

② 在弹出的 Create Properties 对话框中，单击 Elements 右侧的 Pick 按钮，选择 Elements。

③ 框选整个模型，单击 OK 按钮完成属性的赋值，赋值后，工件的颜色会变为浅绿色。

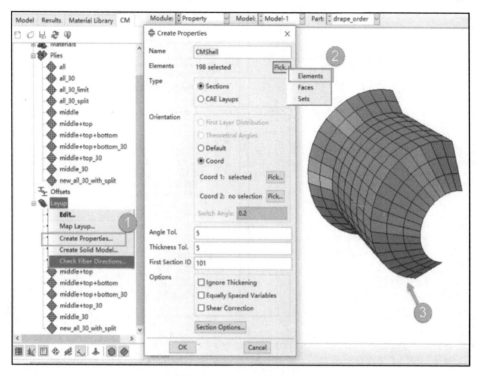

图 7-36 Layup 属性赋值

7.6.5 静力学分析

1. 定义装配

在 Assembly 模块，单击 Creat Instance 图标，选择部件 plate，其他选项接受默认值，单击 OK 按钮，完成装配定义。

2. 定义分析步

1）定义通用分析步。在 Step 模块中定义 Static General 分析步，接受默认设置。

2）定义场变量输出。定义复合材料的输出。如图 7-37 和图 7-38 所示，新建场变量输出，在 Domain 中选择 Composite layup，进入复合材料定制输出界面。选择 S 和 E 为场变量输出项，在下方的 Output at Section Points 栏选择 All section points in all plies。

3. 定义边界条件

（1）定义约束

分别建立工件的底边全约束和对称面对称约束，如图 7-39 所示。

1）底边全约束：Create Boundary Condition→Mechanical：Symmetry/Antisymmetry/Encastre → Region：工件底边→ENCASTRE（U1＝U2＝U3＝UR1＝UR2＝UR3＝0）。

2）对称面约束：Create Boundary Condition→Mechanical：Symmetry/Antisymmetry/Encastre → Region：对称面节点→ZSYMM（U3＝UR1＝UR2＝0）。

（2）定义载荷

定义载荷为外表面 4MPa 压强，路径为：Create Load→Mechanical：Pressure →Region：工件外表面→Magnitude：4，如图 7-40 所示。

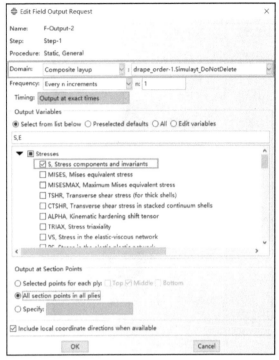

图 7-37　定义 S 变量输出

图 7-38　定义 E 变量输出

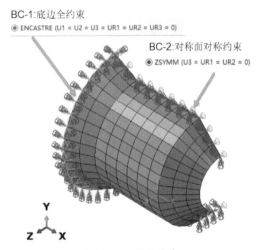

图 7-39　定义约束

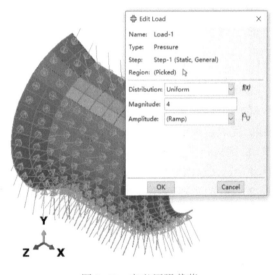

图 7-40　定义压强载荷

4. 求解计算

创建新的 Job，命名为 ssc，其他选项接受默认值，提交计算。

5. 结果后处理

计算状态显示 Completed 后，单击 Results 按钮进入结果后处理界面。

7.6.6　失效准则与插件

Abaqus 内嵌的层合板强度评价准则有最大应变准则、Hill 准则、Hoffman 准则、Tsai-Wu 准则等。

1）Hill 准则：
$$F=\frac{\sigma_1^2}{X^2}-\frac{\sigma_1\sigma_2}{X^2}+\frac{\sigma_2^2}{Y^2}+\frac{\tau_{12}^2}{S^2}$$

式中，X 为铺层 1 方向的应力许用值；Y 为铺层 2 方向的应力许用值；S 为剪切许用值。当 F 大于 1 时，材料失效。

2）Hoffman 准则：
$$F=\left(\frac{1}{X_t}-\frac{1}{X_c}\right)\sigma_1+\left(\frac{1}{Y_t}-\frac{1}{Y_c}\right)\sigma_2+\frac{\sigma_1^2}{X_tX_c}+\frac{\sigma_2^2}{Y_tY_c}-\frac{\sigma_1\sigma_2}{X_tX_c}+\frac{\tau_{12}^2}{S^2}$$

式中，X_t 为铺层 1 方向的拉伸应力许用值；X_c 为铺层 1 方向的压缩应力许用值；Y_t 为铺层 2 方向的拉伸应力许用值；Y_c 为铺层 2 方向的压缩应力许用值；S 为剪切许用值。当 F 大于 1 时材料失效。

3）Tsai-Wu 准则：
$$F=\left(\frac{1}{X_t}-\frac{1}{X_c}\right)\sigma_1+\left(\frac{1}{Y_t}-\frac{1}{Y_c}\right)\sigma_2+\frac{\sigma_1^2}{X_tX_c}+\frac{\sigma_2^2}{Y_tY_c}-\frac{\sigma_1\sigma_2}{X_tX_c}+\frac{\tau_{12}^2}{S^2}+2F_{12}\sigma_1\sigma_2$$

式中，X_t 为铺层 1 方向的拉伸应力许用值；X_c 为铺层 1 方向的压缩应力许用值；Y_t 为铺层 2 方向的拉伸应力许用值；Y_c 为铺层 2 方向的压缩应力许用值；S 为剪切许用值；F_{12} 为经验系数；当 F 大于 1 时材料失效。

上述准则的使用需要在材料属性中定义 X_t、X_c、Y_t、Y_c、S、F_{12} 的值，定义路径为 Mechanical→Elastic→Suboptions→Fail Stress，如图 7-41 所示。

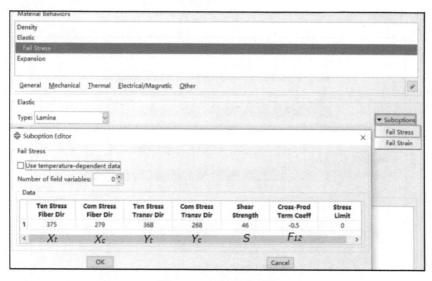

图 7-41　材料参数定义

Abaqus 提供了失效准则插件，调用步骤及路径如图 7-42 所示。

① 单击结构树中的 ssc.odb 节点，使得当前结果文件处于选中状态。

② 在菜单栏中选择 Plug-ins→Composites Modeler→Create CriteriaFailure Criteria 命令。

图 7-43 所示为失效准则插件界面，主要设置 Criterion（失效准则）和 Failure Results（失效结果）两部分。本例以 Tsai-Wu 准则为例。

失效结果包含以下几项。

● FI（Failure Indices，失效指标）：当 FI>1 时，材料失效。

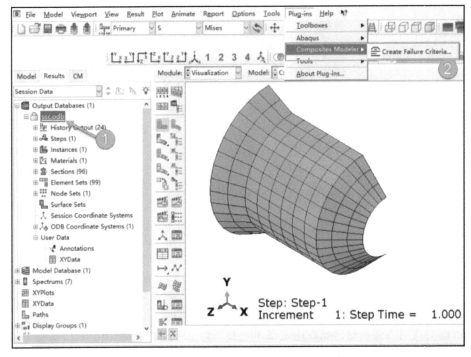

图 7-42　失效准则插件调用步骤及路径

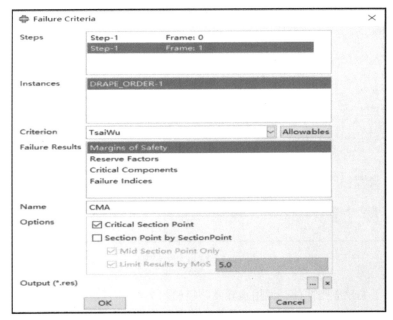

图 7-43　失效准则插件界面

- RF（Reserve Factors，储备系数）：即 SR（Strength Rate，强度比）。SR 与 FI 存在数学对应关系，在不同的准则中对应关系有所不同，如在最大应变准则中，SR = 1/FI，在其他准则中，需要参照相关理论进行推算，在此不做详细介绍。当 SR<1 时，材料失效。
- MOS（Margins of Safety，安全边界）：MOS = SR-1，当 SR<1 时，材料失效。

- CRC（Critical Components，关键部件）：多部件时使用。

图 7-44～图 7-46 展示了不同失效结果的云图，可以看到，不同的失效结果参数是从不同角度对结果进行的后处理，本质一致。读者可以根据不同的需要选择不同的失效结果作为判断依据。

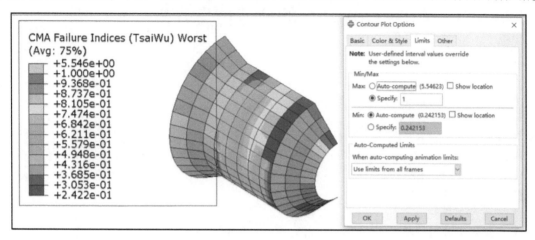

图 7-44　失效指标云图（取上限边界：1）

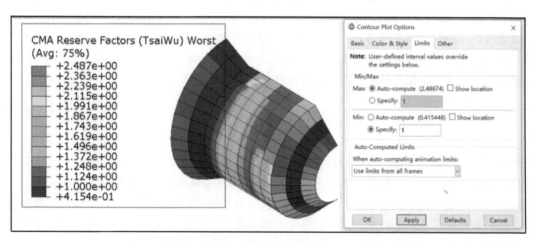

图 7-45　储备系数云图（取下限边界：1）

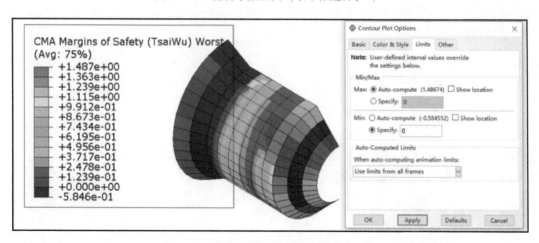

图 7-46　安全边界云图（取下限边界：0）

第8章

与fe-safe联合的疲劳仿真分析

知识要点：

- 疲劳分析简介。
- fe-safe 分析软件简介。
- 疲劳分析过程。
- 焊缝疲劳分析过程。

本章导读：

疲劳（Fatigue）是工程中导致事故的重要原因。本章通过 fe-safe 软件讲解了疲劳分析的主要过程，并结合实例对如何联合使用 Abaqus 和 fe-safe 进行了流程化的讲解。本章还通过对 Verity 模块的讲解，使读者掌握使用结构应力法进行焊缝疲劳计算的方法。

8.1　疲劳分析概述

机械零件，如轴、齿轮、轴承、叶片、弹簧等，在工作过程中各点的应力随时间做周期性变化，这种随时间做周期性变化的应力称为交变应力（也称循环应力）。在交变应力的作用下，虽然零件所承受的应力低于材料的屈服点，但经过较长时间的工作后可能产生裂纹或突然发生完全断裂，这种现象称为金属的疲劳。疲劳破坏是机械零件失效的主要原因之一。据统计，在机械零件失效中有 80% 以上属于疲劳破坏，而且疲劳破坏前没有明显的变形、不易发现，所以疲劳破坏经常造成重大事故，所以对于轴、齿轮、轴承、叶片、弹簧等承受交变载荷的零件，要选择疲劳强度较好的材料来制造。

8.2　疲劳分析基本概念

8.2.1　疲劳载荷

结构在动载荷长期作用下可能形成裂纹或完全断裂。构件上作用的动载荷有如下形式：恒幅循环载荷、变幅循环载荷、随机载荷等，如图 8-1 所示。

8.2.2　雨流计数法

对于图 8-1 中的横幅循环载荷，可以很方便地使用相关理论去计算疲劳损伤，但是对于变幅和随机载荷，就不太好处理。英国的 Matsuiski 和 Endo 两位工程师提出了"雨流计数法"，把应变-时间历程数据记录旋转 90°，时间坐标轴竖直向下，数据记录犹如一系列屋面，雨水顺着屋面往下流，故称为雨流计数法。雨流计数法对载荷的时间历程进行计数的过程反映了材料的记忆特性，具有明确的力学概念，因此该方法得到了普遍的认可。限于篇幅，此处不能对雨流计数法的过程进行详细讲解，更多内容参见"幻想飞翔 CAE"公众号，在历史文章中查找"疲劳仿真研究系列 3-雨流计数法"。雨流计数法的最终效果是将杂乱无章的载荷处理为若干个恒幅循环载荷，如图 8-2 和图 8-3 所示。具体过程一般集成在疲劳分析商业软件中，读者可以选择性学习。

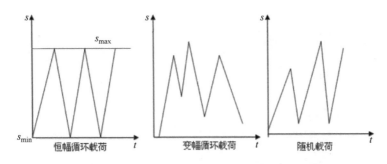

图 8-1　不同形式的疲劳载荷

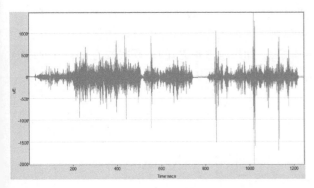

图 8-2　复杂载荷谱

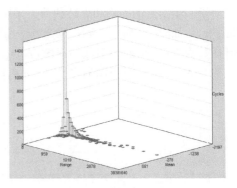

图 8-3　雨流统计表

8.2.3　应力幅与平均应力

如图 8-4 所示，对于一个简单的正弦波载荷，存在以下参数。

最大应力（Max）：S_{max}　最小应力（Min）：S_{min}　　　　　应力范围（Range）：$\Delta S = S_{max} - S_{min}$

应力幅：$S_a = \Delta S/2$　　平均应力（Mean）：$S_m = (S_{max} + S_{min})/2$　载荷比：$R = S_{min}/S_{max}$

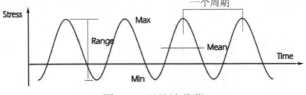

图 8-4　正弦波载荷

8.2.4　疲劳寿命曲线

对于构件在动载荷作用下，产生疲劳裂纹或疲劳断裂所需的载荷历程长度值，在实际工程中可以用载荷循环次数、载荷作用时间、部件工作里程等来度量，又称为 Life 或 Endurance Limit（循环次数）。构件在不同载荷幅作用下，有不同的疲劳寿命。描述结构载荷幅-疲劳寿命的关系曲线称为寿命曲线，一般有应力（幅）-寿命曲线（见图 8-5）和应变（幅）-寿命曲线（见图 8-6）。

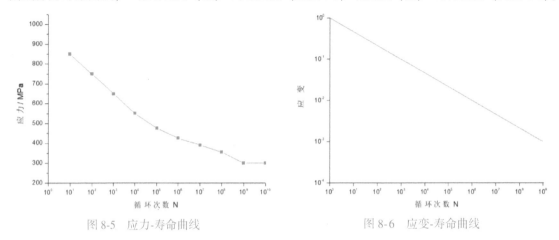

图 8-5　应力-寿命曲线　　　　　　　　图 8-6　应变-寿命曲线

8.2.5　疲劳失效准则

对于一个给定的构件和循环载荷，采用适当方法（如雨流计数法）计算不同载荷幅的循环次数 n_1、n_2，如图 8-7 所示。通过疲劳寿命曲线可以获得，如果应力幅 P_{a1} 的循环次数为 n_1，其允许循环次数为 N_1，则由 P_{a1} 引起的损伤 $damage_1 = n_1/N_1$。如果应力幅 P_{a2} 的循环次数为 n_2，其允许循环次数为 N_2，则由 P_{a2} 引起的损伤 $damage_2 = n_2/N_2$，如图 8-8 所示。

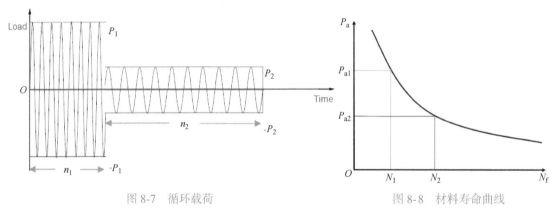

图 8-7　循环载荷　　　　　　　　　　图 8-8　材料寿命曲线

疲劳失效的分析都是建立在"损伤"的概念上，当材料承受高于疲劳极限的应力时，每一循环都使材料产生一定的损伤，这种损伤是会累积的。当损伤累积到临界值时，零件就会发生破坏。

1945 年，M·A. 迈因纳根据材料吸收净功的原理，提出了疲劳线性累计损伤的数学表达式，即 Minner 准则：

$$\sum_{i=1}^{m} \frac{n_i}{N_i} = 1$$

Minner 准则认为，构件由 P_{a1}、P_{a2} 引起的总损伤为

$$TotalDamage = \frac{n_1}{N_1} + \frac{n_2}{N_2} = \sum \frac{n}{N}$$

当 $TotalDamage=1$ 时，构件破坏。则构件在上述载荷作用（大小、循环数）下的疲劳寿命为

$$Life = \frac{1}{TotalDamage} = \frac{1}{\sum \dfrac{n}{N}}$$

Minner 准则简单易用，但是在复杂工况下显得不足，因此演化出了不同的疲劳失效准则。下文只对各准则的大概内容和适用范围进行说明，不对判断公式进行讲解，读者有兴趣可以参阅相关书籍（如徐灏先生的《疲劳强度》）和相关疲劳分析软件的帮助文档（如达索的 fe-safe）。

- 最大主应变准则：疲劳裂纹产生于发生最大主应变幅的平面上。适用于脆性材料和高强度材料的高周疲劳寿命分析。会对延性金属做出不安全的寿命预测。
- 最大主应力准则：疲劳裂纹产生于发生最大主应力幅的平面上。适用于脆性材料和高强度材料的高周疲劳寿命分析。会对延性材料产生非常不安全的疲劳寿命预测结果。
- 最大剪应变准则：疲劳裂纹产生于发生最大剪应变幅的平面上。适用于延性材料和低强度材料的低周疲劳寿命分析，结果偏于保守。但对脆性材料会给出不安全的结果预测。
- McDiarmid 准则：假设疲劳寿命与面上作用的正应力、剪应力有关。适用于高周疲劳分析。
- Brown-Miller 组合应变准则：认为最大疲劳损伤产生于经受最大剪应变幅的平面，且损伤与该平面上作用的剪应变和正应变有关。对延性材料能提供较佳的计算结果。
- Von mises 等效应变准则：与实际测试结果相差太大，尤其是双轴主应力方向随时间变化的情况。
- Dang Van 准则：适用于多轴应力状态的高周疲劳问题，为通过/失效准则，判断是否具有无限寿命。它假设损伤发生于微观晶粒处，且与周围晶粒的约束引起的残余应力有关。

8.2.6　疲劳寿命的影响因素

（1）平均应力影响

材料疲劳寿命曲线几乎都是基于载荷比 $R=-1$ 的等幅应力试验测定的。即 $S_{max}=-S_{min}$，$S_m=(S_{max}+S_{min})/2=0$。实际中很少存在该种类型的工况，必须考虑平均应力 S_m 不为 0 的情况。

基于平均应力的修正准则主要有三种，分别是 Goodman、Gerber 和 Soderberg，其公式如下。

Goodman：
$$\frac{S_a}{S_{a0}}+\frac{S_m}{S_{ult}}=1$$

Gerber：
$$\frac{S_a}{S_{a0}}+\left(\frac{S_m}{S_{ult}}\right)^2=1$$

Soderberg：
$$\frac{S_a}{S_{a0}}+\frac{S_m}{S_y}=1$$

式中，S_a 为应力幅；S_{a0} 为等效应力幅（平均应力为 0）；S_m 为平均应力；S_{ult} 为材料的极限拉伸强度。

图 8-9 和图 8-10 分别为不采用平均应力修正和采用 Goodman 平均应力修正准则的疲劳计算结果。采用平均应力修正会使结果更加可靠。

（2）表面粗糙度

构件的形状和表面状态都会对疲劳寿命有影响。比如，承载位置存在圆孔会造成应力集中，表面的粗糙度不同也会影响应力的分布。同时，滚压、铸造、锻压等工序也会对构件的疲劳寿命

有影响。在 fe-safe 疲劳分析软件中，习惯上将这些因素统称为 Surface Finish。

S_a	S_m	n	N	$\frac{n}{N_f}$
340	170	5	20890	2.393×10^{-04}
310	155	31	61160	5.068×10^{-04}
280	140	49	199600	2.453×10^{-04}
250	125	74	746100	9.918×10^{-05}
220	110	101	3299000	3.062×10^{-05}
190	95	258	1.814×10^{7}	1.422×10^{-05}

damage = 1.135×10^{-03}

Calculated life = $\dfrac{1}{1.135 \times 10^{-03}}$ = 881 repeats of this spectrum

图 8-9　无平均应力修正的疲劳计算

S_a	S_{ao}	S_m	n	N	$\frac{n}{N_f}$
340	432	170	5	1299	3.849×10^{-03}
310	384	155	31	4999	6.201×10^{-03}
280	339	140	49	21330	2.297×10^{-03}
250	296	125	74	103470	7.152×10^{-04}
220	255	110	101	590700	1.710×10^{-04}
190	215	95	258	4171000	6.185×10^{-05}

damage = 1.329×10^{-02}

Calculated life = $\dfrac{1}{1.329 \times 10^{-02}}$ = 75.2 repeats of this spectrum

图 8-10　采用 Goodman 平均应力修正的疲劳计算

在处理该类问题时，一般采用应力集中系数 K_t 或表面粗糙度等效处理。当 $K_t = 1$ 时，认为不考虑该项影响。

8.3　fe-safe 疲劳分析概述

fe-safe 是世界上最先进的高级疲劳耐久性分析软件，其分析基于有限元模型，由英国 Safe Technology 公司开发和维护。2013 年它被达索公司收购，作为 SIMULIA 品牌下的疲劳耐久性分析软件。2017 年起又被放入 SIMULIA Suite 2017，与 Abaqus 共享 token，大多数用户在安装完成 Abaqus 后，fe-safe 也一并安装完成，大大简化了软件的安装和配置过程。

Safe Technology 是设计和开发耐久性分析软件的技术领导者，在软件开发过程中，进行了大量材料和实际结构件的试验验证。在多轴疲劳耐久性分析产品和服务中，fe-safe 是旗舰性的产品。

使用 fe-safe 进行仿真分析的主要流程如图 8-11 所示。

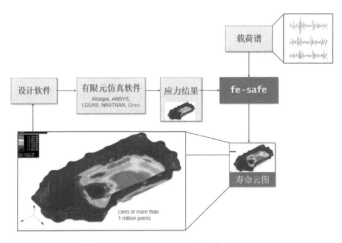

图 8-11　fe-safe 分析流程

fe-safe 可以接收并输出的文件格式为 Abaqus/.fil；Abaqus/.odb；ANSYS/.rst；NASTRAN/f06；NASTRAN/op2；I-DEAS/.unv；Pro/M　s01，…，d01；.csv。

fe-safe 可以输出但不能接收的文件格式为 Hypermesh/.hmres；PATRAN；FEMVIEW；CADFIX；FEMAP。

8.4 实例：槽型梁的疲劳寿命分析

8.4.1 问题描述

某一槽型梁，长度 $l = 1\text{m}$，截面尺寸如图 8-12 所示。材料参数 $E = 210\text{GPa}$，$v = 0.28$，$F = 1000\text{N}$。计算当以图 8-13 所示载荷谱循环加载时的寿命。

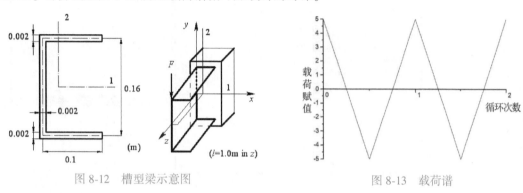

图 8-12 槽型梁示意图　　　　　　　　图 8-13 载荷谱

8.4.2 有限元分析

疲劳分析需要获得构件的应力分布。此例取自 3.4 节实例，请完成 3.4 节实例所有内容，获得有限元分析结果。

8.4.3 疲劳分析

1. 定义初始环境

双击桌面 fe-safe 图标，开始使用 fe-safe 软件，如图 8-14 所示，首先定义工作路径和工作目录。

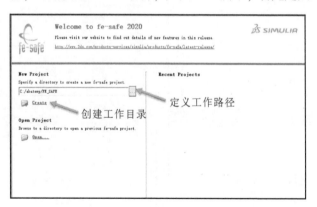

图 8-14 定义工作路径和工作目录

进入软件后，选择菜单栏的 Tools→Clear Data and Settings 命令，在弹出的对话框中勾选 Select all 复选框，以清除所有历史数据和设置，最后单击 OK 按钮，如图 8-15 所示。

2. 导入有限元分析结果

1）在菜单栏中选择 File→FEA Solutions→Open Finite Element Mode 命令，在弹出的 Open FE Models 对话框中选择 8.4.2 节分析后生成的 beam_shell.odb 文件，单击打开按钮，如图 8-16 所示。

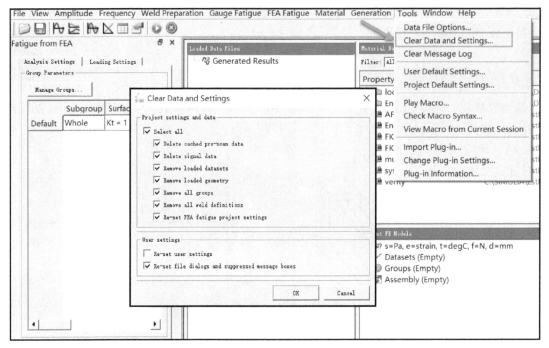

图 8-15　清除历史数据和设置

2）在弹出的 Pre-Scan File 对话框中单击 Yes 按钮。

3）在弹出的 Select Datasets to Read 对话框中，Quick select 栏只勾选 Stresses 和 Last increment only 复选框，单击 Apply to Dataset List 按钮，再单击 OK 按钮，完成导入信息的筛选，如图 8-17 所示。

图 8-16　导入分析结果文件　　　　　　　　　　图 8-17　导入信息筛选

4）在弹出的 Loaded FEA Models Properties 对话框中，将长度单位 Distance Units 修改为 m，如图 8-18 所示。

5）在弹出的 Manage Groups 中，右侧 Analysis Groups 中为需要分析的单元。接受默认设置，单击 OK 按钮，如图 8-19 所示。

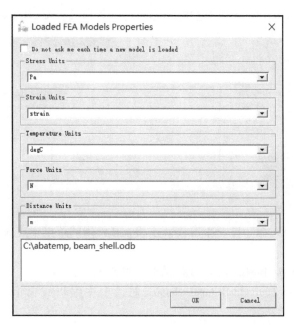

图 8-18　单位定义

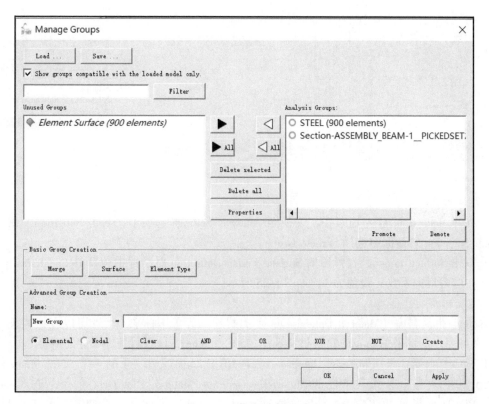

图 8-19　定义分析组

3. 定义载荷

1）在 fe-safe 软件的 Fatigue from FEA 窗口中，切换至 Loading Settings 选项卡，右击结构树，在弹出的快捷菜单中选择 Clear all loading 命令，清除所有载荷，如图 8-20 所示。

2）在 Current FE Models 窗口中，选中 Dataset 1：（1.1）S：Stress，如图 8-21 所示。

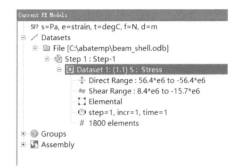

图 8-20　清除所有载荷　　　　　　　　　图 8-21　选择要分析的应力结果

3）在 Fatigue from FEA 窗口中，单击 Add 按钮，在弹出的菜单中选择 A user-defined LOAD ＊ dataset，如图 8-22 所示。

4）在弹出的 Automatic Block Creation 提示框中单击 YES 按钮。

5）在弹出的 Dataset Embedded Load History 对话框中编辑载荷谱，依次输入 5、－5，如图 8-23 所示。

定义完成的载荷如图 8-24 所示。

图 8-22　定义载荷谱　　　　　　图 8-23　编辑载荷谱　　　　　　图 8-24　载荷定义完成

4. 定义表面粗糙度

1）在 Fatigue from FEA 窗口中，切换至 Analysis Settings 选项卡，双击 Subgroup，在弹出的 Subgroup Selection 对话框中选择 Surface Group。

2）双击 Surface Finish，在弹出的 Surface Finish Definition 对话框中选择 Define Kt as a value，Kt value（应力集中系数）设值为 1，如图 8-25 所示。

5. 定义材料

fe-safe 自带材料库（Material Database），所有材料均为美国标准，读者可以查找相关文献获取对应文件库。本例采用 fe-safe 自带材料 SAE_950C-Manten，该材料基础属性为钢。

1）检查材料属性。在 Material Database 窗口中单击 Local 文件夹下的 SAE_950C-Manten 材料，使其处于选中状态，选择菜单栏的 Material→Generate Material Plot Data 命令，进入 Generate Material Plot Data 界面，勾选 Stress-life（SN）curve（＊.sn）（应力-寿命曲线）和 Tensile cyclic and hysteresis stress-strain curve（＊.css）（拉伸循环和滞后应力-应变曲线），如图 8-26 所示，单击 OK 按钮，在 Loaded Data Files 窗口中将添加两条曲线，可以通过菜单栏的 View→Plot 命令对两条曲线进行绘制。

2）定义构件材料属性，如图 8-27 所示。

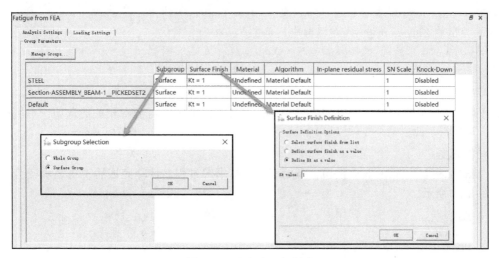

图 8-25　定义表面粗糙度

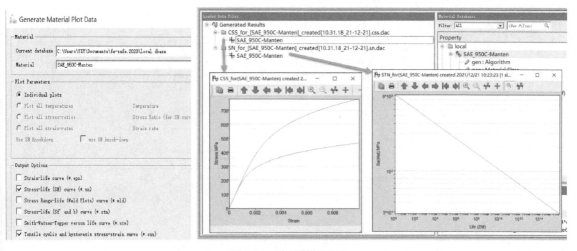

图 8-26　检查材料属性

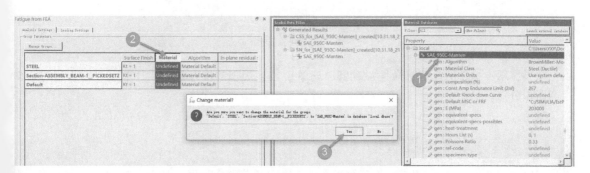

图 8-27　定义构件材料属性

　　① 在 Material Database 窗口中单击 Local 文件夹下的 **SAE_950C-Manten** 材料，使其处于选中状态。

② 在 Fatigue from FEA 窗口中，切换至 Analysis Settings 选项卡，双击 Material。

③ 在弹出的 Change material 对话框中，单击 Yes 按钮。

提示：Material 后面的 Algorithm 列用于算法选择，算法和材料特性息息相关，fe-safe 已经根据材料特性定义了相关算法，一般不建议更改。如果实际情况需要更改，可以双击 Algorithm。

6. 定义输出

在 Fatigue from FEA 窗口下方的 Other Options 选项组中定义与输出相关的选项，本例使用默认设置，不进行更改。

7. 计算求解

单击图 8-28 所示的 Analyse 按钮，开始疲劳分析求解过程。计算完成后，将显示疲劳分析结果，如图 8-29 所示。

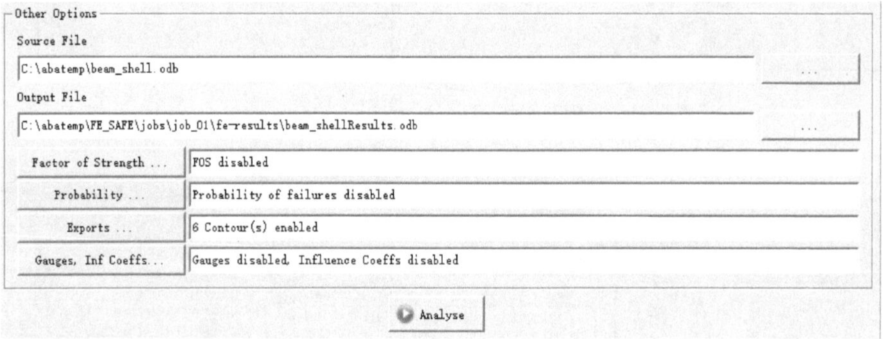

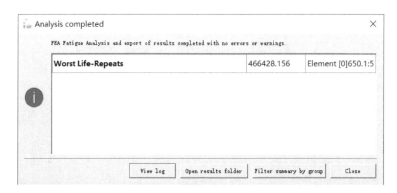

图 8-28　定义输出

图 8-29　疲劳分析结果

结果显示，构件的疲劳寿命是 466428.156 次，发生损伤的位置是 650 号单元 1 号节点的第 5 个高斯积分点。

提示：如果是实体单元，则没有积分点的概念，输出的形式为 Element[0]650.1。

8.4.4　疲劳寿命云图查看

可以使用 Abaqus 后处理模块打开结果文件，查看疲劳寿命云图。如图 8-29 所示，单击 Open results folder 按钮，进入结果文件夹，使用 Abaqus 打开该文件夹下的 *. odb 文件。

由于壳单元存在多个积分点，所以需要通过截面工具调整云图显示。

通过菜单 Result→Section Points 命令打开 Section Points 对话框，Categories 选择 Top，即显示顶层云图，单击 OK 按钮完成选择，如图 8-30 所示。具体参见 3.4.5 节。

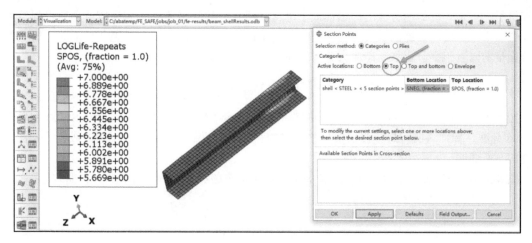

图 8-30　构件截面云图选择

云图中的 LOGLife-Repeats 为指数形式，如最大值 7 代表 10^7 次，因此最危险的区域是 LOGLife-Repeats 值最小的位置，这和一般的云图显示逻辑不一致，所以需要将云图进行颜色翻转，将数值最小的区域定义为红色，如图 8-31 所示。

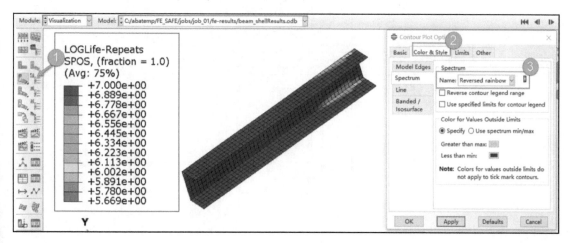

图 8-31　结果云图颜色翻转

① 单击 Contour Plot Option 图标。

② 切换至 Color & Style 选项卡。

③ 切换至 Spectrum 选项卡，将 Name 改为 Reversed rainbow，单击 OK 按钮，完成云图的颜色翻转。

和 8.4.3 节的结果进行对比，云图显示的最小寿命为 $10^{5.669} \approx 466659$，与 466428.156 接近。相对而言，受小数位四舍五入的影响，云图的具体数值会略小或略大。

8.5　焊缝疲劳仿真

焊接是工业领域中常见的结构连接方式，在结构设计中具有非常重要的地位，因此焊接的结构强度和疲劳强度都非常重要。一般情况下，平板焊接钢结构焊缝的屈服强度和抗拉强度都不低于其母材，但是焊缝的疲劳强度却远远低于母材，焊缝失效的主要形式即为疲劳，所以焊缝疲劳强度分析十分必要。焊缝的抗疲劳性能很大程度上取决于焊缝的宏观和微观几何形状，影响焊缝疲劳强度的因素很多，比如动态应力、平均应力、焊接残余应力等。

8.5.1　基于 BS5400/BS7608 的焊缝疲劳仿真

20 世纪 70 年代，英国对结构钢焊接接头的性能进行了广泛的研究，形成了 BS5400 和后来的 BS7608 标准。标准将所有焊接接头根据接头结构和载荷工况的不同定义为不同的级别，并标定了相应的 S-N 曲线。

图 8-32 和图 8-33 所示为标准中定义的不同焊接接头的级别示例和对应的 S-N 曲线。

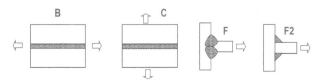

图 8-32　不同焊接接头级别

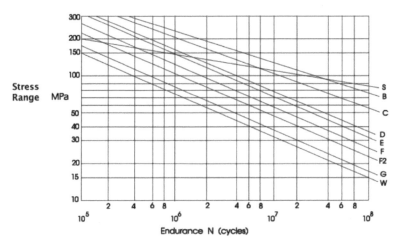

图 8-33　不同焊接接头级别对应的 S-N 曲线

fe-safe 基于 BS5400/BS7608 开发的焊缝疲劳算法具有以下特点。

- 不同的焊缝放置在具有相似疲劳强度的组中。
- 每组都有一个特征应力-寿命曲线。
- 疲劳分析基于焊趾附近的标称工程应力（2~3mm）。
- 疲劳强度对材料 UTS 不敏感。
- 用户可以定义失败的概率。
- 平均应力没有影响。
- BS5400 /BS7608 的优点。适用于所有钢材。
- 可以定义失败的概率。
- 无须进行平均应力校正。
- 可以作为临界平面分析来实施。
- 标准包括所需的 S-N 曲线。
- BS5400 /BS7608 的缺点：基于焊趾附近的名义应力，但与焊趾的距离是主观的。

- 不同的 S-N 曲线用于不同类型的焊缝。

在 fe-safe 中定义的方法如图 8-34 所示。

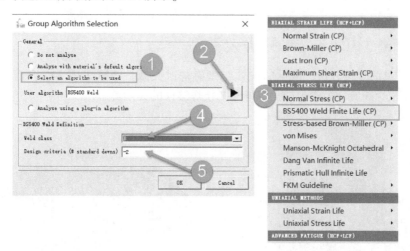

图 8-34 定义基于 BS5400 焊缝的疲劳分析方法

① 在 Fatigue from FEA 窗口中,切换至 Analysis Settings 选项卡,双击 Algorithm,在弹出的 Group Algorithm Section 对话框中,将 General 修改为 Select an algorithm to be used。

② 单击三角形图标按钮。

③ 选择 BS5400 Weld Finite Life (CP)。

④ 选择 Weld class,如选择 B 级别。

⑤ 定义失效概率 (Design criteria),其中,0 代表 50%,-2 代表 2.3%,-3 代表 0.14%。

8.5.2 基于 Verity 的焊缝疲劳仿真概述

传统的焊接疲劳分析方法是通过有限元分析软件来计算焊缝处的应力,然后根据焊接结构的不同类型定义 S-N 曲线来计算焊缝的疲劳寿命。一般来说,有限元网格的大小直接影响仿真分析的结构应力结果,特别是在应力集中位置 (焊接位置通常有应力集中),其影响更大,因此传统焊接疲劳分析方法无法准确预测焊缝处的疲劳寿命。

2006 年最新版本的 fe-safe 引入了一个全新的 "Verity" 模块,可以很好地解决上述问题。该模块的核心技术源于美国著名的科技研发公司 Battelle 的 JIP (Joint Industry Project) 项目研究成果,该研究成果 "Mesh-insensitive Structural Stress Method" 是在通用有限元分析程序计算结果基础上,针对板壳、实体等结构连接形式,专门开发计算等效 Structural Stress 的程序,使得最后的应力计算结果不具有网格敏感性,即在不同网格尺寸下都能获得精确一致的疲劳仿真结果。

Verity 的等效结构应力法是一种新型焊接结构疲劳寿命预测技术,可广泛应用于不同工业领域各类形式焊接承载部件的焊趾疲劳分析,如压力容器、管道、海上平台、船舶、地面车辆等结构的管件及平板焊接接头。该方法主要基于以下关键技术。

1) 考虑焊趾部位的结构应力集中效应,应用改进线性化法或节点力法分析其结构应力 (即热点应力),确保计算结果对有限单元类型、网格形状及尺寸均不敏感,从而有效区分不同接头类型的焊趾结构应力集中情形。

2) 以结构应力为控制参数计算应力强度因子,在主要考虑焊趾缺口、结构板厚、载荷模式等因素影响的基础上,基于断裂力学分析确定与疲劳寿命直接相关的应力参数,导出等效结构应力转化方程。

3）将其应用于处理疲劳试验结果数据，构建出单一通用的疲劳设计主 S-N 曲线，从而基于等效结构应力并结合该主 S-N 曲线进行焊接结构的疲劳强度评定及寿命预测。

8.5.3 Verity 中的常见焊缝失效类型

对于一个常见的焊接分析，常见的失效类型有焊趾失效、焊喉失效、熔合面失效和焊根失效。图 8-35 和图 8-36 所示为常见的角焊缝和搭接焊缝中的失效类型。

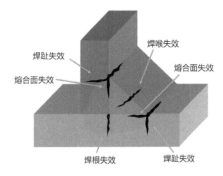
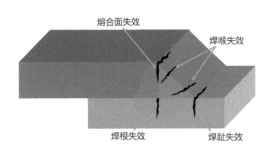

图 8-35　角焊缝常见失效类型　　　　　　　　图 8-36　搭接焊缝常见失效类型

8.5.4 Verity 中的建模指南

fe-safe 不具备建模能力，需要从 Abaqus、ANSYS 等其他仿真软件中建模分析后，导入结果进行计算。Verity 中分析了多种焊接失效类型，因此针对焊接结构的建模有如下建议。

1）为方便起见，可以为每个焊缝上的单元和节点创建组。

2）必须指定起始单元和起始节点的编号。

- 从预处理器中保留这些数字，或者为每个数字创建一个组。
- 起始单元必须包含起始节点和焊接节点域中的另一个节点。

3）板厚度将表明裂纹扩展的厚度。

4）如果要定义焊喉失效，则需要两排焊接填充单元。

5）在保持几何形状时，尽可能地使用公共节点连接（例如，没有绑定约束）。

6）维护不同单元类型之间的 DOF（自由度）兼容性。

7）焊接单元必须连接到两个基板，没有间隙或未连接的节点。

8）模拟焊接区域的目的是准确捕捉焊接结构中的刚度、载荷传递和最终的应力梯度。

9）在决定局部建模准则之前，任何简化方法都必须用实体模型中的真实/精确几何图形进行校准，作为比较。

10）焊接交叉应遵循物理焊接顺序，第二个焊接模型应在交叉前结束。

这些均是通用建议，对于壳单元、实体单元等细节问题还需要参照相关文件。在 8.6 节和 8.7 节中将展示如何使用这两种单元进行建模和分析。

8.5.5 Verity 中支持的 Abaqus 单元

在使用 fe-safe 进行焊缝疲劳的计算分析时，采用 Abaqus 软件进行前处理和有限元分析是比较推荐的做法。其中，Verity 中的支持的 Abaqus 单元见表 8-1。

表 8-1　Verity 中支持的 Abaqus 单元

单 元 类 型	单元名称[1]	单元简介[2]
3D 壳单元	S4	4 节点线性全积分四边形单元
	S4R	4 节点线性减缩积分四边形单元
	S8R	8 节点二阶厚壳减缩积分四边形单元
	S3 = S3R	3 节点线性减缩积分三角形单元
3D 实体单元	C3D4 （H）	4 节点线性减缩积分四面体单元
	C3D6 （H）	6 节点线性减缩积分楔形单元
	C3D8 （H, I, IH）	8 节点线性全积分六面体单元
	C3D8R （H）	8 节点线性减缩积分六面体单元
	C3D10 （H, M, MH）	10 节点二阶四面体单元
	C3D15 （H）	15 节点二阶楔形单元
	C3D20 （H）	20 节点二阶全积分六面体单元
	C3D20R （H）	20 节点二阶减缩积分六面体单元
3D 梁单元	B31 （H）	2 节点线性三维梁单元
	B31OS （H）	2 节点线性开口截面三维梁单元
	B32 （H）	3 节点二阶三维梁单元
	B32OS （H）	3 节点二阶开口截面三维梁单元
	B33 （H）, B34	2 节点欧拉-伯努利梁
	PIPE31 （H）	2 节点线性管单元
	PIPE32 （H）	3 节点二阶管单元
3D 连接单元	CONN3D2	用于三维分析的 2 节点连接器单元

注：1. （）表示可选扩展：（I）= 非协调模式，（H）= 杂交单元，（M）= 修正单元。
　　2. 更完整的元素描述，请参阅 Abaqus 文档。
　　3. 不支持使用五个自由度（S4R5、STRI65、S8R5、S9R5）的单元，因为这些单元对应于面内旋转的力矩不可用于
　　　输出。

8.6　实例：基于壳单元的焊缝疲劳仿真计算

8.6.1　基于壳单元的建模指南

1）对焊缝的壳单元建模需要进行中间平面建模。

2）保持板和焊脚之间的正常方向一致。

3）裂纹传播将在起始单元法线方向进行。

4）所有焊接和焊趾单元共节点连接。

5）焊缝和焊脚处所有单元的自由度相同（无不同单元）。

6）使用等效的实体模型来校准具有真实几何形状的壳体模型。

7）壳单元在每个角落记录每个角节点的力和力矩。

8）建议在焊接端处使用四边形（而不是三角形）单元。

在以下情况中，可能不包括三角单元区域。

- 使用 ANSYS（三角形单元是 ANSYS 解中的退化四元，其中一个节点的力为零）。
- 使用了 NASTRAN CTRIA3 单元。如果必须使用三角形单元，则将所有四边形单元切换为 CQUADR，将所有三角形单元切换为 CTRIAR。

下面是确定焊缝填充单元厚度的例子。

如图 8-37 所示，角焊缝填充使用壳单元简化，如图 8-38 所示，定义了壳单元焊缝的等效尺寸，焊脚的实际长度是 L_w，则模型的焊脚长度为 $L_w+1/2t_1$ 和 $L_w+1/2t_2$，模型壳单元的厚度 $t_w=L_w/\sqrt{2}$。

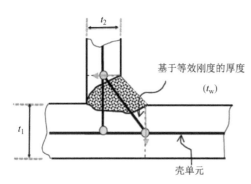

图 8-37　焊缝等效示意图

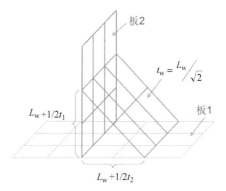

图 8-38　壳单元焊缝等效尺寸

8.6.2　问题描述

图 8-39 所示为一焊接试件示意图，图 8-40 所示为焊接试件的工况，材质为钢，应用结构应力法计算焊缝焊趾的疲劳寿命。

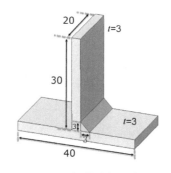

图 8-39　焊接试件示意图

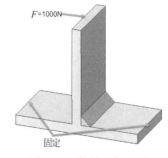

图 8-40　焊接试件工况

8.6.3　有限元分析

1. 创建部件

采用壳单元建模。对实体取中面，根据图 8-37 和图 8-38 相关理论，采用壳单元等效焊缝填充单元，如图 8-41 所示。

定义路径为 Create Part→Modeling Space：3D；Type：Deformable；Shape：Shell→绘制草图→ Extrude：20。

2. 定义属性

（1）定义材料

在 Property 模块下定义材料线弹性本构。本例单位采用 mm。弹性模量设为 210000，泊松比设为 0.28。

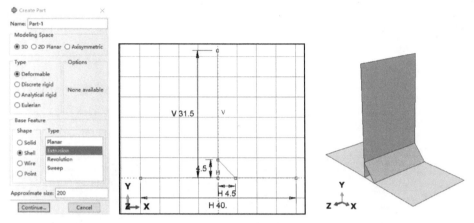

图 8-41　创建部件

（2）定义截面属性

1）基板的厚度为 3mm，焊接填充单元的厚度为 $t_w = L_w/\sqrt{2} = 2.122$mm。

2）定义截面属性 section-jiban，类型选择 Shell：Homogeneous，Value 设为 3。

3）定义截面属性 section-weld，Shell：Homogeneous，Value 设为 2.122。

（3）赋值截面属性

单击 Assign Section 图标，将 section-jiban 赋给基板，将 section-weld 赋给焊缝填充单元。

3. 定义装配

在 Assembly 模块，单击 Creat Instance 图标，选择部件 part-1，其他选项接受默认设置，单击 OK 按钮，完成装配定义。

4. 定义分析步

1）定义分析步。在 Step 模块中定义 Static General 分析步，接受默认设置（也可以采用线性摄动分析步）。

2）定义场输出。单击 Create Field Output 图标，创建 F-Output-2 场输出，勾选场变量 U 和 NFORC，如图 8-42 和图 8-43 所示。

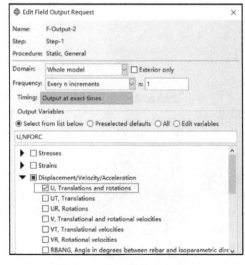

图 8-42　定义场输出变量 U

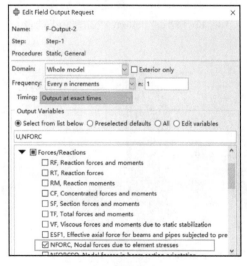

图 8-43　定义场输出变量 NFORC

5. 网格划分

在 Mesh 模块中，定义网格种子（Seed Part）大小为 2，其他选项接受默认设置，完成网格划分。

定义单元类型，设置单元为 S8R，如图 8-44 所示。

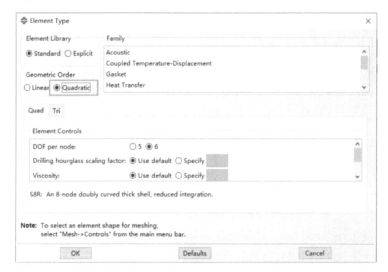

图 8-44　定义单元类型

6. 定义相互作用

取试件上边沿中点创建参考点 RP-1，定义 MPC 约束，控制点选择 RP-1，从节点选择上边沿，MPC 约束类型为 Beam，如图 8-45 所示。

7. 定义边界条件

1）定义约束和载荷。定义下板两端为全约束（ENCASTRE），定义上侧参考点集中力载荷，设定 CF1 为 1000，如图 8-46 所示。

2）定义焊缝焊趾集合。分别定义集合 weld、Toe_up 和 Toe_bottom，如图 8-47 所示。

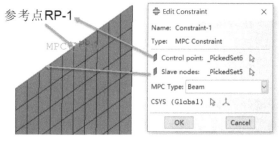

图 8-45　定义 MPC 约束

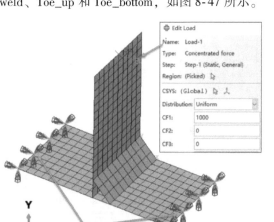

图 8-46　定义边界条件

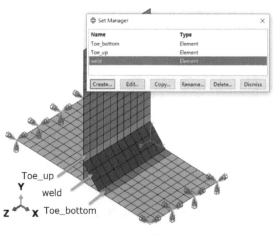

图 8-47　定义焊缝焊趾集合

8. 计算求解

在 Job 模块，单击 Create Job 图标，创建 Job，命名为 shell_Verity，单击 Continue 按钮，接受默认设置，单击 OK 按钮。继续单击 Submit 按钮，提交计算任务。

8.6.4 Verity 焊缝疲劳分析

1. 定义初始环境

双击桌面 fe-safe 图标，启动 fe-safe，如图 8-48 所示，定义工作路径和工作目录。

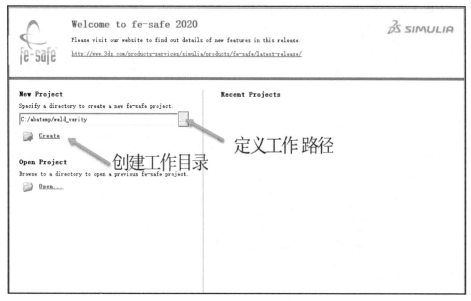

图 8-48 定义工作路径和工作目录

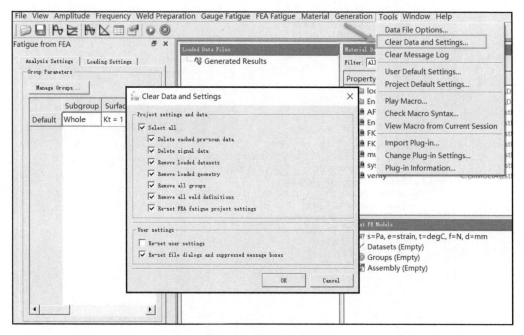

图 8-49 清除历史数据

进入软件后，选择菜单栏的 Tools→Clear Data and Settings 命令，在弹出的对话框中勾选 Select all 复选框，清除所有设置和数据，单击 OK 按钮完成。

2. 导入有限元分析结果

1）在菜单栏中选择 File→FEA Solutions→Open Finite Element Mode 命令，在弹出的对话框中选择 8.6.3 节生成的 shell_Verify.odb 文件，如图 8-16 所示。

2）在弹出的 Pre-Scan File 对话框中单击 Yes 按钮。

3）在弹出的 Select Datasets to Read 对话框中，在 Quick select 栏勾选 Stresses、Forces 和 Last increment only 选项框，单击 Apply to Dataset List，单击 OK 按钮完成导入结果的信息筛选，如图 8-17 所示。

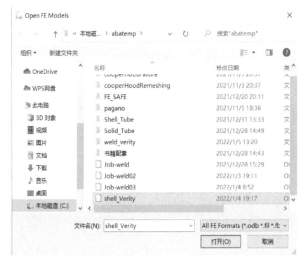

图 8-50　导入分析结果文件

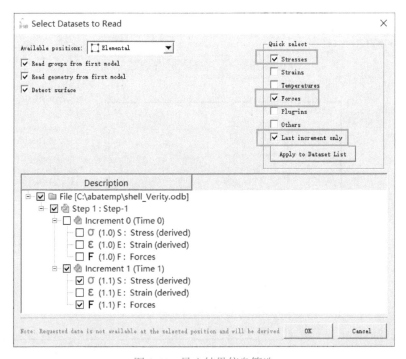

图 8-51　导入结果信息筛选

4）在弹出的 Loaded FEA Models Properties 对话框中，将长度单位 Stress Units 改成 MPa，如图 8-52 所示。

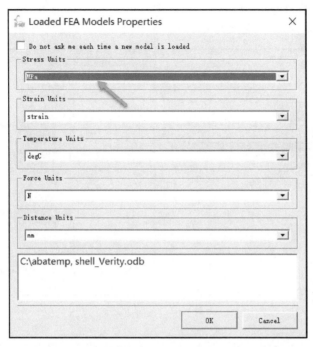

图 8-52　定义单位

5）在弹出的 Manage Groups 对话框中，Analysis Groups（分析组）列表框中为需要分析的单元，由于此例中只进行焊缝疲劳分析，而焊缝疲劳分析在其他模块中进行了定义，所以此处需要清空分析组，单击 All 按钮，然后单击 OK 按钮，如图 8-53 所示。

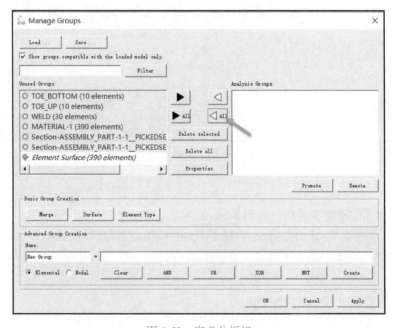

图 8-53　定义分析组

3. 定义载荷

fe-safe 已经自动定义好了一个载荷谱，此处需要检查定义是否正确。

如图 8-53 所示，在 Fatigue from FEA 窗口中，切换至 Loading Settings 选项卡，检查 Elastic Block 中的载荷名 Stress Dataset1 是否与 Current FE Models 窗口最后一个增量步中的载荷一致。

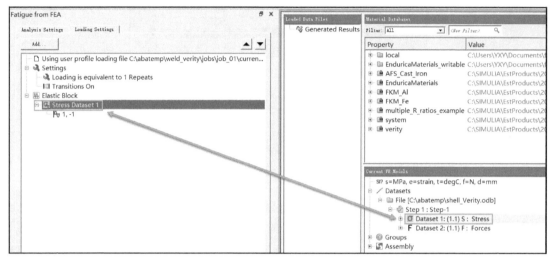

图 8-54　载荷定义

在 Fatigue from FEA 窗口中，切换至 Analysis Settings 选项卡，双击 Algorithm，在弹出的 Group Algorithm Selection 对话框中选择 Do not analyse，如图 8-55 所示。

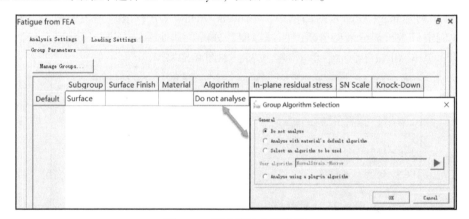

图 8-55　更改算法为不分析

4. 定义焊缝

fe-safe 中提供了焊缝定义模块，如图 8-56 所示。

① 在菜单栏中选择 Weld Preparation→Define and Analyse Weld Geometry 命令。

② 在弹出的 Weld Definition 对话框中单击 Add 按钮。

③ 选择 Line Welds（From Weld Fillet Elements）。

④ 双击步骤③中生成的 Fillet Group。

⑤ 在弹出的 Group Selector 对话框中选择 WELD 单元集合，单击 OK 按钮完成定义。

单击图 8-56 所示 Weld Definition 对话框中的 Save and analyse 按钮计算结构应力，如图 8-57 所示。

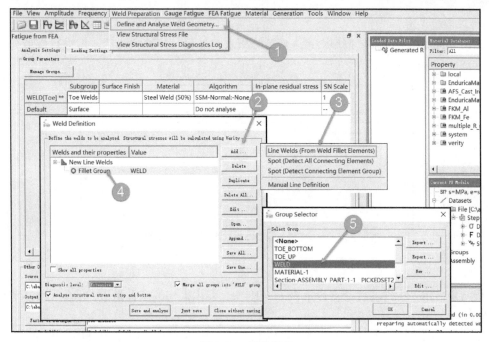

图 8-56　焊缝定义

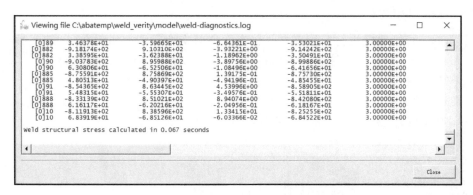

图 8-57　结构应力计算

5. 定义输出

在 Fatigue from FEA 窗口的 Other Options 栏定义与输出相关的选项，本例使用默认值，不进行更改。

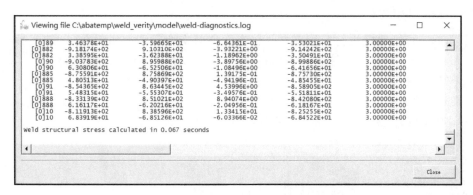

图 8-58　定义输出

6. 计算求解

单击图 8-58 中的 Analyse 按钮，进入疲劳分析求解过程。计算完成后，可进行疲劳分析结果预览，如图 8-59 所示。

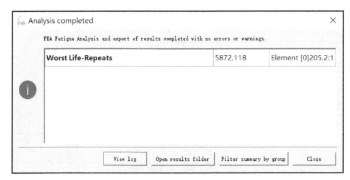

图 8-59　分析结果预览

分析结果显示，构件的疲劳寿命是 5872.118 次，发生损伤的位置是 205 号单元 2 号节点的第 1 个积分点。

提示：如果是实体单元，则没有积分点的概念，输出的形式为 Element［0］650.1。

8.6.5　疲劳寿命云图查看

使用 Abaqus 后处理模块打开结果文件，查看疲劳寿命云图。如图 8-59 所示，单击 Open results folder 按钮，进入结果文件夹，使用 Abaqus 打开该文件夹下的 *.odb 文件。

由于壳单元存在多个积分点，故需要通过截面工具调整云图显示。

通过菜单栏的 Result→Section Points 命令打开 Section Points 对话框，Categories 选择 Top and bottom，单击 OK 按钮完成选择，如图 8-60 所示。具体参见 3.4.5 节。

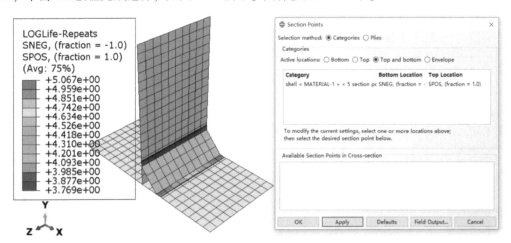

图 8-60　疲劳寿命云图查看

通过显示组单独查看焊趾的疲劳寿命云图。选择菜单栏中的 Tools→Display Group→Create 命令，打开 Create Display Group 对话框，选中 TOE_UP 和 TOE_BOTTOM 两个单元集合，单击 Replace 按钮，如图 8-61 所示。

焊趾的疲劳寿命云图如图 8-62 所示。焊趾的疲劳寿命为 $10^{3.769} = 5874.89$ 次，与 fe-safe 中计算的结果 5872.118 次基本一致。

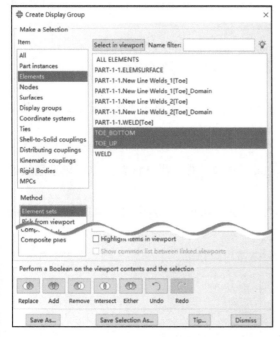

图 8-61　显示组选择

图 8-62　焊趾疲劳寿命云图

8.7　实例：基于实体单元的焊缝疲劳仿真计算

8.6 节采用壳单元进行计算，并且在焊缝疲劳分析中采取了自动方法定义焊接参数。本例针对同样的问题采用实体单元进行分析，且在 fe-safe 中采用手动指定焊缝参数的方法。

8.7.1　有限元分析

1. 创建部件

采用实体建模。定义路径为 Create Part→Modeling Space：3D；Type：Deformable；Shape：Solid→绘制草图→Extrude：20，如图 8-63 所示。

通过使用点和法线切分工具将部件进行切分，如图 8-64 所示。

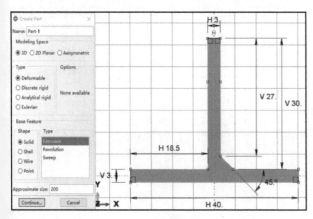

图 8-63　创建零件

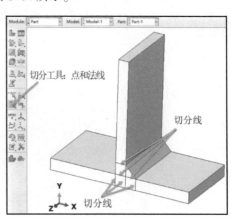

图 8-64　区域切分

2. 定义属性

1）定义材料。在 Property 模块下定义材料线弹性本构。本例单位采用 mm。弹性模量设为 210000，泊松比设为 0.28。

2）定义截面属性。定义截面属性为 Solid→Homogeneous（各向同性实体）。

3）赋值截面属性。单击 Assign Section 图标，将截面属性赋值到整个部件。

3. 定义装配

在 Assembly 模块，单击 Creat Instance 图标，选择部件 part-1，其他选项接受默认设置，单击 OK 按钮，完成装配定义。

4. 定义分析步

1）定义分析步。在 Step 模块中定义 Static General 分析步，接受默认设置（也可以采用线性摄动分析步）。

2）定义场输出。单击 Create Field Output 图标，创建 F-Output-2 场输出，勾选场变量 U 和 NFORC，如图 8-65 和图 8-66 所示。

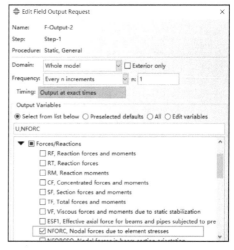

图 8-65　定义场输出变量 U　　　　　图 8-66　定义场输出变量 NFORC

5. 网格划分

在 Mesh 模块中，采用扫掠方式划分网格，以保证焊缝节点在焊缝方向的编号为单调递增或者递减。网格划分设置路径为 Assign Mesh Controls→Element Shape：Hex→Technique：Sweep→Algorithm：Advancing front→Redefine Sweep Path，将所有 Cell 的方向统一调整为 Z 轴负方向，如图 8-67 所示。

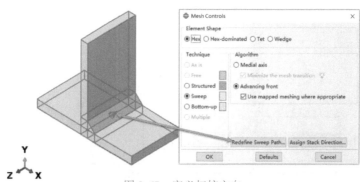

图 8-67　定义扫掠方向

定义网格种子（Seed Part）大小为 2，其他选项接受默认设置，完成网格划分。单元类型选择 C3D20R。

6. 定义相互作用

取试件上表面中点创建参考点 RP-1，定义 MPC 约束，如图 8-68 所示。

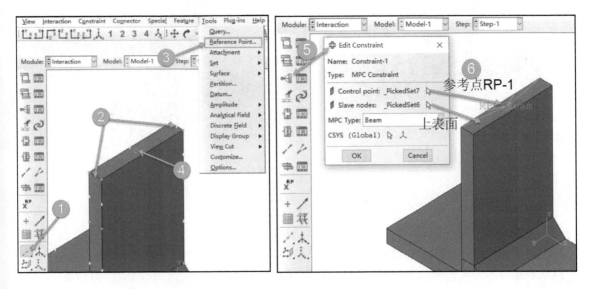

图 8-68　定义 MPC 约束

① 单击 Create Datum Point：Midway Between 2 Points 图标。

② 依次选中上面两个短边的中点。

③ 在菜单栏中选择 Tools→Reference Point 图标。

④ 选择步骤②生成的中点，建立参考点 RP-1。

⑤ 单击 Create Constraint→MPC Constraint 图标。

⑥ 参考点选择步骤④中生成的 RP-1，从面选择上表面，其他选项接受默认设置，单击 OK 按钮完成定义。

7. 定义边界条件

1）定义约束和载荷。定义下板两端为全约束（ENCASTRE），定义上侧参考点集中力载荷，设定 CF1 为 1000，如图 8-69 所示。

2）定义焊缝焊趾集合。分别定义单元集合 weld、Toe_up 和 Toe_bottom，节点集合 NToe_up 和 NToe_bottom，如图 8-70 所示。同时通过菜单栏的 View→Assembly Display Options→Mesh 选项，勾选 Show node labels 和 Show element labels 复选框，单击 Apply 按钮，显示单元和节点编号，获取上部焊趾的起始单元和起始节点编号分别为 332 和 9，下部焊趾的起始单元和起始节点编号分别为 611 和 13。同时通过图 8-70 还可以获得上部焊趾的法线方向（-1，0，0），下部焊趾的法线方向（0，-1，0）。记录待用。

8. 计算求解

在 Job 模块，单击 Create Job 图标，创建 Job，命名为 Solid_Verity，单击 Continue 按钮，接受默认设置，单击 OK 按钮。继续单击 Submit 按钮，提交计算任务。

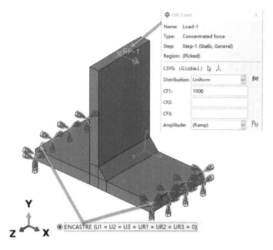

图 8-69　定义边界条件

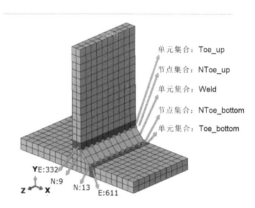

图 8-70　定义焊缝焊趾集合

8.7.2　Verity 焊缝疲劳分析

1. 定义初始环境

双击桌面 fe-safe 图标，启动 fe-safe，如图 8-71 所示，定义工作路径和工作目录。

进入软件后，选择菜单栏中的 Tools→Clear Data and Setting 命令，在弹出的对话框中勾选 Select all 复选框，清除所有设置和数据，单击 OK 按钮完成，如图 8-72 所示。

图 8-71　定义工作路径和工作目录

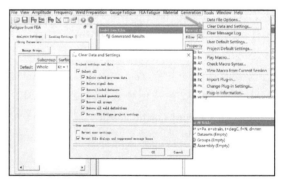

图 8-72　清除历史数据

2. 导入有限元分析结果

1）在菜单栏中选择 File→FEA Solutions→Open Finite Element Mode 命令，在弹出的对话框中选择 8.7.1 节中生成的 Solid_Verity.odb 文件，如图 8-73 所示。

2）在弹出的 Pre-Scan File 对话框中单击 Yes 按钮。

3）在弹出的 Select Datasets to Read 对话框中，在 Quick select 栏勾选 Stresses、Forces 和 Last increment only 复选框，单击 Apply to Dataset List 按钮，再单击 OK 按钮，完成导入结果的信息筛选，如图 8-74 所示。

4）在弹出的 Loaded FEA Models Properties 对话框中，将长度单位 Stress Units 换成 MPa，如图 8-75 所示。

5）在弹出的 Manage Groups 对话框中，Analysis Groups 列表框中为需要分析的单元，由于此例中只进行焊缝疲劳分析，而焊缝疲劳分析在其他模块中进行了定义，所以此处需要清空分析组，单击 All 按钮，然后单击 OK 按钮，如图 8-76 所示。

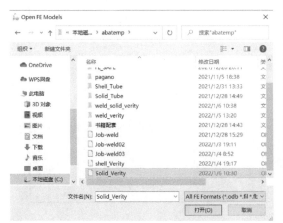

图 8-73　导入分析结果文件

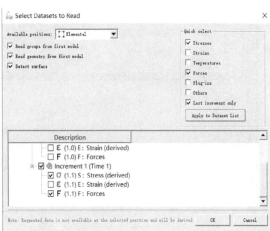

图 8-74　导入结果信息筛选

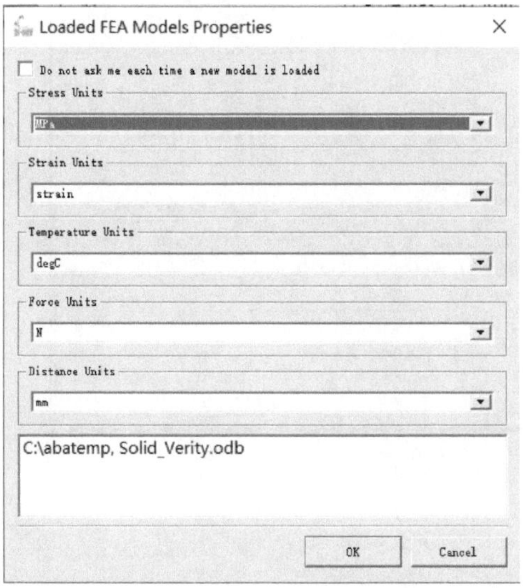

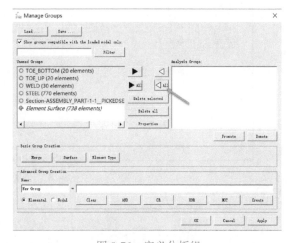

图 8-75　定义单位

图 8-76　定义分析组

3. 定义载荷

fe-safe 已经自动定义好了一个载荷谱，此处需要检查定义是否正确。

如图 8-77 所示，在 Fatigue from FEA 窗口中，切换至 Loading Settings 选项卡，检查 Elastic Block 中的载荷名 Stress Dataset1 是否与 Current FE Model 窗口最后一个增量步中的载荷一致。

在 Fatigue from FEA 窗口中，切换至 Analysis Settings 选项卡，双击 Algorithm，在弹出的 Group Algorithm Selection 对话框中选择 Do not analyse，如图 8-78 所示。

4. 定义焊缝

fe-safe 中提供了焊缝定义模块，如图 8-79 所示。

① 在菜单栏中选择 Weld Preparation→Define and Analyse Weld Geometry 命令，在弹出的 Weld Definition 对话框中单击 Add 按钮。

② 选择 Manual Line Definition。

③ 双击步骤②中生成的 Fillet Group，重命名为 Toeup。

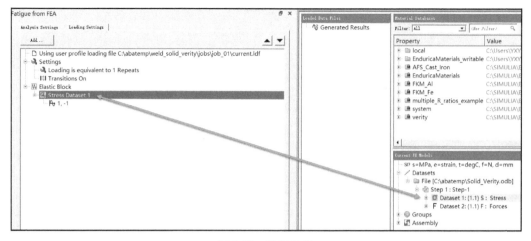

图 8-77 载荷定义

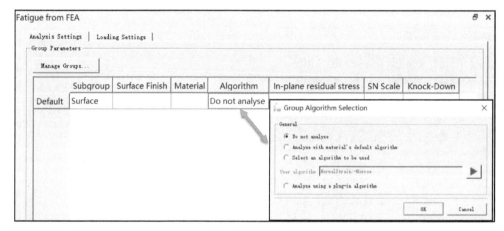

图 8-78 更改算法为不分析

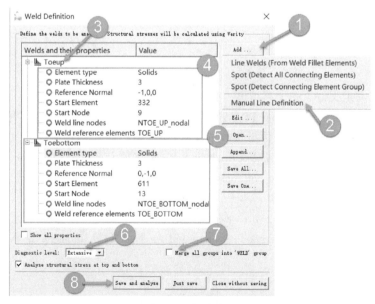

图 8-79 焊缝定义

④ 在 Toeup 节点下逐项双击，按照图 8-79 所示内容进行输入或选择。

⑤ 重复①~④步骤，完成下部焊趾的定义。

⑥ 将 Diagnostic level 修改为 Extensive。

⑦ 取消勾选 Merge all groups into 'WELD' group 复选框。

⑧ 单击 Save and analyse 按钮，计算结构应力。

5. 定义输出

在 Fatigue from FEA 窗口的 Other Options 栏定义与输出相关的选项，本例使用默认值，不进行更改。

6. 计算求解

单击图 8-80 中的 Analyse 按钮，进入疲劳分析求解过程。计算完成后，可进行疲劳分析结果预览，如图 8-81 所示。

图 8-80　定义输出

图 8-81　分析结果预览

分析结果显示，构件的疲劳寿命是 5760.227（采用壳单元时的分析结果为 5872.118 次，两者接近），发生损伤的位置是 444 号单元的 7 号节点。

8.7.3　疲劳寿命云图查看

使用 Abaqus 后处理模块打开结果文件，查看疲劳寿命云图，如图 8-82 所示。

焊趾的疲劳寿命为 $10^{3.759} = 5741.16$ 次，与 fe-safe 中计算的结果 5860.227 次基本一致。

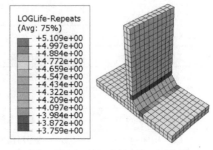

图 8-82　寿命云图

Fortran内部函数

表 1　数值和类型转换函数

函 数 名	说 明
ABS(x) *	求 x 的绝对值|x|。x：I、R，结果类型同 x；x：C，结果：R
AIMAG(x)	求 x 的实部。x：C，结果：R
AINT(x[,kind]) *	对 x 取整，并转换为实数（kind）。x：R，kind：I，结果：R（kind）
AMAX0(x1,x2,x3,…) *	求 x1，x2，x3，…中的最大值。xi：I，结果：R。i=1，2，3，…，下同
AMIN0(x1,x2,x3,…) *	求 x1，x2，x3，…中的最小值。xi：I，结果：R
ANINT(x[,kind]) *	对 x 四舍五入取整，并转换为实数（kind）。x：R，kind：I，结果：R（kind）
CEILING(x) *	求大于等于 x 的最小整数。x：R，结果：I
CMPLX(x[,y][,kind]))	将参数转换为 x、(x，0.0) 或 (x，y)。x：I、R、C，y：I、R，kind：I，结果：C（kind）
CONJG(x)	求 x 的共轭复数。x：C，结果：C
DBLE(x) *	将 x 转换为双精度实数。x：I、R、C，结果：R（8）
DCMPLX(x[,y])	将参数转换为 x、(x，0.0) 或 (x，y)。x：I、R、C，y：I、R，结果：C（8）
DFLOAT(x)	将 x 转换为双精度实数。x：I，结果：R（8）
DIM(x,y) *	求 x-y 和 0 中的较大值，即 MAX (x-y，0)。x：I、R，y 的类型同 x，结果类型同 x
DPROD(x,y)	求 x 和 y 的乘积，并转换为双精度实数。x：R，y：R，结果：R（8）
FLOAT(x) *	将 x 转换为单精度实数。x：I，结果：R
FLOOR(x) *	求小于等于 x 的最大整数。x：R，结果：I
IFIX(x) *	将 x 转换为整数（取整）。x：R，结果：I
IMAG(x)	同 AIMAG (x)
INT(x[,kind]) *	将 x 转换为整数（取整）。x：I、R、C，kind：I，结果：I（kind）
LOGICAL(x[,kind]) *	按 kind 值转换新逻辑值。x：L，结果：L（kind）
MAX(x1,x2,x3,…) *	求 x1，x2，x3，…中的最大值。xi 为任意类型，结果类型同 xi
MAX1(x1,x2,x3,…) *	求 x1，x2，x3，…中的 最大值（取整）。xi：R，结果：I
MIN(x1,x2,x3,…) *	求 x1，x2，x3，…中的最小值。xi 为任意类型，结果类型同 xi
MIN1(x1,x2,x3…) *	求 x1，x2，x3…中的最小值（取整）。xi：R，结果：I
MOD(x,y) *	求 x/y 的余数，值为 x-INT (x/y) *y。x：I、R，y 的类型同 x，结果类型同 x
MODULO(x,y)	求 x/y 的余数，值为 x-FLOOR (x/y) *y。x：I、R，y 的类型同 x，结果类型同 x
NINT(x[,kind]) *	将 x 转换为整数（四舍五入）。x：R，kind：I，结果：I（kind）
REAL(x[,kind]) *	将 x 转换为实数。x：I、R、C，kind：I，结果：R（kind）
SIGN(x,y) *	求 x 的绝对值乘以 y 的符号。x：I、R，y 的类型同 x，结果类型同 x

（续）

函 数 名	说 明
SNGL(x)	将双精度实数转换为单精度实数。x：R (8)，结果：R
ZEXT(x)	用 0 向左扩展 x。x：I、L，结果：I

注：1. I 代表整型；R 代表实型；C 代表复型；CH 代表字符型；S 代表字符串；L 代表逻辑型；A 代表数组；P 代表指针；T 代表派生类型；AT 为任意类型。表 2~表 8 同。

2. "s：P"表示 s 为 P 类型（任意 kind 值）；s：P (k) 表示 s 为 P 类型（kind 值=k）。表 2~表 8 同。

3. ［…］表示可选参数。表 2~表 8 同。

4. ＊表示常用函数。表 2~表 8 同。

5. 参数 m 指逻辑型掩码数组，指明允许操作的数组元素。缺省掩码数组指对数组所有元素进行操作。表 2~表 8 同。

表 2　三角函数

函 数 名	说 明
ACOS(x) ＊	求 x 的反余弦 arccos (x)。x：R，结果类型同 x，结果值域：0~π
ACOSD(x) ＊	求 x 的反余弦 arccos (x)。x：R，结果类型同 x，结果值域：0~180°
ASIN(x) ＊	求 x 的反正弦 arcsin (x)。x：R，结果类型同 x，结果为弧度，值域：0~π
ASIND(x) ＊	求 x 的反正弦 arcsin (x)。x：R，结果类型同 x，结果为度，值域：0~180°
ATAN(x) ＊	求 x 的反正切 arctan (x)。x：R，结果类型同 x，结果为弧度，值域：-π/2~π/2
ATAND(x) ＊	求 x 的反正切 arctan (x)。x：R，结果类型同 x，结果为度，值域：-90°~90°
ATAN2(y,x)	求反正切 arctan (y/x)。y：R，x 和结果类型同 x，结果值域：-π~π
ATAN2D(y,x)	求反正切 arctan (y/x)。y：R，x 和结果类型同 x，结果值域：-180°~180°
COS(x) ＊	求 x 的余弦 cos (x)。x：R、C，x 取值弧度，结果类型同 x
COSD(x) ＊	求 x 的余弦 cos (x)。x：R，x 取值度，结果类型同 x
COSH(x)	求 x 的双曲余弦 ch (x)。x：R，结果类型同 x
COTAN(x) ＊	求 x 的余切 cot (x)。x：R，x 取值度，结果类型同 x
SIN(x) ＊	求 x 的正弦 sin (x)。x：R、C，x 取值弧度，结果类型同 x
SIND(x) ＊	求 x 的正弦 sin (x)。x：R，x 取值度，结果类型同 x
SINH(x)	求 x 的双曲正弦 sh (x)。x：R，结果类型同 x
TAN(x) ＊	求 x 的正切 tan (x)。x：R，x 取值弧度，结果类型同 x
TAND(x) ＊	求 x 的正切 tan (x)。x：R，x 取值度，结果类型同 x
TANH(x)	求 x 的双曲正切 th (x)。x：R，结果类型同 x

表 3　指数、平方根和对数函数

函 数 名	说 明
ALOG(x)	求 x 的单精度自然对数 ln (x)。x：R (4)，结果：R (4)
ALOG10(x)	求 x 以 10 为底的单精度一般对数 $\log_{10}$ (x)。x：R (4)，结果：R (4)
EXP(x) ＊	求 e^x。x：R、C，结果类型同 x
LOG(x) ＊	求自然对数，即 ln (x)。x：R、C，结果类型同 x
LOG10(x) ＊	求以 10 为底的对数，即 $\log_{10}$ (x)。x：R，结果类型同 x
SQRT(x) ＊	求 x 的平方根。x：R、C，结果类型同 x

表 4　参数查询函数

函 数 名	说　　明
ALLOCATED(a) *	判定动态数组 a 是否分配内存。a: A，结果: L。分配: .TRUE.，未分配: .FALSE.
ASSOCIATED(p[,t]) *	判定指针 p 是否指向目标 t。p: P，t: AT，结果: L。指向: .TRUE.，未指向: .FALSE.
DIGITS(x)	查询 x 的机内编码数值部分二进制位数（除符号位和指数位外）。x: I、R，结果: I
EPSILON(x) *	查询 x 类型可表示的最小正实数。x: R，结果类型同 x。最小正实数: 1.1920929E-07
HUGE(x) *	查询 x 类型可表示的最大数。x: I、R，结果类型同 x
ILEN(x)	查询 x 的反码值。x: I，结果类型同 x
KIND(x) *	查询 x 的 kind 参数值。x: I、R、C、CH、L，结果: I
MAXEXPONENT(x) *	查询 x 的最大正指数值。x: R，结果: I (4)
MINEXPONENT(x) *	查询 x 的最大负指数值。x: R，结果: I (4)
PRECISION(x) *	查询 x 类型的有效数字位数。x: R、C，结果: I (4)
PRESENT(x)	查询可选形参 x 是否有对应实参。x: AT，结果: L。有: .TRUE.，没有: .FALSE.
RADIX(x)	查询 x 类型的基数。x: I、R，结果: L
RANGE(x) *	查询 x 类型的指数范围。x: I、R、C，结果: I (4)
SIZEOF(x) *	查询 x 的存储分配字节数。x: AT，结果: I (4)
TINY(x) *	查询 x 的最小正值。x: R，结果类型同 x

表 5　实数检测和控制函数

函 数 名	说　　明
EXPONENT(x) *	求实数 x 机内编码表示的指数值。x: R，结果: I
FRACTION(x) *	求实数 x 机内编码表示的小数值。x: R，结果类型同 x
NEAREST(x,s)	根据 s 的正负号求最接近 x 的值。x: R，结果: R，且不为 0
RRSPACING(x)	求 x 与系统最大数之间的差值。x: R，结果类型同 x
SCALE(x,i) *	求 x 乘以 2^i。x: R，i: I，结果类型同 x
SET_EXPONENT(x,i)	求由 x 的机内编码小数值与指数 i 组成的实数。x: R，i: I，结果类型同 x
SPACING(x) *	求 x 与 x 最近值的差值绝对值。x: R，结果类型同 x

表 6　字符处理函数

函 数 名	说　　明
ACHAR(n)	将 ASCII 码 n 转换为对应字符。n: I，n 值域: 0~127，结果: CH (1)
ADJUSTL(string) *	将字符串 string 左对齐，即去掉左端空格。string: CH (*)，结果类型同 string
ADJUSTR(string) *	将字符串 string 右对齐，即去掉右端空格。string: CH (*)，结果类型同 string
CHAR(n) *	将 ASCII 码 n 转换为对应字符。n: I，n 值域: 0~255，结果: CH (1)
IACHAR(c) *	将字符 c 转换为对应的 ASCII 码。c: CH (1)，结果: I
ICHAR(c) *	将字符 c 转换为相应处理系统中的字符序号。c: CH (1)，结果: I
INDEX(s,ss[,b]) *	求子串 ss 在串 s 中的起始位置。s: CH (*)，ss: CH (*)，b: L，结果: I。b 为真时从右起
LEN(s) *	求字符串 s 的长度。s: CH (*)，结果: I
LEN_TRIM (s) *	求字符串 s 去掉尾部空格后的字符数。s: CH (*)，结果: I

（续）

函 数 名	说 明
LGE(s1,s2) *	按 ASCII 码值判定字符串 s1 是否大于等于字符串 s2。s1：CH（＊），s1：CH（＊），结果：L
LGT(s1,s2) *	按 ASCII 码值判定字符串 s1 是否大于字符串 s2。s1：CH（＊），s1：CH（＊），结果：L
LLE(s1,s2) *	按 ASCII 码值判定字符串 s1 是否小于等于字符串 s2。s1：CH（＊），s1：CH（＊），结果：L
LLT(s1,s2) *	按 ASCII 码值判定字符串 s1 是否小于字符串 s2。s1：CH（＊），s1：CH（＊），结果：L
REPEAT(s,n) *	求字符串 s 重复 n 次的新字符串。s：CH（＊），n：I，结果：CH（＊）
SCAN(s,st[,b])	求串 st 中任一字符在串 s 中的位置。s：CH（＊），ss：CH（＊），b：L，结果：I。b 为真时从右起
TRIM(s) *	求字符串 s 去掉首尾部空格后的字符数。s：CH（＊），结果：CH（＊）
VERIFY(s,st[,b])	求不在串 st 中的字符在 s 中位置。s：CH（＊），ss：CH（＊），b：L，结果：I。b 为真时从右起

表 7　二进制位操作函数

函 数 名	说 明
BIT_SIZE（n）*	求 n 类型整数的最大二进制位数。n：I，结果类型同 n
BTEST(n,p)	判定整数 n 的二进制表示右起第 p 位是否为 1。n：I，p：+I，p 值域：0~64，结果：L
IAND(m,n) *	对 m 和 n 进行按位逻辑"与"运算。m：I，n：I，结果类型同 m
IBCHNG(n,p)	将整数 n 二进制表示右起第 p 位的值取反。n：I，p：+I，p 值域：0~64，结果类型同 n
IBCLR(n,p)	将整数 n 二进制表示右起第 p 位置 0。n：I，p：+I，p 值域：0~64，结果类型同 n
IBITS(n,p,l)	从整数 n 二进制表示右起第 p 位开始取 l 位。n：I，p：+I，l：+I，结果类型同 n
IBSET(n,p)	将整数 n 二进制表示右起第 p 位置 1。n：I，p：+I，p 值域：0~64，结果类型同 n
IEOR(m,n) *	对 m 和 n 进行按位逻辑"异或"运算。m：I，n：I，结果类型同 m
IOR(m,n) *	对 m 和 n 进行按位逻辑"或"运算。m：I，n：I，结果类型同 m
ISHA(n,s) *	将 n 向左（s 为正）或向右（s 为负）移动 s 位（算术移位）。n：I，s：I，结果类型同 n
ISHC(n,s) *	将 n 向左（s 为正）或向右（s 为负）移动 s 位（循环移位）。n：I，s：I，结果类型同 n
ISHFT(n,s) *	将 n 向左（s 为正）或向右（s 为负）移动 s 位（逻辑移位）。n：I，s：I，结果类型同 n
ISHFTC(n,s[,size])	将 n 最右边 size 位向左（s 为正）或向右（s 为负）移动 s 位（循环移位）
ISHL(n,s)	将 n 向左（s 为正）或向右（s 为负）移动 s 位（逻辑移位）。n：I，s：I，结果类型同 n
NOT(n) *	对 n 进行按位逻辑"非"运算。n：I，结果类型同 n

表 8　数组运算、查询和处理函数

函 数 名	说 明
ALL(m[,d]) *	判定逻辑数组 m 各元素是否都为"真"。m：L-A，d：I，结果：L（缺省 d）或 L-A（d＝维）
ALLOCATED(a) *	判定动态数组 a 是否分配存储空间。a：A，结果：L。分配：.TRUE.，未分配：.FALSE.
ANY(m[,d]) *	判定逻辑数组 m 是否有一元素为"真"。m：L-A，d：I，结果：L（缺省 d）或 L-A（d＝维）
COUNT(m[,d]) *	计算逻辑数组 m 中为"真"的元素个数。m：L-A，d：I，结果：I（缺省 d）或 I-A（d＝维）

（续）

函 数 名	说　明
CSHIFT(a,s[,d]) *	将数组 a 元素按行（d=1 或缺省）或按列（d=2）且向左（d>0）或向右循环移动 s 次
EOSHIFT(a,s[,b][,d])	将数组 a 元素按行（d=1 或缺省）或按列（d=2）且向左（d>0）或向右循环移动 s 次
LBOUND(a[,d]) *	求数组 a 某维 d 的下界。a：A，d：I，结果：I（d=1 或缺省）或 A（d=2）
MATMUL(ma,mb) *	对二维数组（矩阵）ma 和 mb 做乘积运算。ma：A，mb：A，结果：A
MAXLOC(a[,m]) *	求数组 a 中对应掩码 m 为"真"的最大元素下标值。a：A，m：L-A，结果：A，大小＝维数
MAXVAL(a[,d][,m]) *	求数组 a 中对应掩码 m 为"真"的元素最大值。a：A，d：I，m：L-A，结果：A，大小＝维数
MERGE(ts,fs,m)	将数组 ts 和 fs 按对应 m 掩码数组元素合并，掩码为"真"取 ts 值，否则取 fs 值
MINLOC(a[,m]) *	求数组 a 中对应掩码 m 为"真"的最小元素下标值。a：A，m：L-A，结果：A，大小＝维数
MINVAL(a[,d][,m]) *	求数组 a 中对应掩码 m 为"真"的元素最小值。a：A，d：I，m：L-A，结果：A，大小＝维数
PACK(a,m[,v])	将数组 a 中对应 m 掩码数组元素为"真"的元素组成一维数组并与一维数组 v 合并
PRODUCT(a[,d][,m])	数组 a 中对应掩码 m 为"真"的元素乘积。a：A，d：I，m：L-A，结果：A，大小＝维数
RESHAPE(a,s) *	将数组 a 的形按数组 s 定义的形转换。数组形指数组维数、行数、列数、…
SHAPE(a)	求数组 a 的形。a：A，结果：A（一维）
SIZE(a[,d]) *	求数组 a 的元素个数。a：A，d：I，结果：I
SPREAD(a,d,n)	以某维 d 扩展数组 a 的元素 n 次。a：A，d：I，n：I，结果：A
SUM(a[,d][,m]) *	数组 a 中对应掩码 m 为"真"的元素之和。a：A，d：I，m：L-A，结果：A，大小＝维数
TRANSPOSE(a). *	对数组 a 进行转置。a：A，结果：A
LBOUND(a[,d]) *	求数组 a 某维 d 的上界。a：A，d：I，结果：I（d=1 或缺省）或 A（d=2）
UNPACK(a,m,f)	将一维数组 a、掩码数组 m 值和 f 值组合生成新数组。a：A，m：L-A，f：同 a，结果：A